_{中文版}3ds Max/VRay

室内效果图制作实训教程

|培训教材版|

周贤 编著

人民邮电出版社

北京

图书在版编目（CIP）数据

中文版3ds Max/VRay室内效果图制作实训教程：培训教材版 / 周贤编著. -- 北京：人民邮电出版社，2020.6（2021.8重印）
ISBN 978-7-115-53104-9

Ⅰ. ①中… Ⅱ. ①周… Ⅲ. ①室内装饰设计－计算机辅助设计－三维动画软件－教材 Ⅳ. ①TU238.2-39

中国版本图书馆CIP数据核字(2020)第066488号

内 容 提 要

本书以 3ds Max 和 VRay 软件为基础，以带领读者快速入门并走进室内设计行业为目的进行讲解。全书从商业效果图的角度出发，模拟真实工作场景和工作模式进行培训和实践。本书将软件作为实现工具，把重点放在实现技术上，以此来讲解如何应用相关技术高效完成设计工作。

全书重点介绍工作中的效果图制作流程、制作思路和制作方法。本书内容包含与效果图制作相关的 3ds Max 重要操作要领、常用的室内建模技术、材质、灯光、摄影机、渲染、半封闭空间表现、封闭空间表现和展示型空间表现。除此之外，书中表现案例还从实际工作出发，介绍了如何根据客户的表述获取客户的需求，让读者了解工作模式，尽快与工作接轨。

本书附带学习资源，内容包括书中所有案例的场景文件和实例文件，以及 PPT 教学课件和在线教学视频。读者可以通过在线方式获取这些资源，具体方法请参看本书前言。同时，读者还可以扫描书中的二维码直接观看当前内容的讲解视频。

本书适合作为相关院校和培训机构室内设计专业课程的教材，也可以作为室内效果图自学人员的参考用书。另外，请读者注意，本书所有内容均是基于中文版 3ds Max 2014、VRay 2.40 版本编写的。

◆ 编 著 周 贤
责任编辑 张丹丹
责任印制 马振武

◆ 人民邮电出版社出版发行　　北京市丰台区成寿寺路 11 号
邮编 100164　电子邮件 315@ptpress.com.cn
网址 https://www.ptpress.com.cn
北京虎彩文化传播有限公司印刷

◆ 开本：787×1092　1/16
印张：15　　　　　　彩插：4
字数：480 千字　　　　2020 年 6 月第 1 版
印数：4 601 – 5 400 册　　2021 年 8 月北京第 6 次印刷

定价：59.90 元
读者服务热线：**(010)81055410**　印装质量热线：**(010)81055316**
反盗版热线：**(010)81055315**
广告经营许可证：京东市监广登字 20170147 号

实战：用拆分与组合思路制作电视柜　　　　　　　　　　　　42页

实战：用倒角剖面制作吊顶　　　　　　　　　　　　53页

实战：用弯曲修改器修改椅子　　　59页

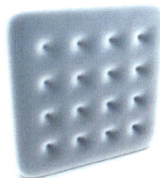

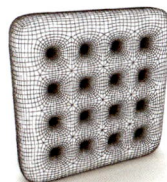

实战：用顶点制作软包　　　66页

制作木纹材质　　100页

制作烤漆材质　　102页

制作大理石材质　　102页

制作清玻璃材质　　103页

实战：半封闭空间打光思路　　　　115页

实战：封闭空间打光思路　　　　117页

实战：创建室内摄影机　　　　126页

7.1 现代客厅表现

7.2　中式书房表现

7.3　简欧卧室表现

8.1　**KTV包间表现**

8.2 餐厅包间表现   204页

9.2 家装鸟瞰表现   229页

前言

你想学好3ds Max吗？你想进入室内效果图表现行业吗？

很多读者对室内设计这个领域很感兴趣，也很想入门，但却被很多客观因素阻碍着。他们想看教程，但是又不知道选哪些，因为市面上的教程太多；他们想报培训班，但又担心没有时间或承受不了昂贵的培训费；他们想自学，但又不知道这些自学的技法是否符合工作要求；他们还担心因为年纪大了而学不会……

针对这些问题，特编写了本书。这是一本能让读者从零基础快速进入室内设计行业的3ds Max室内效果图制作教程。希望想学好这门技术和想进入这个行业的每一位读者，都抛开那些所谓的客观阻碍，只要有足够的信心，愿意付出足够的努力，就能学好3ds Max室内效果图。

本书从培训者的角度，将零基础的读者一步一步地带入室内效果图制作领域。在这个过程中，读者会直接了解真实的工作模式。全书没有任何浮夸的技术，没有任何多余的命令，更没有呆板的教科书模式的讲解，只有真实的工作技巧、经验、思路、方法和流程。当读者打开本书，就如同踏进了一家公司，也踏进了室内效果图制作领域。

本书内容设计完全遵循实际的工作模式和工作流程。在第1章中，读者可以快速了解3ds Max在制作室内效果图时的常用功能；在第2章中，将带领读者深入学习建模的重要技术和思维方式；在第3~6章中，将带领读者分别学习材质、灯光、摄影机和渲染参数，除此之外，在讲解过程中，还会以实战的方式让读者学习如何真正地把握工作内容；在第7~9章中，读者可以进行完整的商业实战，这是从CAD图纸到最终效果图的全流程实战，这3章涵盖了不同风格和不同空间类型的实战。

最后，感谢辅助本书编写的司徒嘉林，感谢周贤学堂所有学生的支持，感谢所有读者的认可，感谢人民邮电出版社每一位工作人员的不懈努力。在此，要特别感谢江碧云，没有你，就没有我，你的爱会以另一种方式一直传递下去。

本书附带学习资源，内容包括书中所有案例的场景文件和实例文件，以及PPT教学课件和在线教学视频。扫描"资源获取"二维码，关注"数艺设"的微信公众号，即可得到资源文件获取方式。如需资源获取技术支持，请致函szys@ptpress.com.cn。同时，读者还可以扫描书中的二维码直接观看当前内容的讲解视频。

资源获取

由于编者水平有限，书中难免存在不足之处，敬请广大读者包涵并指正。

编者
2020年1月

目录 CONTENTS

目录 CONTENTS

第 **1** 章

3ds Max重要操作要领

本章将介绍 3ds Max 的工作界面和重要操作方法。在使用 3ds Max 时，要做到"精""简""准"，即精确的设置、简化的工具和准确的操作，以尽可能地提高工作效率。本章所讲到的实用工具和操作准则是笔者根据多年工作经验甄选出来的，请大家认真学习，为后续学习打下基础。

本章学习重点

▶ 3ds Max 的常规设定

▶ 视图的操作方法

▶ 工具栏的操作方法

1.1 3ds Max的常规设定

在工作前，设计师都会对3ds Max进行一系列设置。在这些设置中，一部分是业内公约；另一部分是设计师为了提高自己的操作效率，根据个人操作习惯制订的操作设置。

1.1.1 单位设置

单位设置是室内效果图制作的必备设置，它直接影响到空间尺寸、灯光参数和贴图大小等，其设置方法如下。

第1步：启动3ds Max，在菜单栏中执行"自定义 > 单位设置"命令，如图1-1所示。

第2步：打开"单位设置"对话框，然后设置"公制"为"毫米"，将系统的显示单位设置为毫米制，接着单击"系统单位设置"按钮 系统单位设置 ，打开"系统单位设置"对话框，再设置"系统单位比例"为"毫米"，使其与显示单位统一，最后分别单击两个对话框的"确定"按钮 确定 ，如图1-2所示。

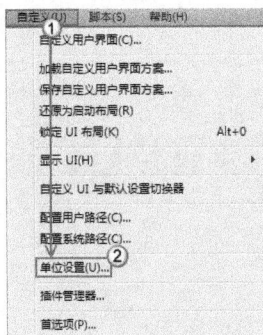

图1-1

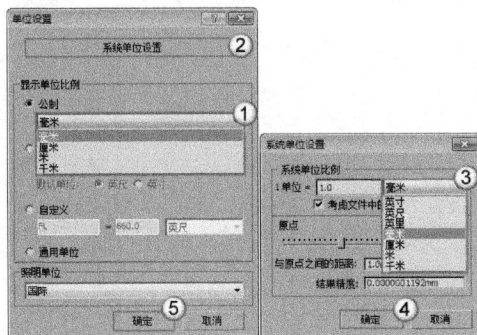

图1-2

💡 提示 --

在室内效果图设计中，普遍以毫米作为单位。请不要设置成其他单位，否则3ds Max无法与CAD平面图的尺寸吻合，导致工作出现问题。

1.1.2 视图热键设置

3ds Max中有默认的快捷键，这些快捷键比较符合设计师的操作习惯，不建议大家去做调整和更换。因为当你在一个公司或团队中工作时，设备都是公用的，如果随意调整了设备的相关设置，会对其他同事的工作造成不便。当然，如果使用的是个人计算机，是可以根据个人习惯设置相关快捷键的。

在顶视图中单击左上角的"顶"字，系统会弹出一个菜单，其中有各个视图的快捷键，如图1-3所示。请大家一定要记住这些快捷键，方便后续操作。细心的读者会发现，后视图和右视图没有默认快捷键。为了操作方便，下面为它们设置快捷键。

第1步：执行"自定义 > 自定义用户界面"命令，如图1-4所示。

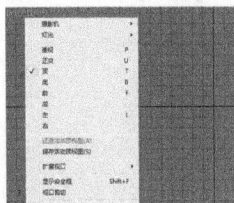

图1-3

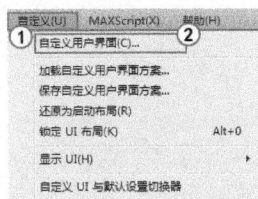

图1-4

第2步：打开"自定义用户界面"对话框，默认界面为"键盘"选项卡，然后找到"视口"选项，接着在"热键"文本框中单击鼠标左键，并按V键，最后单击"指定"按钮 ▢指定，如图1-5所示。

第3步：回到3ds Max界面，在任意视图中按V键，系统会弹出"视口"菜单，如图1-6所示。现在，用户可以看到所有视图的快捷键，这时如果先按V键，再按K键，即可将当前视图切换到后视图。

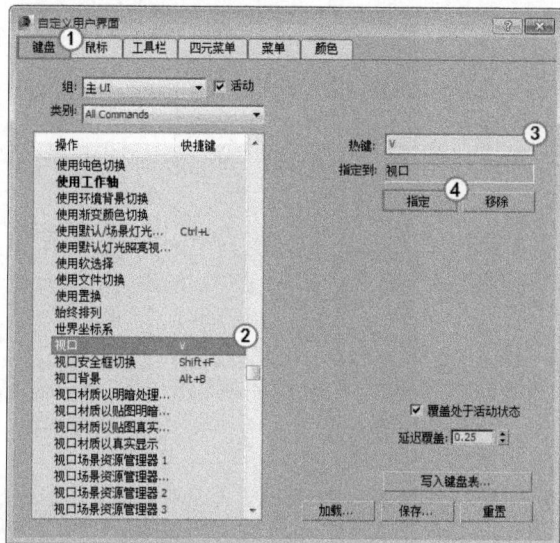

图1-5　　　　　　　　　　　　　　　图1-6

📝 提示 --➤

快捷键的设置不是固定的，大家可以根据自身需要进行设置。

1.1.3 修改器按钮设置

本节将介绍常用的修改器，千万不要小看这些修改器，整个室内效果图的工作核心就是它们。在3ds Max界面右侧可以找到"创建"面板，如图1-7所示，修改器就在该面板旁边的"修改"面板中。下面介绍配置修改器按钮的设置方法。

第1步：在"创建"面板中单击"修改"图标▢，会发现对应界面是空白的。现在设置8个室内设计的核心修改器按钮，这8个修改器基本能满足室内设计的各种工作需求。单击右下角的"配置修改器集"按钮▢，通过单击菜单中的"显示按钮"选项可以控制是否显示按钮，如图1-8所示。

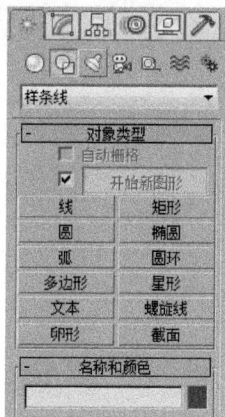

图1-7

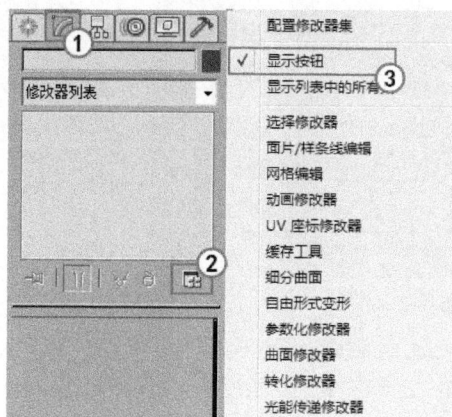

图1-8

第2步：按图1-9所示的步骤激活"显示按钮"，并打开"配置修改器集"对话框，然后设置"按钮总数"为8，接着在"修改器"中找到"挤出"修改器，用鼠标选择并将其拖曳到右边的任意一个按钮上，最后用同样的方法依次设置好"弯曲""FFD2×2×2""车削""倒角剖面""UVW贴图""编辑网格"和"编辑多边形"修改器按钮，并单击"确定"按钮 确定，如图1-10所示。此时，观察"修改"面板，发现8个核心修改器都出现在"修改"面板上了，如图1-11所示。

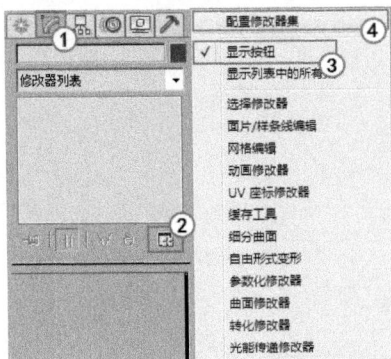

图1-9

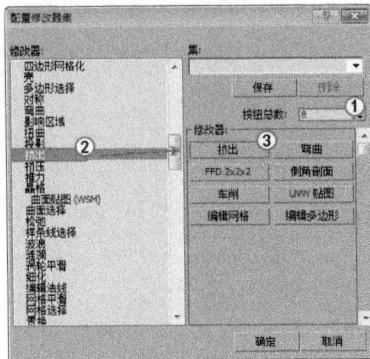

图1-10

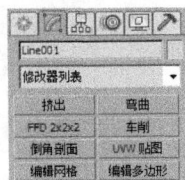

图1-11

📝 提示 ----------- >

为了方便读者查看，此处面板上的修改器字样均以激活状态显示。在实际操作中，面板中的修改器在未找到可指定对象前都是非激活状态，即不可用。

1.1.4 材质编辑器设置

"材质编辑器"是制作和编辑材质的专用面板（快捷键为M），它包含两种模式——"精简材质编辑器"和"Slate材质编辑器"。初次打开3ds Max时，系统默认为"Slate材质编辑器"，执行"模式>精简材质编辑器"命令，即可将其转换为精简版的"材质编辑器"，如图1-12所示。

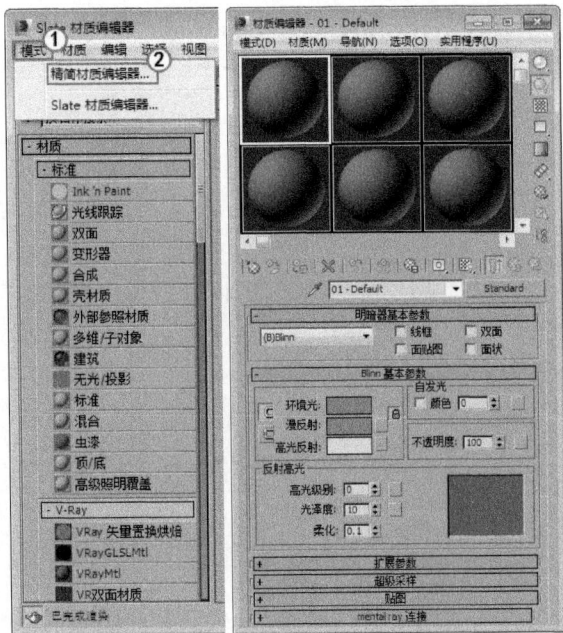

图1-12

📝 提示 ------------------------------------ >

"材质编辑器"默认显示6个材质球，这显然不能满足实际工作需求。在任一材质球上单击鼠标右键，然后选择"6×4示例窗"选项，把材质球从"3×2示例窗"转换为"6×4示例窗"，如图1-13所示。

在3ds Max中，材质球的个数是无限的，只是显示个数是有限的。因此，大家不用担心材质球不够用，第3章会介绍无限创造材质球的方法。

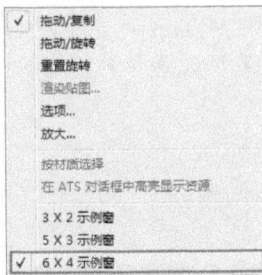

图1-13

执行"自定义 > 自定义UI与默认设置切换器"命令，如图1-14所示，打开"为工具选项和用户界面布局选择初始设置"对话框，然后在"工具选项的初始设置"中选择"MAX.vray"选项，接着单击"设置"按钮 设置，如图1-15所示。重启3ds Max后，材质球就会默认以VRay材质显示，即VRayMtl材质球的颜色显示为五颜六色的效果，如图1-16所示。

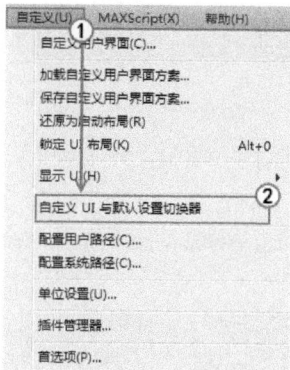

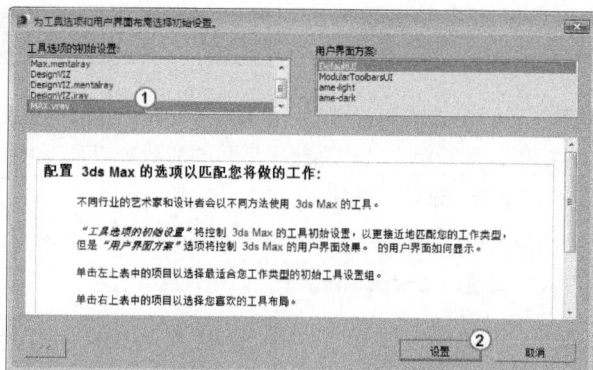

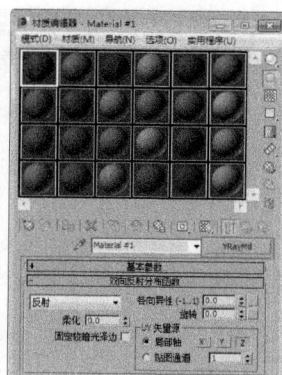

图1-14   图1-15   图1-16

☑ 提示

    如果按照默认的"标准"材质进行软件操作，每一个材质球都要单独切换成VRay材质，这会让工作变得非常麻烦。前面的设置可以使实际操作省去很多的工作，大大提高工作效率。

1.1.5 捕捉相关设置

    3ds Max里有很多可以捕捉的单元，大家可以根据自己的习惯自由设置，本节均以笔者的习惯进行设置。当激活"捕捉"功能后，鼠标光标一旦接触到捕捉单元，就会变成黄色。如果捕捉单元过多，在作图时，无疑会影响操作速度和工作效率。因此，捕捉设置得越简单越好，仅勾选比较核心的捕捉功能即可，至于其他功能，即用即设置。下面介绍具体的设置方法。

    在"捕捉开关"按钮上单击鼠标右键，打开"栅格和捕捉设置"对话框，此时对话框默认显示"捕捉"选项卡，接着勾选"顶点"和"中点"选项（其他选项不勾选），如图1-17所示。切换到"选项"选项卡，然后勾选"捕捉到冻结对象""启用轴约束"和"显示橡皮筋"选项，如图1-18所示。

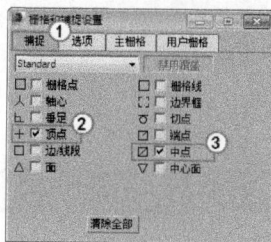

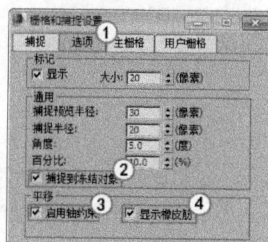

图1-17   图1-18

☑ 提示

    下面介绍微调器捕捉设置。微调器捕捉是捕捉的一种，适当对其进行调整设置，能精确地设置相关参数，提高建模的效率。

    当创建基本体时，在"创建"面板上会显示基本体的"长度""宽度"和"高度"参数，均保留小数点后3位，如图1-19所示。然而，在实际设计中，这些参数是不会出现小数点的。

    在"微调捕捉"按钮上单击鼠标右键，打开"首选项设置"对话框，然后切换到"常规"选项卡，接着设置"精度"为0"小数"，以保证建模时不会出现小数点。同时，将"捕捉"设置为1，即单击文本框后的小三角，文本框内的参数就会增大或减小1，如图1-20所示。注意，在做材质和渲染操作的时候，必须将"精度"设置为3，因为材质和渲染的某些参数需要细化到小数点后3位。

图1-19

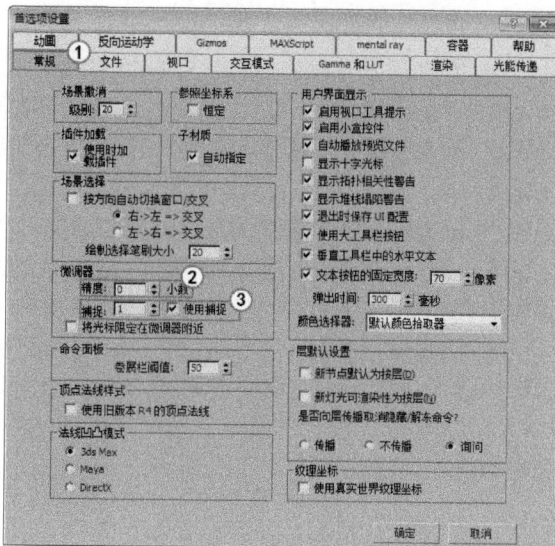

图1-20

1.1.6 渲染面板设置

安装VRay渲染器后，需要对其进行设置才能正常使用。按F10键打开"渲染设置"对话框，然后在"公用"选项卡中打开"指定渲染器"卷展栏，接着单击"产品级"后面的加载按钮 ，再在"选择渲染器"对话框中选择"V-Ray Adv 2.40.03"选项，最后单击"确定"按钮 确定 ，如图1-21所示。

完成上述操作后，渲染器会切换为VRay渲染器，且在渲染面板的名称中还会显示当前渲染器的版本信息。注意，请务必单击"保存为默认设置"按钮 保存为默认设置 ，如图1-22所示。

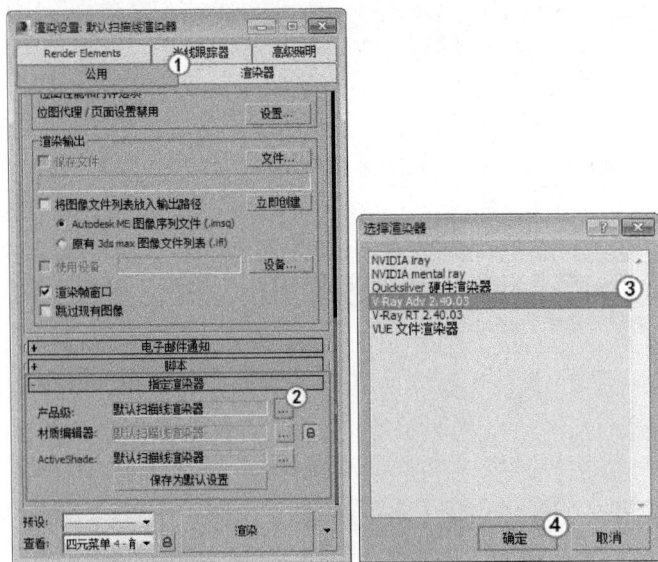

图1-21

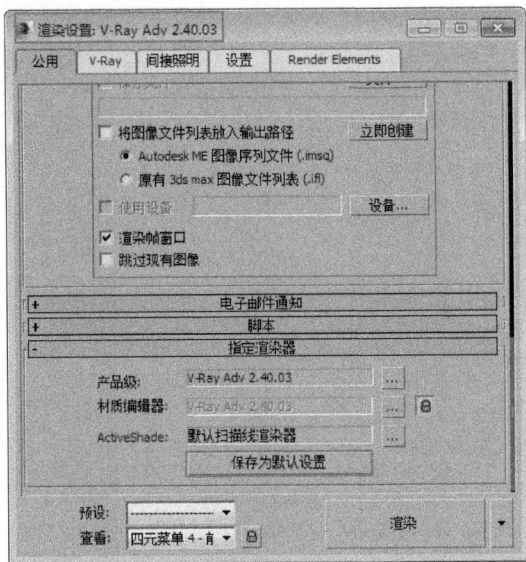

图1-22

1.1.7 文件存档设置

文件存档设置非常重要，它可以为我们的工作保驾护航，降低工程文件出现意外的风险。执行"自定义 > 首选项"命令，打开"首选项设置"对话框，然后切换到"文件"选项卡，勾选"保存时备份"选项，并对"Autobak文件数"（自动备份的文件数）和"备份间隔（分钟）"进行设置，最后单击"确定"按钮 确定 ，如图1-23所示。

勾选"保存时压缩"选项，会让保存时的文件压缩，从而减小计算机的储存压力，同时也方便将文件转移到其他计算机上。

"Autobak文件数"通常设置为5，不宜太大，以避免给计算机带来储存压力。当然，这个数值也不能太小。假设你同时打开两个3ds Max文件，且需要对这两个场景同时跟进，这时自动备份是会覆盖一些旧文件的。备份数不会因为打开了两个3ds Max文件而自动多备份一些。对于"备份间隔（分钟）"的设置，根据计算机配置决定即可，配置较高的计算机的"备份间隔（分钟）"可以短一些，反之则长一些。

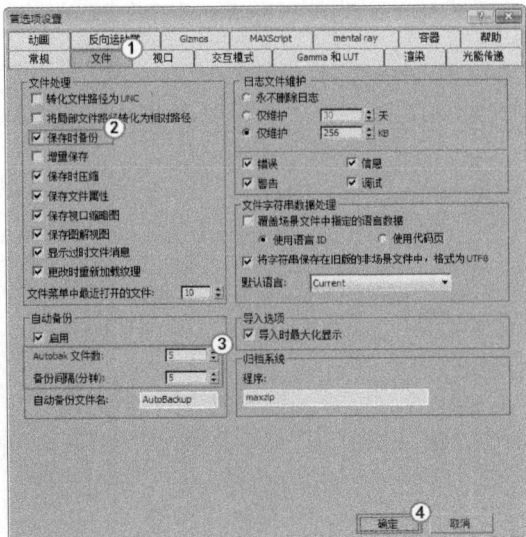

图1-23

1.1.8 Gamma值设置

图像的Gamma值就是曲线优化调整，即提高亮度和对比度的辅助功能。Gamma值可以让绘制面的明暗层产生细微变化，以控制整个绘制面的对比度表现。

是否使用Gamma值，是一个困扰很多人的问题。若是不用，渲染的面会显得又暗又灰；若是用了，渲染的面又有可能显得太白，同时未保存的图和保存出来的图在色调上是不一样的。因此，建议新手使用时尽量保持默认设置即可。其用法在后续章节会详细介绍，下面介绍设置方法。

执行"自定义 > 首选项"命令，打开"首选项设置"对话框，然后切换到"Gamma和LUT"选项卡，取消勾选"启用Gamma/LUT校正"选项，最后单击"确定"按钮 确定 ，如图1-24所示。

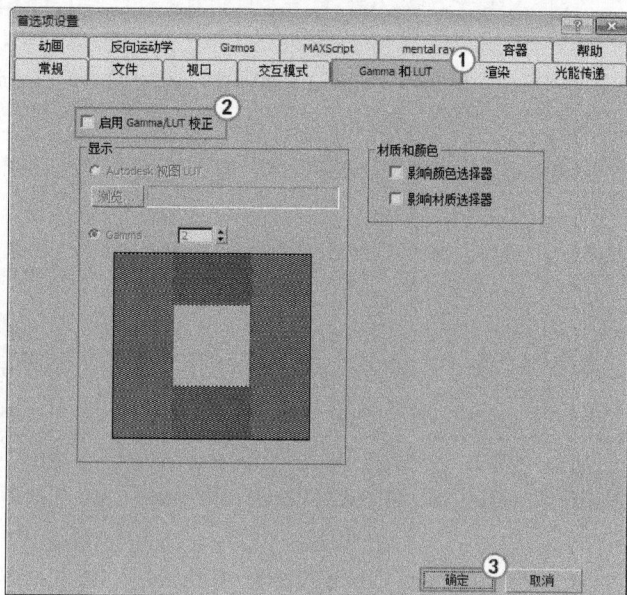

图1-24

1.2 视图的操作和运用

本节将介绍"视图"的一系列操作和设置。视图的核心即快速切换视角和查看模型，以便在各个视图中操作模型。

1.2.1 认识三视图

3ds Max默认为"3+1"视图模式（三视图+透视图），即包括顶视图、前视图、左视图和透视图，如图1-25所示。每个视图的左上角都会显示当前视图状态。通过三视图可以分别从3个方向查看对象，默认为正面、左侧和顶面；透视图主要用于查看模型，在初学阶段不建议直接使用透视图编辑模型。

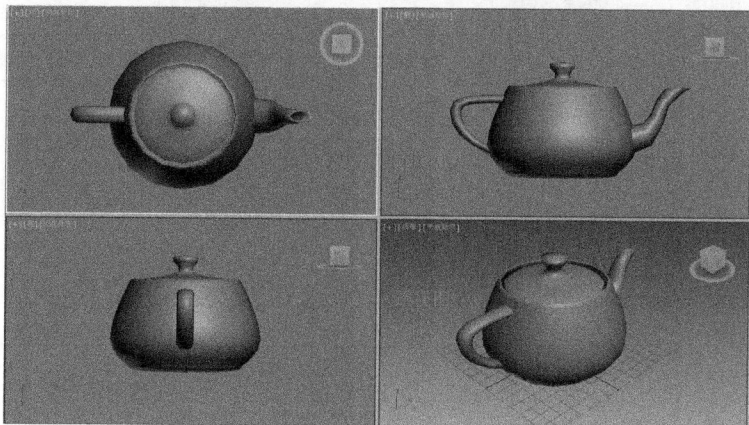

图1-25

正常情况下，建模是从顶视图开始的，因为3ds Max创建的物体都以地平面作为基准来创立。所谓地平面，就是3ds Max中$z=0$的平面，即透视图的栅格所在的平面。

下面以创建长方体为例，先单击"长方体"按钮 长方体 ，然后使用鼠标左键拉出长和宽，接着松开鼠标左键，再单击鼠标左键拉出高度，最后松开鼠标左键，单击鼠标右键，这样就创建好了一个长方体。在顶视图中创建长方体时，长和宽会自动确立在地平面（栅格面）上，然后再往上拉出高度即可，这样创建的基本体，系统判定的长、宽、高才会与透视图一致，如图1-26所示。

若是在前视图中创建基本体，系统永远是以当前视图正对面为底面，那么这个基本体在"创建"面板中的长和宽对应的是前视图中的长和宽，高度则在左视图。因此，长、宽、高的参数则无法对应透视图的位置，如图1-27所示。

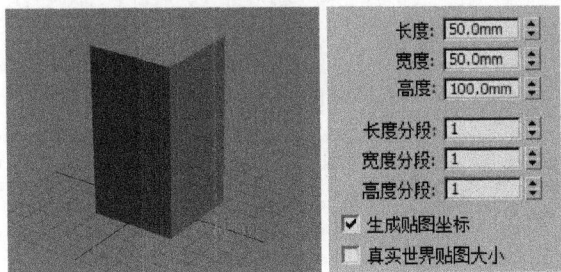

图1-26

图1-27

综上可知，在顶视图里创建几何物体，可与修改面板的参数关系相对应，而在其他视图里创建，则无法对应。因此，在创建对象时，建议从顶视图开始创建，这样既可以使面板参数和视图关系相对应，又可以保证与CAD软件的正常衔接。

1.2.2 常用的视图模式介绍

3ds Max中的视图模式有很多，下面介绍室内效果图渲染操作时常用的一些视图模式，主要包括"线框""明暗处理"和"明暗处理+边面"模式。

在视图界面的左上角，有"+""透视""真实"3个选项。其中，"透视"选项用于切换视图，"真实"选项用于调视图模式。单击"真实"选项，会弹出视图模式的菜单栏，如图1-28所示。

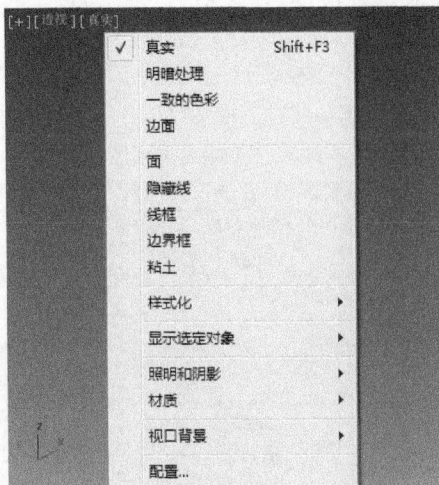

图1-28

重要参数介绍

线框：这是建模时常用的模式，有利于观察模型的线条分布，查看控制点、线和面的关系，以便准确无误地进行建模，如图1-29所示。

明暗处理：即实体显示，在该模式下，可以查看对象的实物效果，方便观察对象的最终效果。通常在"线框"模式下创建了对象后，都会切换到"明暗处理"模式，然后观察对象效果，再做进一步完善和处理，如图1-30所示。

明暗处理+边面：即同时选择"明暗处理"和"边面"。该模式可以在实体上显示出线框结构，只有在创建复杂模型时才会使用，如图1-31所示。

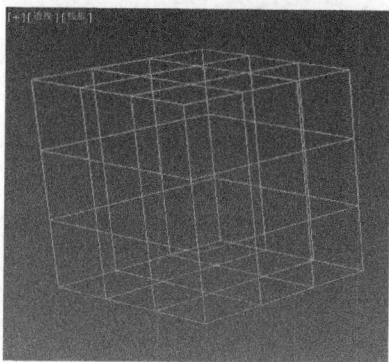
图1-29

图1-30

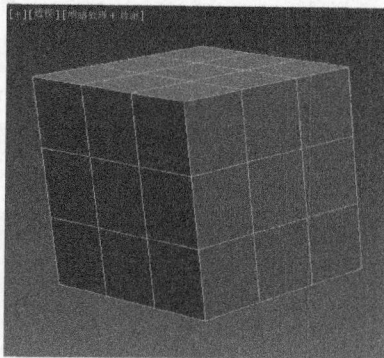
图1-31

针对上面所讲到的这些模式，大家可以多切换使用，感受一下，看看哪种模式适合哪种情况。不过，切忌贪多，不必过多尝试那些"特别"的视图模式。

1.2.3 视图的基本操作方式

本节讲解视图的基本操作方法，大家先看一下相关的快捷键，如表1-1所示。

默认情况下，在任一视图中都可以看到一个栅格，每个栅格都有一条特别黑的十字线，这条十字线的中心为世界原点，其坐标为（0，0，0），如图1-32所示。

表1-1 常用视图快捷键

操作名称	快捷键
顶视图	T
底视图	VB
左视图	L
右视图	VR
前视图	F
后视图	VK
透视图	P
摄影机视图	C
取消网格线	G

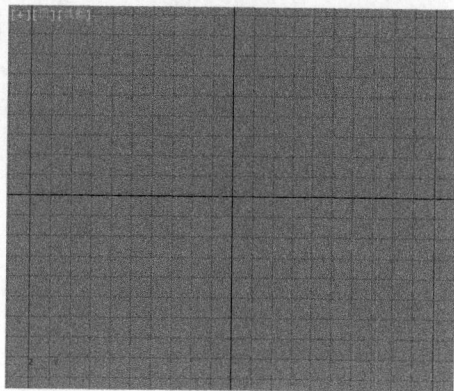
图1-32

在作图时，无论绘制什么，请尽量靠近世界原点。因为在建模时，所创建的物体都是在世界原点的对应平面产生的。如果在离世界原点很远的地方建模，每一次新建的模型虽然会出现在世界原点对应的平面，但主要的场景模型都在远处，即需要将新建模型移动到远处的模型场景里面。也就是说，每次建立新的模型都要重复这一步，变相增加了工作量。

另外，视图中的栅格是可以去掉的（快捷键为G）。当我们在世界原点位置创建好模型之后，空间中已经有了一个参考，此时也没必要再保留栅格了，毕竟栅格的存在会影响对对象的观察。

下面介绍常见的视图基本操作。

缩放视图：滚动鼠标滚轮可以缩放当前选择的视图。注意，视图缩放仅仅是观察距离的变化，模型本身的大小是不会发生任何变化的，如图1-33所示。

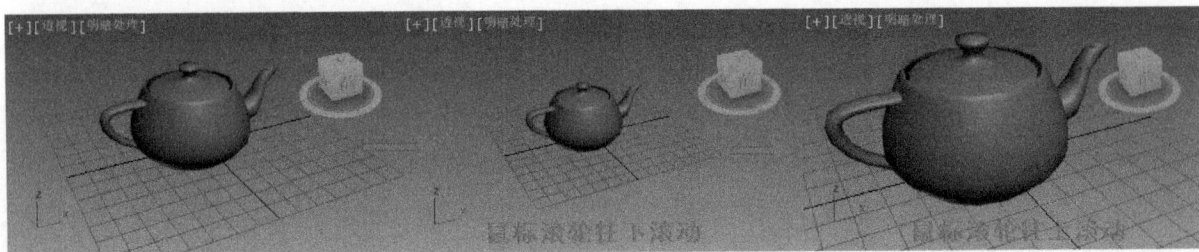

图1-33

平移视图：在视图中按住鼠标的滚轮并移动鼠标，可以将视图进行移动，此时光标会变成一只黑色手掌，如图1-34所示。同样，平移视图改变的仍然是观察位置，模型相对于世界坐标没有发生任何位置变化。

图1-34

旋转视图：按住Alt键，同时按住鼠标滚轮移动鼠标，可以让视图围绕世界中心自由旋转，如图1-35所示。该操作通常会伴随着选定对象，以此来观察对象的不同位置。

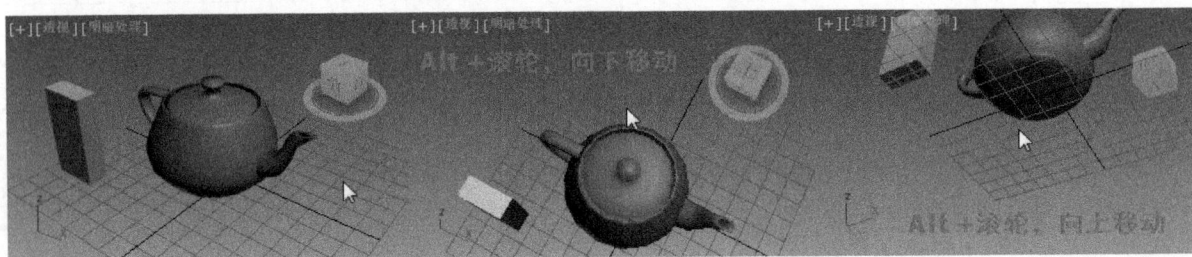

图1-35

📝 提示 --- ⟩

以上3种操作，"缩放视图"和"平移视图"可以在任意视图中进行，"旋转视图"只能在透视图中进行。

另外，在视图操作中，还有Z键操作。这是室内效果图制作中使用得比较频繁的快捷键，也是必须操作的一个快捷键。无论场景处于何种视图效果，该快捷键都可以让整个场景在当前视图中完全显示；当选择了某个对象时，该功能只针对该对象，即最大化显示该对象。

1.2.4 视图操作的核心技巧总结

记住下面这些视图操作的核心技巧，并下意识地养成这样的操作习惯，会让后续的工作变得更加简单。

第1点：作图时建议就用一个大视图。在练习过程中，可以任意选一个视图，并将其最大化显示，然后就用这个视图来作图。在这个视图中，可以尝试着创建一个物体，然后练习切换视图的快捷键，一定要做到非常熟练。

第2点：在熟练视图切换后，配合Z键进行练习，每切换一次视图，就按一下Z键。因为三视图的切换，视图显示效果不一定都是合理的，通过Z键可以让场景完全显示在当前视图中，方便查找对象。

第3点：在创建对象时，按P键切换到透视图，然后按Z键将对象完全显示出来，接着以"旋转视图"的方法来观察模型。当模型比较复杂时，通过某个视图是无法感知模型的真实效果的，用户就可以通过这种方式快速地查看模型的具体情况，以便发现问题并及时解决。

以上3点是工作中常用的视图操作技巧，大家一定要牢记。

1.3 工具栏的操作与运用

对软件运用来说，所有的技术都建立在基础的工具操作之上。下面针对室内效果图制作中常用的一些3ds Max工具进行介绍。

1.3.1 选择模式

▶ 视频演示：001选择模式.mp4

扫码看视频

在3ds Max的主工具栏中，有3种不同的选择模式，从左到右依次为"选择对象"工具、"矩形选择区域"工具和"窗口/交叉"工具，如图1-36所示。

图1-36

激活"选择对象"工具（快捷键Q），然后选中视图中的对象，选中的对象会显示为白色线框，同时对象上会出现一条坐标轴，按主键盘上的"+"或"−"键，可以自由调整该轴的大小，如图1-37所示。

使用"矩形选择区域"工具可以更改选择方式，默认为"矩形选择区域"。在"矩形选择区域"工具上按住左键不放，会出现一个下拉工具栏，如图1-38所示，该菜单中包含所有的选择方式。

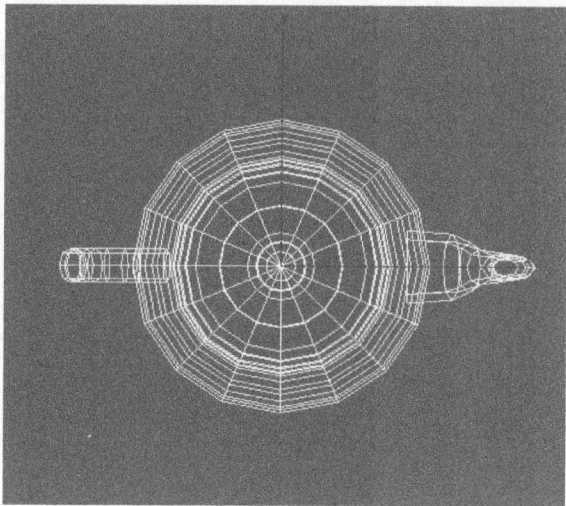

图1-37   图1-38

📝 提示 ----------------------------------

按Q键激活"选择对象"工具时，第1次按Q键，"选择对象"工具被正式激活；再次按Q键，会切换到"矩形选择区域"工具；连续按Q键，系统会自动切换选择方式。在室内效果图制作中，常用的选择方式为"矩形选择区域"。

"窗口/交叉"工具🔲需要灵活使用。当激活了"窗口/交叉"工具🔲之后，只有把整个对象框在选区内才会选择该对象；如果不激活该工具，只要选框碰到对象的任意位置，物体都能被选中。

以图1-39为例，视图中有1张桌子和3个茶壶，现在需要选中3个茶壶。要实现该操作，我们只需要激活"窗口/交叉"工具，然后拖动鼠标，对3个茶壶进行框选。如果没有激活"窗口/交叉"工具，则会将桌子一块选中。

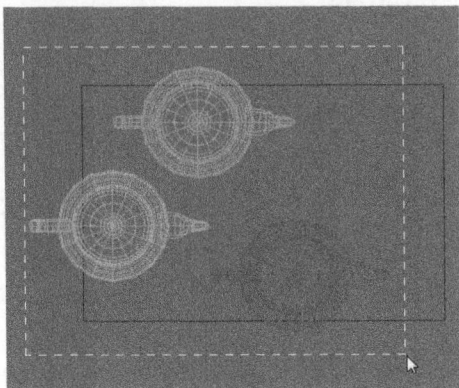

图1-39

📋 提示 --

在单独修改室内场景中的某个对象时，可以使用快捷键Alt+Q将对象单独从场景中"孤立"出来。该快捷键的具体操作方法在后续章节中会进行介绍，这里不过多描述。

1.3.2 坐标

▶ 视频演示：002 坐标.mp4

坐标与"选择并移动"工具✛（快捷键W）、"选择并旋转"工具⟳（快捷键E）和"选择并均匀缩放"工具🔳（快捷键R）是密不可分的。

扫码看视频

1. 黄色坐标法则

选择一个对象，对象上会出现一个坐标轴，而移动、旋转和缩放这3个操作都是基于坐标轴来完成的。而"黄色坐标法则"指的是当坐标轴显示为高亮黄色的状态时，坐标轴才能被激活使用。

观察图1-40，图中的x轴和y轴都是黄色的，表示对象可以自由地在xy平面内移动。

观察图1-41，只有y轴是黄色的，表示对象只能在y轴方向移动，也就是只能上下移动，而不能左右移动。该状态是通过"栅格和捕捉设置"对话框中的"启用轴约束"选项来实现的。如果不想要这种约束操作效果，直接取消勾选"启用轴约束"选项即可，如图1-42所示。

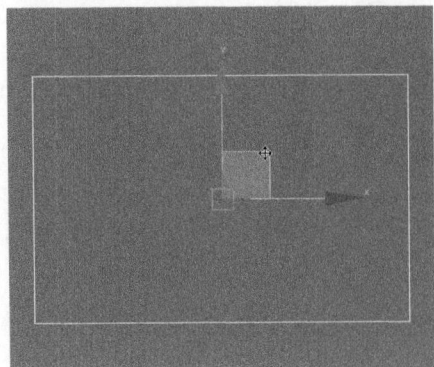

图1-40

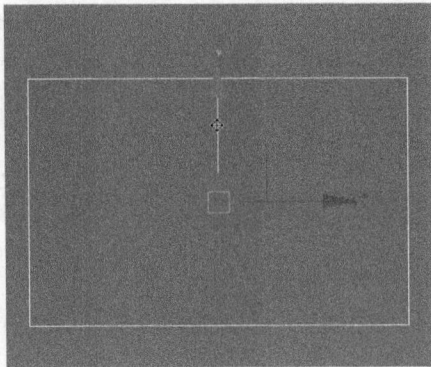

图1-41

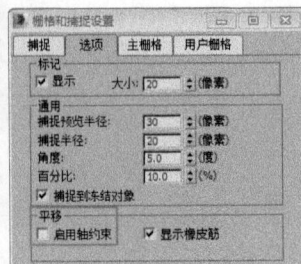

图1-42

20

观察图1-43，图中x轴是黄色的，表示对象只能在x轴方向移动，也就是只能左右移动，而不能上下移动。

旋转和缩放的操作原理与移动一样，都是遵循"黄色坐标法则"。另外，无论在哪个视图进行对象操作，该法则都适用。

提示 ┄┄┄┄┄┄┄┄┄┄┄┄┄┄┄┄┄┄┄┄┄┄┄┄┄┄┄┄┄

想要将x轴或y轴激活变黄，只需要单击对应的轴即可；如果想要x轴和y轴一起被激活变黄，需要将鼠标移动到x轴和y轴的相交区域，单击鼠标左键，如图1-44所示。

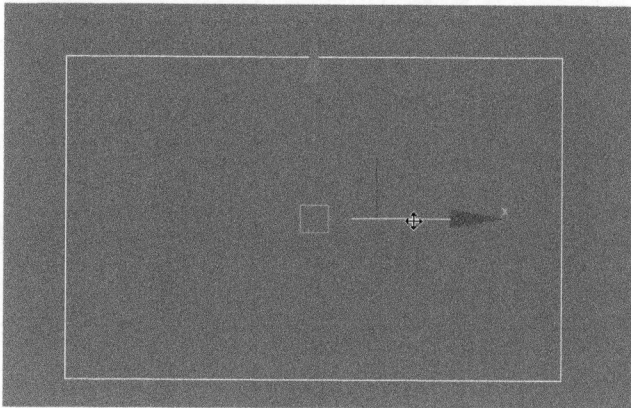

图1-43

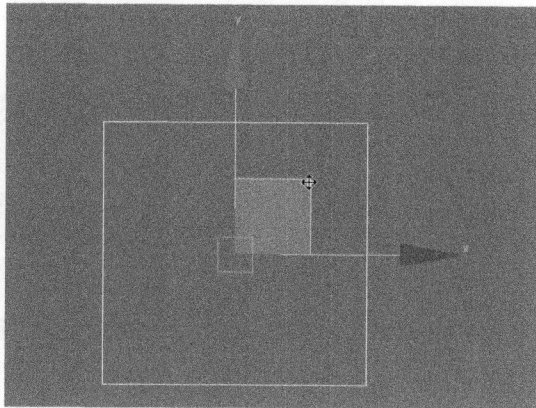

图1-44

2. 精准移动操作

如果想要对对象进行精准移动、旋转或缩放，只需要在对应的工具图标上单击鼠标右键，然后在对应的对话框中做相应设置即可。

进行移动操作时，在"选择并移动"工具 ⊕ 上单击鼠标右键，系统会弹出"移动变换输入"面板，如图1-45所示。

该对话框包含"绝对:世界"和"偏移:世界"两个选项组，对应的是绝对值和偏移值的设置。

"绝对:世界"坐标以世界原点为基础，当"绝对:世界"坐标为（0，0，0）时，物体的中心就在世界原点（0，0，0）处，如图1-46所示。这时可以调整"绝对:世界"的坐标值来调整物体位置。不过，这种情况一般很少，大多数情况是导入其他模型后，该模型离世界原点很远时，通过这个方法把物体移动到世界原点。

"偏移:世界"是精准移动的一种方法。

假如创建一个对象，设置"绝对:世界"的坐标为（0，0，0），物体的轴心就在世界原点的位置。当我们在"偏移:世界"中将X设置为50mm，并按下Enter键时，"绝对:世界"的X显示为50mm，而"偏移:世界"的X轴参数就会回归到0mm，即物体的轴心在x轴上距离世界原点50mm，如图1-47所示。

图1-45

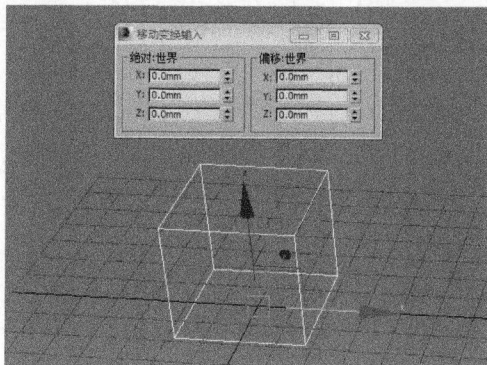

图1-46

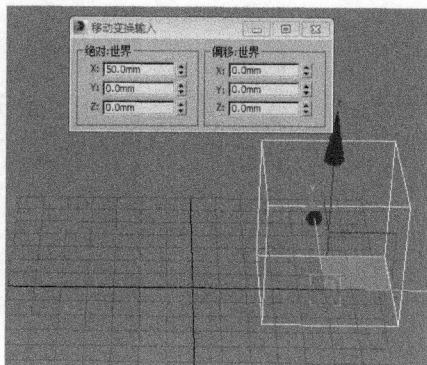

图1-47

简单来说，"偏移:世界"是相对移动的值，是即时的，"绝对:世界"是相对于世界原点的绝对坐标值。

3. 精确旋转操作

精确旋转也有"绝对:世界"和"偏移:世界"两个选项组，设置原理与精确移动类似。"绝对:世界"坐标是以世界原点为基础创建的，也就是说，透视图中的地平面就是绝对的xy平面。

在顶视图中绘制一个茶壶，茶壶的底面就位于xy平面，这是一个标准的视图状态，所以在"旋转变换输入"面板中的"绝对:世界"坐标值是（0，0，0），如图1-48所示。

在前视图中绘制一个茶壶时，茶壶的底面不是"绝对:世界"的xy平面，在"绝对:世界"坐标上，X参数显示的是90（单位为度），如图1-49所示，设置"绝对:世界"中的X为0，就可以恢复为图1-48所示的效果。

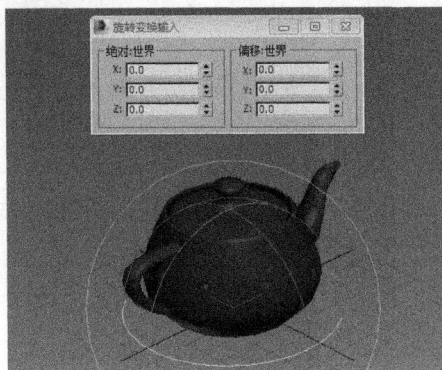

图1-48

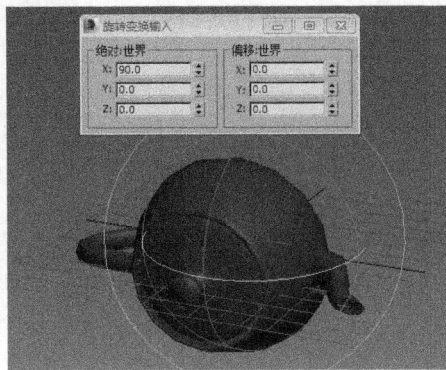

图1-49

📝 提示 --

这里的"偏移:世界"坐标与移动操作中的"偏移:世界"坐标原理类似，想让对象在哪个轴旋转多少度，就直接在对应轴上输入相应的数值即可。

4. 精确缩放操作

在"选择并均匀缩放"工具 📐 上按住鼠标左键，会显示出几个不同的缩放模式供用户选择使用，如图1-50所示。

第1种模式即为"选择并均匀缩放"，在工具上单击鼠标右键，会弹出"缩放变换输入"面板，如图1-51所示。 在该面板中，只能对对象进行整体缩放，其中"绝对:局部"的参数是对象的原始比例，即（100，100，100），意指比例数值或百分比。

图1-50

至于另外两个模式，在"偏移:世界"里面均可以单独调整X、Y、Z的数值，因为这两个模式可以进行不均匀缩放。当然，缩放方式仍以百分比为基准，如图1-52所示。

图1-51

图1-52

📝 提示 --

在工作中，普遍使用的是"选择并均匀缩放"工具 📐，大家掌握好这个工具就可以了。

22

1.3.3 轴心

▶ 视频演示：003 轴心 .mp4

轴心是影响室内建模效率的一个重要工具。合理地运用轴心，可以使建模效率提高不少。
所谓轴心，就是坐标轴的中心，即对象x、y、z轴的交点。常用的轴心模式有"使用轴点中心"和   **扫码看视频**
"使用选择中心"。

在顶视图中创建基本体，然后在"使用轴点中心"工具 上按住鼠标左键，会弹出下拉工具栏，3ds
Max的所有轴心工具如图1-53所示。

选中物体后，选择并激活"使用轴点中心"工具 ，即俗称的轴点中心模式，此时轴点中心会出现在   图1-53
对象的底面，如图1-54所示。在这种状态下，对对象的操作都是以底面为基准来进行的。

如果选择并激活第2种模式，即"使用选择中心"工具 ，俗称选择中心模式，轴心位置会出现在对象的几何
中心，如图1-55所示。

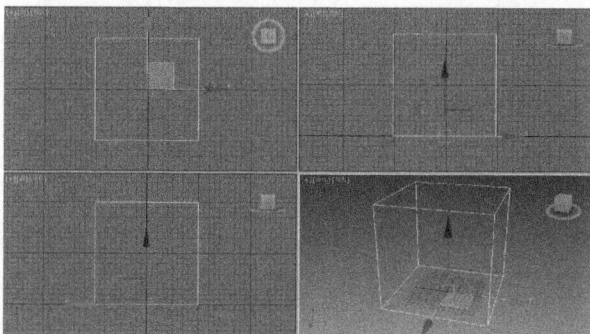

图1-54

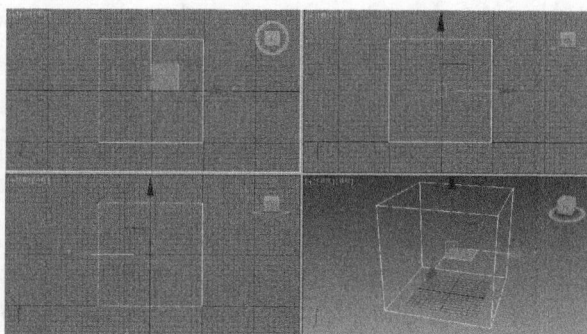

图1-55

至于第3种模式，即"使用变换坐标中心"，是直接以坐标原点为物体的轴心。这种模式使用概率不高，此
处不做详细介绍。

1.3.4 捕捉模式

▶ 视频演示：004 捕捉模式 .mp4

3ds Max的捕捉模式有3个，分别是2D、2.5D和3D。根据工作需要，大家掌握好2.5D和3D的
操作就足够了，尤其是2.5D，是使用频率极高的一种捕捉方式。下面主要介绍2.5D和3D的区别。   **扫码看视频**

在"捕捉开关"工具 上按住鼠标左键，系统会弹出下拉工具栏，其中包含3种"捕捉开关"模式（快捷键
S），分别是2D、2.5D和3D，如图1-56所示。

创建两个长和宽均为50mm的长方体，分别设置"高度"为50mm和80mm，对象效果如图1-57所示。下面以这
两个长方体为例进行捕捉演示。

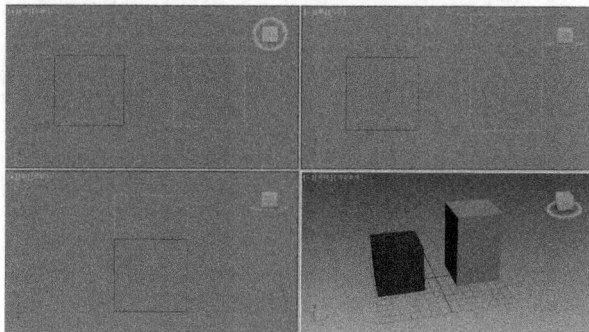

图1-56   图1-57

23

第1步：激活2.5D的"捕捉开关" ![icon] ，然后使用"矩形"工具 矩形 在顶视图中捕捉50mm高长方体右上角的点和80mm高长方体左下角的点，创建一个矩形，如图1-58所示。

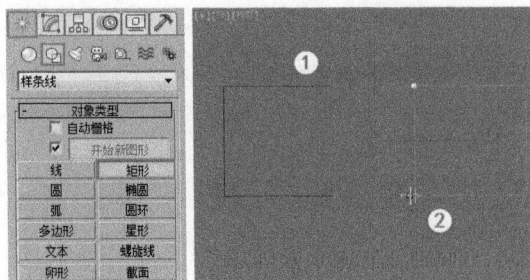

图1-58

第2步：按P键切换到透视图，观察创建效果，可以发现使用"捕捉开关" ![icon] 创建的矩形是"粘"在地平面上的，如图1-59所示。

第3步：激活3D的"捕捉开关" ![icon] ，然后使用第2步的方法创建一个矩形，接着切换到透视图，此时的矩形距离地平面50mm，如图1-60所示。

根据上述演示可知，2.5D捕捉是基于被捕捉点的对应的地平面进行捕捉的，3D捕捉是基于被捕捉点的真实位置进行捕捉的。下面再进行一个测试，同样的场景，我们将捕捉顺序互换一下，即从80mm高长方体开始捕捉。通过操作可以得知，先使用2.5D的"捕捉开关" ![icon] 进行捕捉，其结果毫无变化；使用3D的"捕捉开关" ![icon] 来进行捕捉，矩形在离地平面80mm高处，如图1-61所示。

图1-59

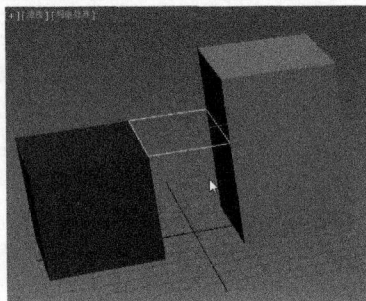

图1-60

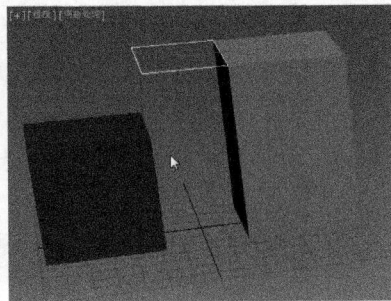

图1-61

📝 提示 --→

在本次测试中，使用的是"矩形"工具 矩形 ，因为矩形是不能产生弯曲的，所以在使用3D捕捉时，从哪个点开始，矩形就在该点所在平面。如果进行3D捕捉的工具是"线"工具 线 ，那么绘制出来的效果如图1-62所示。

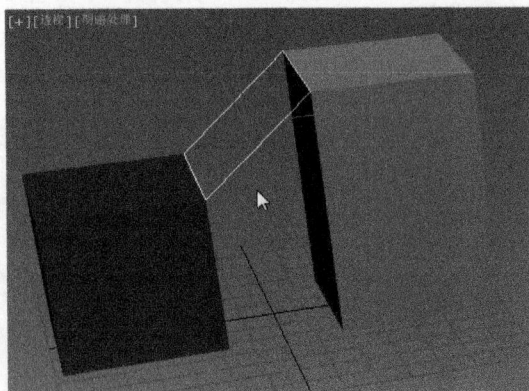

图1-62

1.3.5 角度捕捉与百分比捕捉

▶ 视频演示：005 角度捕捉与百分比捕捉 .mp4

"角度捕捉切换"工具 主要用于精确旋转操作，"百分比捕捉切换" 主要用于精确缩放操作。在"角度捕捉切换"工具 或"百分比捕捉切换"工具 上单击鼠标右键，打开"栅格和捕 **扫码看视频**捉设置"对话框，然后在"选项"选项卡中分别对"角度"和"百分比"进行设置，如图1-63所示。

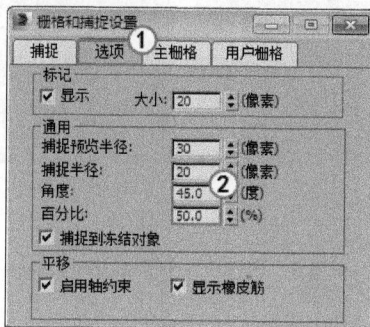

图1-63

当设置好这两个参数，用户在激活"角度捕捉切换"工具 或"百分比捕捉切换"工具 后，无论是旋转还是缩放操作，都是以设置的参数为最小变化基数进行。例如，设置"角度"为45°，在激活"角度捕捉切换"工具 后，旋转操作将以45°为最小单位量进行。

1.3.6 轴心配合捕捉

▶ 视频演示：006 轴心配合捕捉 .mp4

在效果图设计中，建模要规范，模型与模型之间不能重面，墙体之间不能带缝隙等。要想达到这些效果，就要用到捕捉。本节将介绍轴心和捕捉的综合运用。下面介绍两个新手经常容易犯 **扫码看视频**的建模问题。

第1个问题是重面，指两个面完全重叠在一起。在建模过程中，如果出现了重面的问题，重面部分在渲染时会产生很多噪点，甚至发黑，如图1-64所示，渲染出来的效果如图1-65所示。这是一种非常严重的重面渲染效果：无数的噪点和大面积的黑块。

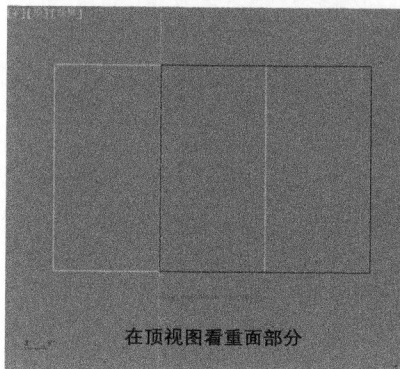

在顶视图看重面部分

图1-64

中间颜色相交部分就是重面部分

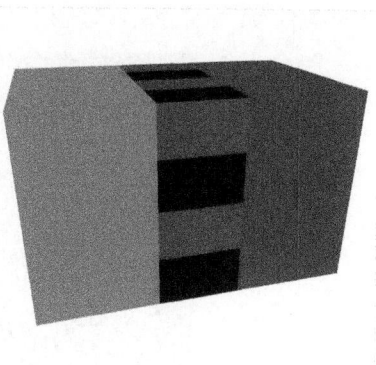

图1-65

☑ 提示

为了方便大家查看，图1-64中的重面效果制作得较为夸张。实际工作过程中，这类问题可以通过细心观察来避免。另外，在特殊情况下，重面现象是可以接受的，如摄影机看不到的部分。

第2个问题是缝隙。在创建墙体的模型时，如果捕捉不准确，墙体之间会出现缝隙，渲染图就会有漏光的风险。另外，有的缝隙是不容易发现的，需要把视图放大很多才能发现，如图1-66和图1-67所示。

图1-66

图1-67

☑ 提示 --

　　重面和缝隙的问题，都是初学建模时常犯的错误，大家一定要引起重视。

　　要解决上述问题，其实很简单，即完美拼合。下面将介绍如何使用轴心与捕捉进行完美拼合。以图1-68所示的模型为例，该场景包含吊顶和墙体，此时需要将吊顶拼接到墙体上。

图1-68

　　第1步：选择吊顶部分，如果此时采取"使用选择中心"模式 ，轴心会在吊顶的正中心位置，如图1-69所示。按W键激活"选择并移动"工具 ，并按S键激活"捕捉开关" ，然后将光标放在y轴上，y轴会变黄（建议开启轴约束，鼠标左右移动无效果），接着往下拖曳光标，捕捉到墙体上面的点，如图1-70所示。

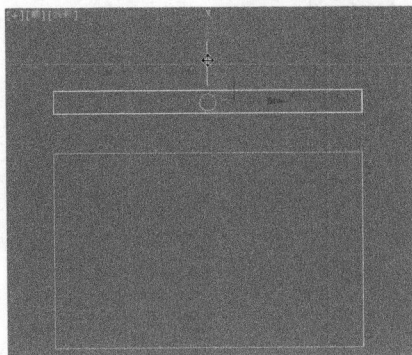

图1-69

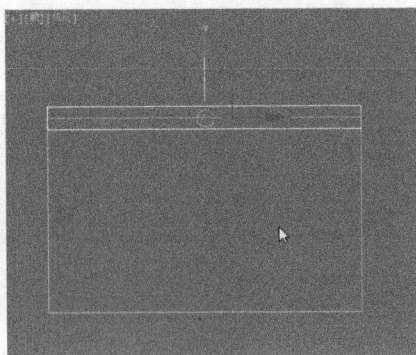

图1-70

☑ 提示 --

　　要设置捕捉对象元素，在"捕捉开关" 上单击鼠标右键，然后在弹出的对话框中勾选捕捉元素即可，此处应为轴心、边。

第2步：观察上一步操作的结果，这时候吊顶有一半被穿插到墙体里面去了，因此这是失败的操作。如果此时使用"使用轴点中心"模式 ▣，轴心将会在吊顶的底部，如图1-71所示，然后继续第1步的操作，这时吊顶和墙体就会完美地拼合在一起，如图1-72所示。

☑ 提示 ----------------------------------- ＞

关于捕捉原理，大家有不明白的地方可以观看教学视频。

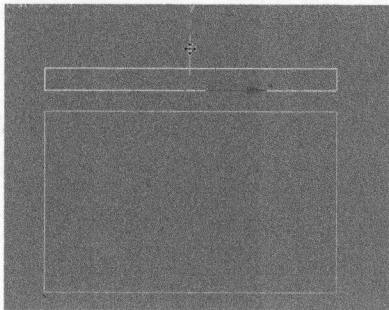
图1-71

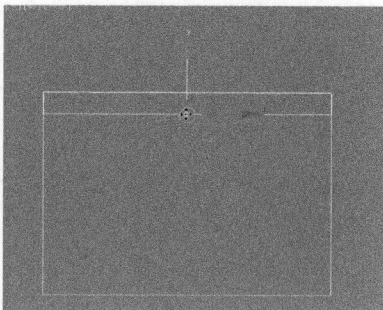
图1-72

除了以上操作外，还可以考虑设置捕捉元素为"顶点"或"中点"，即直接以某一个点为捕捉基准，然后直接捕捉到另一点上，即点对点的捕捉。以图1-73所示为例，在x轴和y轴同时变黄的前提下，将光标移动到吊顶左下角的点，当出现黄色十字光标时，将该点拖到墙体左上角的点处进行捕捉拼合。

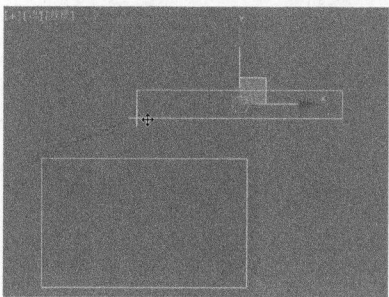
图1-73

☑ 提示 --- ＞

在做捕捉操作的时候，注意随时观察"轴约束"的状态。不少新手在进行捕捉操作的时候，发现有时候点动不了，这可能是因为打开了某个轴的约束，另一个轴向的移动必然失效。活用"轴约束+点对点"捕捉，可以拼合室内效果图中大部分对象，非常实用。

1.3.7 镜像

▶ 视频演示：007 镜像 .mp4

扫码看视频

镜像可以简单理解为镜子成像效果，该功能可以将对象镜像化或镜像复制一个出来。下面介绍镜像的操作方法。

在顶视图中创建一个茶壶并选中，然后单击"镜像"工具 ▣，打开"镜像:世界 坐标"对话框，此时茶壶也会有相应的镜像变化，然后设置"镜像轴"为X、"偏移"为200mm，接着设置"克隆当前选择"为"复制"，最后单击"确定"按钮 确定 ，如图1-74所示，效果如图1-75所示。

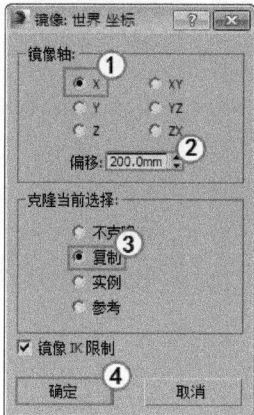
图1-74

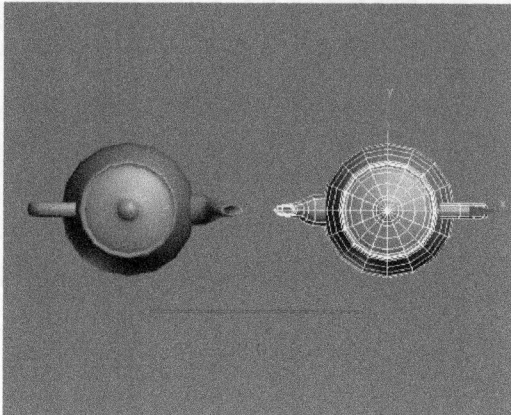
图1-75

27

重要参数介绍

镜像轴：控制镜像的方向。

偏移：控制初始对象和镜像对象的距离。

复制：镜像复制一个对象出来。

实例：镜像复制一个对象，对其中一个对象进行编辑，另一个对象也会发生相同变化。

参考：指复制出来的那个对象不能做任何改变，只能参考。

📋 提示 --- ›

注意，"偏移距离"都是以轴心即坐标轴为基准的，并非以模型为基准。

镜像操作是以轴心位置为对称轴进行复制的，在多数情况下，我们是不会调整"偏移"参数的，但是要做出准确对称的效果，可以考虑调整轴心位置。下面以图1-76所示的对象为例介绍具体方法，现在要做的是把下图的对象精准地分布到矩形的4个角的位置。

第1步：选择造型对象，然后切换到"层次" 🔲 面板，接着单击"轴"按钮 ，最后选择"仅影响轴"，如图1-77所示。

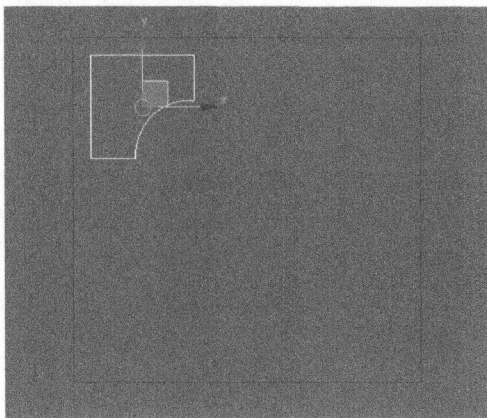 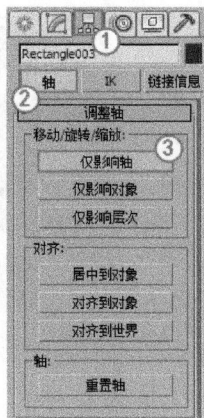

图1-76　　　　　　　　　　　　　　图1-77

第2步：此时视图中会出现另一个坐标方向的样式，在这个模式下，我们可以自由地调节对象的轴心，现在是当前对象的轴心位置，如图1-78所示。下面使用捕捉和轴约束功能，分别捕捉吊顶x轴方向和y轴方向的中点，将造型对象的轴心移动到吊顶中心，如图1-79所示。

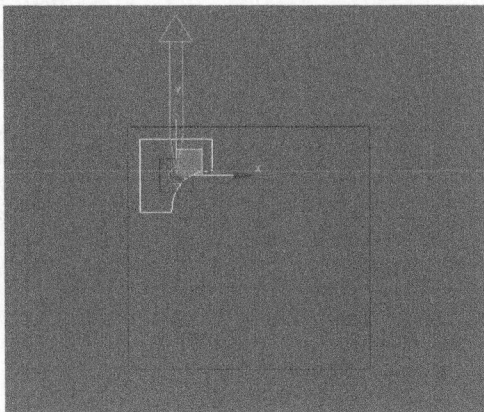 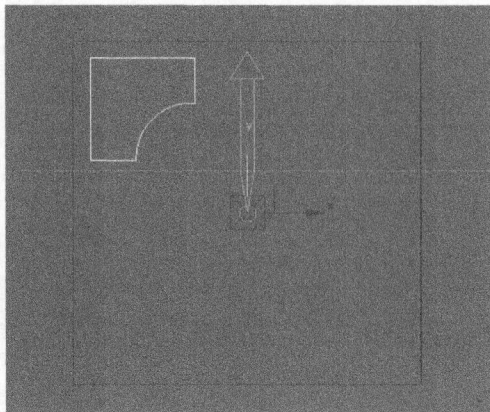

图1-78　　　　　　　　　　　　　　图1-79

第3步：返回"修改" 🔲 面板，退出修改轴心状态，修改完轴心后的视图效果如图1-80所示。

第4步：使用"镜像"工具 🔲 对造型对象进行复制，此时不需要设置"偏移"为0，只需要控制镜像轴即可，效果如图1-81所示。

28

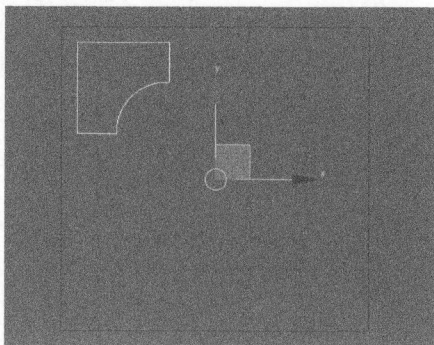

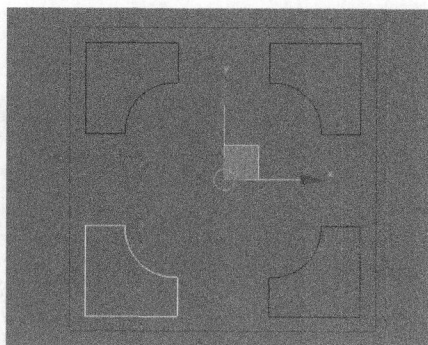

图1-80 　　　　　　　　　　　　　　　　　　　　　图1-81

📝 提示 ....➤

在工作中，修改轴心配合"镜像"工具⚏的操作在室内吊顶制作中十分常用，大家一定要牢记。

1.3.8 对齐

▶ 视频演示：008 对齐 .mp4

扫码看视频

在室内效果图设计中，对齐操作是使用频率非常高的一种操作技巧。在"对齐"工具⚏上按住鼠标左键，系统会弹出下拉工具栏，如图1-82所示，其中常用的是"对齐"工具⚏和"快速对齐"工具⚏。

选择一个对象，然后单击"对齐"工具⚏，这时鼠标的图标会变成对齐图标⚏，然后单击需要对齐的目标对象，系统会打开"对齐当前选择"对话框，如图1-83所示。在该对话框中，有"对齐位置""对齐方向"和"匹配比例"的参数供大家选择。大家可以自由绘制一些物体，以此了解相关功能。

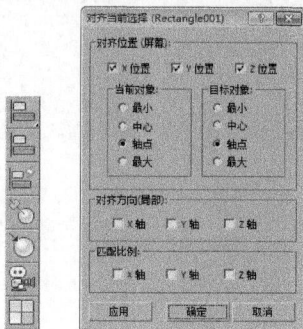

图1-82　　　　　　图1-83

同理，选中一个对象，然后单击选择"快速对齐"工具⚏，此时将光标移动到另一个对象上，会出现"快速对齐"的光标⚏，如图1-84所示，接着单击需要对齐的目标对象，两个对象的轴点会完全重合，如图1-85所示。

图1-84 　　　　　　　　　　　　　　　　　　　　　图1-85

显而易见，"快速对齐"工具⊡对齐的其实是两个对象的轴心。在上一节的镜像造型对象的操作中，我们是通过捕捉吊顶中心的方式来处理的，如果吊顶是圆形，如图1-86所示，此时就不便捕捉中点，那应该怎么处理呢？

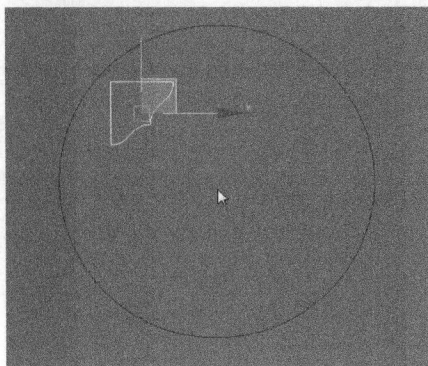

图1-86

　　因为圆的轴心和中心是同样的位置，这时我们可以使用"快速对齐"工具⊡对齐轴心来进行处理。用上一节的方法让造型对象进入修改轴心的模式，然后选择"快速对齐"工具，接着单击圆形，如图1-87所示，此时的效果如图1-88所示。大家可以发现造型对象的轴心已经与圆的中心重合，剩下的工作就按正常的镜像操作进行即可。

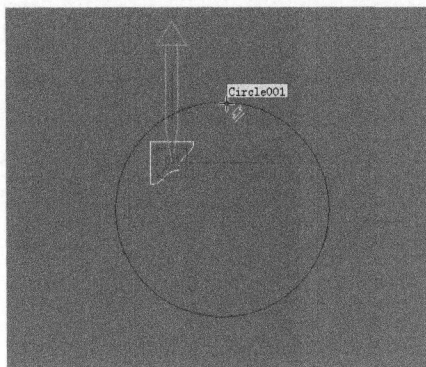

图1-87

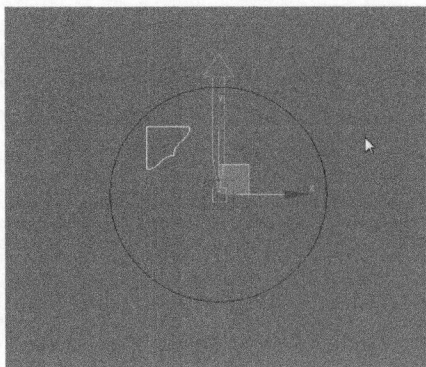

图1-88

☑ 提示 --- ＞

　　注意，除了上面讲到的点对点捕捉形式以外，"偏移距离"都是以轴心即坐标轴为基准的，而不是以模型为基准。

第 2 章

常用的室内建模技术全解析

3ds Max 中的建模技术有很多，在室内建模中，通常是几种建模技术搭配使用。本章将介绍重要的建模命令和技术。另外，室内建模的重点是建模思路，即建模技术只是一种手段，建模思路才是成功建模的关键。因此，对于本章的学习，大家要做的不只是简单地背诵这些命令和方法，还要将学习重心放在自我思维的塑造上。

本章学习重点

- 拆分与组合的概念
- 所有基本体的应用
- 多边形建模技术的应用
- 室内建模常用思维

2.1 拆分与组合

"拆分与组合"的建模思路是室内建模的基本思路。在建模时，应该对对象进行结构上的分析，观察对象的组成部分，然后将对象拆分成多个简单的单体，接着分别创建各个单体，最后将所有单体拼合起来，这就是"拆分与组合"的建模思路。图2-1所示的是使用两个长方体拼合的模型。

图2-1

在3ds Max中，有很多内置的基本几何体，大家可以直接使用它们绘制长方体、圆柱体和球体等简单对象。而在室内效果图中，大多数对象都是复杂的模型，它们都是由多个几何体编辑和组合而成的。图2-2所示的是一个展示架，将其拆分，可以发现它是由多个长方体组成的。

图2-2

下面讲解复杂对象的拆分。以图2-3为例，左侧是一个中间开孔的长方体对象，初学者在初次接触该对象时，是不知从何入手的。在创建时，我们可以将其拆分成两个部分来创建，一部分是由二维线挤出的镂空长方体，另一部分是常规的长方体对象。

图2-3

同理，如图2-4所示，该模型两边都有开孔，我们可以将开孔部分拆分出来，即拆分成两个有镂空造型的长方体和一个规则的长方体，然后将3个对象分别创建出来并组合在一起。因此，在创建模型的时候，拆分数量是随机的，并不是固定的，只要方便建模即可。拆分的具体形式由设计师自行判断，这也是室内建模的灵活所在。

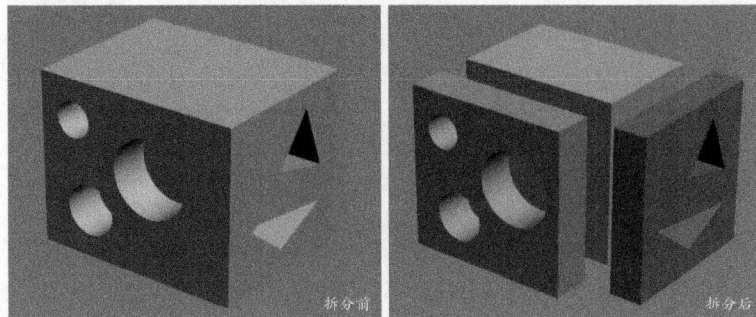

图2-4

"拆分与组合"是室内建模部分的核心思路，在后面的实战中会结合"拆分与组合"思路来进行相关讲解和练习，请大家做好准备，打好建模思路的基础。

2.2 基本体创建

　　3ds Max的"创建"面板中提供了大量基本体,如图2-5所示。用户可以使用它们来创建和编辑出室内效果图中的大部分对象。下面主要介绍常用的几何体和图形对象。

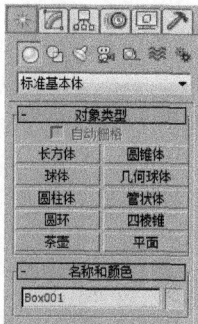

图2-5

2.2.1 创建几何体

▶ 视频演示:009 创建几何体.mp4

　　"几何体" 对象包含所有的基本几何体,其中常用的是"标准基本体"和"扩展基本体",如图2-6所示。大家只需要掌握这两类基本体中的常用对象,因为后面的大多数基本体对象都可以通过这两种对象进行创建和编辑。

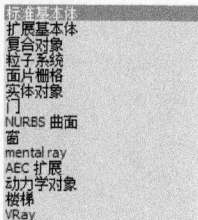

扫码看视频

图2-6

2.2.2 创建图形

▶ 视频演示:010 创建图形.mp4

　　"图形" 是3ds Max中的二维对象工具,多用于二维线建模,有"样条线""NURBS曲线"和"扩展样条线"3种,如图2-7所示。

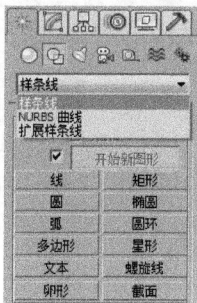

扫码看视频

图2-7

33

2.3 二维线挤出原理

"二维线挤出"是二维线建模技术中常用的命令，它可以为二维对象提供深度，将二维对象转化为三维几何体。下面介绍具体的操作方法。

第1步：切换到顶视图，然后在"创建"▥面板中单击"图形"▣，接着单击"线"工具 线 ，如图2-8所示。

第2步：使用鼠标左键以描点的方式在顶视图中绘制一个封闭的二维图形，当终点与初点重合时，系统会弹出"样条线"对话框，提示"是否闭合样条线？"，选择"是"（如果选"否"，意味着样条线没有闭合，挤出后的对象不能成为实体），如图2-9所示。完成绘制后，切记单击鼠标右键，退出激活"创建线"的状态。

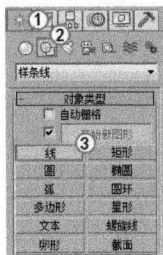
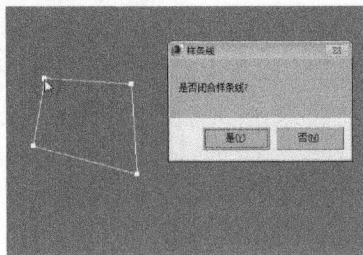

图2-8　　　　　　　　图2-9

第3步：切换"修改"面板，单击"挤出"按钮 挤出 （在第1章中，已经介绍了如何配置修改器面板），然后设置"数量"为50mm、"分段"为1，如图2-10所示，效果如图2-11所示。

图2-10　　　　　　　　图2-11

📝 提示 --->

通过上述操作，大家应该明白"数量"就是挤出的深度大小，那么"分段"是什么呢？将"挤出"修改器的"分段"设置为5，对象在挤出的深度方向上就会均分为5段，如图2-12所示。

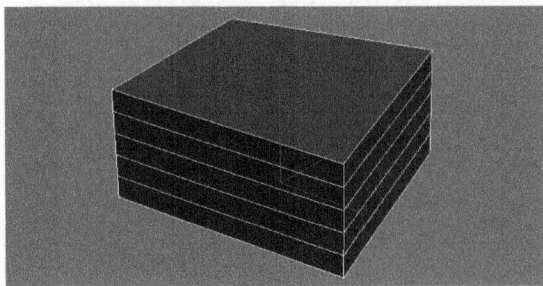

图2-12

"分段"是建模技术中非常重要的概念，无论哪种建模，其参数都包含"分段"。它可以决定模型在带弧度时的造型效果和模型内部结构面数。在今后的学习中，大家会深入地学习其原理和重要性。

通过上面的操作，会发现"图形" 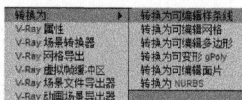 中有大量的二维线对象，其中"线"工具 比较特殊。使用该工具可以绘制各种二维对象，而且该工具绘制的对象自身即是可编辑样条线对象，即用户可以直接编辑定点、边等元素。相反，对于其他二维线对象，要编辑它们，则需要将其转换为可编辑样条线对象，在创建好的二维线对象上单击鼠标右键，然后执行"转换为>转换为可编辑样条线"命令，即可将其转化为可编辑样条线对象，如图2-13所示。例如，创建一个矩形，切换到"修改"面板，显示的是Rectangle，表示不能直接编辑点线，转化为可编辑样条线后，可以发现样条线对象的编辑卷展栏，如图2-14所示。

图2-13　　　　　　图2-14

2.4　顶点修改命令

"顶点"是样条线的子层级，任何样条线的"顶点"都是可编辑的。在"顶点"层级下，有各种各样的工具命令，但在室内建模中用到的只有几种，即"Bezier角点""Bezier""角点""平滑""焊接""设为首顶点"和"圆角和切角"。

其中，前4个命令都属同一类，即顶点类型，这是绘制二维线的重要技术。选择样条，然后切换到"修改"面板，单击"可编辑样条线"前面的"+"，然后单击"顶点"进入"顶点"层级（按1键也可以），如图2-15所示，接着在视图中选择顶点，并单击鼠标右键，在下拉菜单中有"Bezier角点""Bezier""角点"和"平滑"4个顶点类型，如图2-16所示。

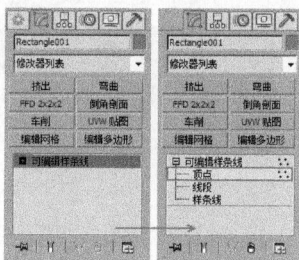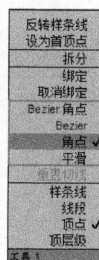

图2-15　　　　　　图2-16

2.4.1　角点

▶ 演示视频：011 角点 .mp4

扫码看视频

"角点"主要是针对两条直线之间的夹角点进行编辑，可以生成直线和转角曲线，如图2-17所示。图中二维线对象的4个点都属于角点，所以连接线都是直线，用户可以任意移动这些点。如果同时选中两个或两个以上的角点，还可以对该对象进行旋转和缩放操作。若是要生成转角曲线，就需要其他类型的顶点来配合操作，在后续的小节会进行介绍。

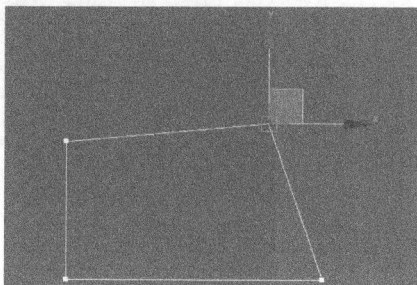

图2-17

2.4.2 平滑

视频演示：012 平滑.mp4

扫码看视频

"平滑"点可以让两条线的连接处生成平滑的曲线。见图2-18，选中图中二维对象右下角的顶点，然后单击鼠标右键，在弹出的菜单栏中选择"平滑"，该点位置的线会转换为平滑的曲线。这时候右上角的"角点"跟右下角的"平滑"点之间的线就是转角曲线。

将视图放大，可以发现这里所谓的平滑是由许多短直线构成的，如图2-19所示，也就是3ds Max的平滑是将折角无限分段化，相当于数学中的正多边形，当边数越多，越接近于圆。

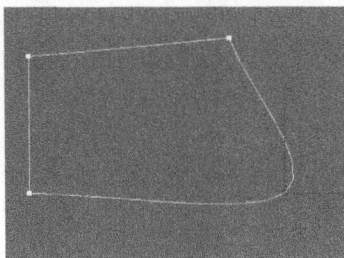
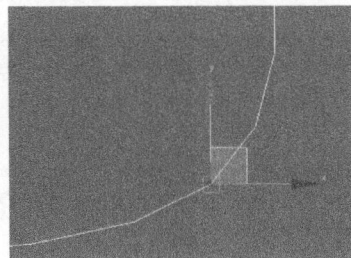

图2-18　　　　　　　　　　图2-19

也就是说，要得到更平滑的角点，可以通过设置较高的分段数来实现。这里，在"修改"面板的"插值"卷展栏下方将"步数"值适当调大（从原来的6调整为36），如图2-20所示。此时的角点处变得更加平滑，如图2-21所示。

大家记住，"步数"值越小，样条线的默认分段就越少，线条的平滑度就越低；反之，平滑度就越高。

📝 提示 ------------------------------>

"步数"在工作中的使用频率很高，对于一些圆形或带弧度的吊顶、背景墙等造型对象，一旦轮廓不够平滑，将会直接影响客户对我们的印象。客户可能不懂美术，不懂设计，但一定会懂这个吊顶圆不圆，从侧面看出我们做事够不够细心，细节将影响结局。

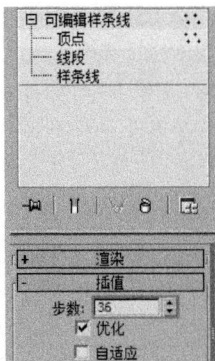
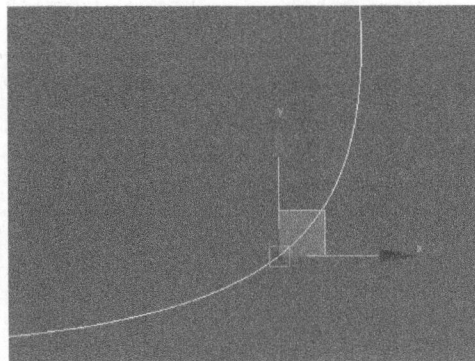

图2-20　　　　　　　　　　图2-21

2.4.3 Bezier

视频演示：013 Bezier.mp4

扫码看视频

Bezier的作用就是用来控制曲线的形状。见图2-22，用与前面相同的操作，将在顶点的类型设置为Bezier，此时顶点会出现两个控制柄。这时我们调整任一控制柄，另一个控制柄就会发生相应的变化，这样就可以调整需要的平滑效果，如图2-23所示。

📝 提示 ------------------------------>

因为Bezier命令是通过在不同轴上调整控制柄来完成弧度的调整，所以"黄色坐标法则"是完全适用的。同时，初学者在使用Bezier控制柄时，会出现动不了的情况，这是因为有"轴约束"的存在。因此，在操作控制柄之前，要确保x轴和y轴都变成黄色，再进行操作。

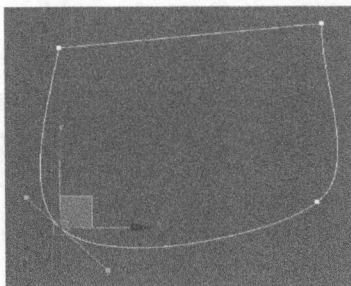
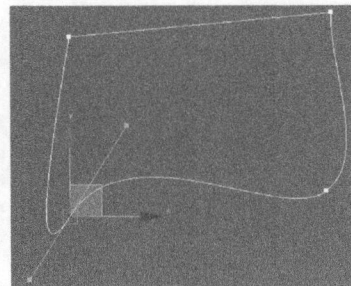

图2-22　　　　　　　　　　图2-23

注意，Bezier与"平滑"的不同在于，"平滑"属性的点是不能调整弧度的，其弧度是由两个顶点之间的位置决定的，Bezier属性的点是可以自由调整弧度的。

2.4.4 Bezier角点

▶ 视频演示：014 Bezier角点 .mp4

"Bezier角点"结合了Bezier命令和"角点"命令的功能属性。Bezier可以控制曲线的形状，"Bezier角点"可以控制转角曲线的形状。见图2-24，用前面的操作方法将顶点设置为"Bezier角点"类型，与Bezier属性的顶点相同，顶点上会有两个控制柄。不同于Bezier属性的顶点，"Bezier角点"的两个控制柄是相互独立的，即当调整其中一个控制柄时，另一个控制柄不动，且每个控制柄控制的区域以顶点为界限相互独立，一个控制柄管理一边的转角曲线，如图2-25所示。

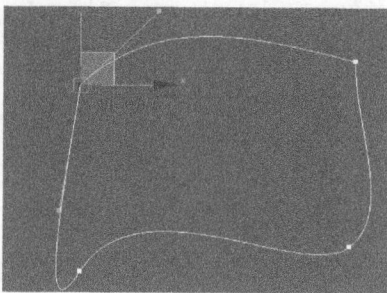
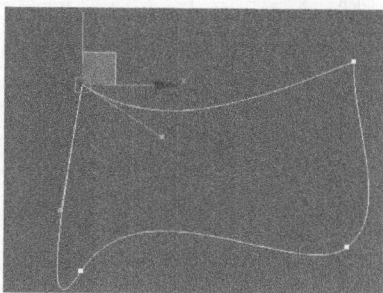

图2-24　　　　　　　　　　图2-25

2.4.5 焊接

▶ 视频演示：015 焊接 .mp4

当绘制好一个二维线对象后，发现该对象不是完全封闭或连续的时候，可以利用"焊接"工具 焊接 将断开的顶点连接起来。打开"修改"面板，"焊接"工具 焊接 如图2-26所示。下面以图2-27中的样条线为例讲解焊接的具体操作方法。

第1步：选中二维线对象，按1键进入"顶点"层级，然后在视图中选择断开的两个顶点，如图2-28所示。

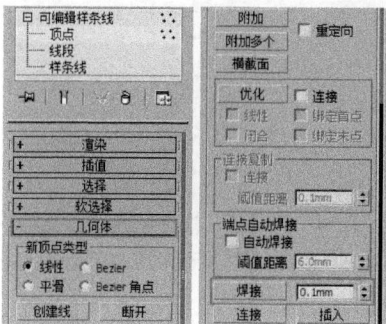
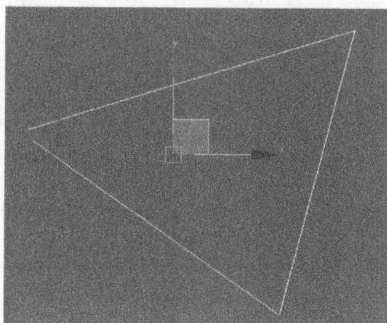
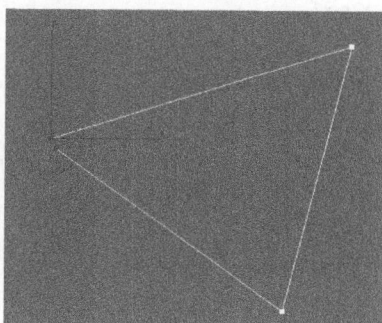

图2-26　　　　　　　　图2-27　　　　　　　　图2-28

第2步：在"修改"面板的"几何体"卷展栏中的"焊接"工具 焊接 后面输入50mm，然后单击"焊接"工具 焊接 ，如图2-29所示，焊接的效果如图2-30所示。

☑ 提示 ----------------------------->

"焊接"工具 焊接 后的参数是焊接距离，即两个顶点的距离。如果操作后两个点依然没办法闭合，可以继续调大"焊接"工具 焊接 的值，直到这两个点上的线焊接成功为止。

"焊接"工具 焊接 在室内效果图中应用得非常广泛。在工作中，当导入的CAD图不能挤出正常的立体对象时，很有可能就是对象没有完全闭合，这时就要检查点是否闭合，如果没有闭合，就要用到"焊接"工具 焊接 。

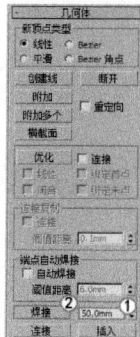

图2-29　　　　　　　　图2-30

2.4.6 设为首顶点

▶ 视频演示：016 设为首顶点.mp4

"设为首顶点"工具 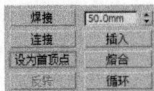 在"焊接"工具
焊接 下方，如图2-31所示。在绘制一个对象时，起点
就默认为首顶点，且在视图中显示为黄色，如图2-32所
示。"设为首顶点"工具 设为首顶点 可以让任何顶点变成首
顶点，该工具不是单独使用的，通常会配
合其他工具一起使用，如后面介绍的"倒
角剖面"工具 倒角剖面 。

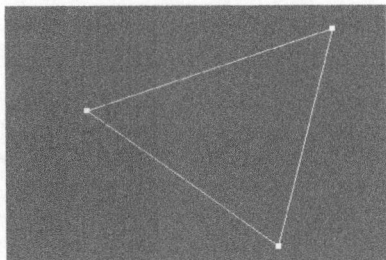

图2-31　　　　　　　图2-32

2.4.7 圆角和切角

▶ 视频演示：017 圆角和切角.mp4

在"修改"面板中，"圆角"工具 圆角 和"切角"工具 切角 在"设为首顶点"
工具 设为首顶点 的下方，如图2-33所示。在室内建模中，"圆角"工具 圆角 和"切角"工
具 切角 是属于同一范畴的常用工具，因此这里将其放在一起来介绍。

图2-33

"圆角"工具 圆角 和"切角"工具 切角 的使用方法比较简单，且效果也很直观。"圆角"工具
圆角 和"切角"工具 切角 可以直接通过数值来设置（与"焊接"工具 焊接 相同），也可以先选中二维
对象中要调整的点，然后单击"圆角"工具 圆角 或"切角"工具 切角 ，再用鼠标在视图上进行推拉操作来
完成。圆角效果如图2-34所示，切角效果如图2-35所示。

☑ 提示 ----------------------->

　　在使用"圆角"工具 圆角 时，
如果效果出现类似一边大一边小或不对称
的情况，说明该顶点是Bezier或"Bezier角
点"。它们的控制柄会对"圆角"产生影
响，用户可以将顶点转换成"角点"，然
后进行操作即可。因为角点没有控制柄，
是不会产生影响的。

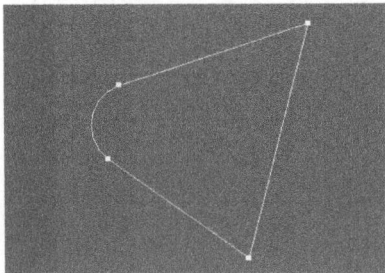

图2-34

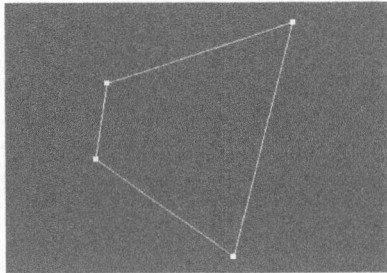

图2-35

2.5　线段修改命令

"线段"是样条线的第2个子级别。跟"顶点"一样，抛开工作中用不上的命令，本节将介绍"线段"层级
的常用工具，主要有"优化"工具 优化 和"拆分"工具 拆分 。

2.5.1 优化

▶ 视频演示：018 优化.mp4

"优化"工具 优化 可以给对象添加需要的顶点。选择样条线，然后按2键进入"线段"层级，
接着在"几何体"卷展栏中就能找到"优化"工具 优化 ，如图2-36所示。下面介绍"优化"工具
优化 的操作方法。

使用"线"工具 线 创建一个三角形，然后按2键切换到"线段"层级，接着单击"优化"工具 优化 ，此时将光标移动到任意线段上，光标会发生变化，单击鼠标左键即可在对应的线段上添加任意的顶点，如图2-37所示。

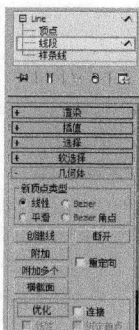
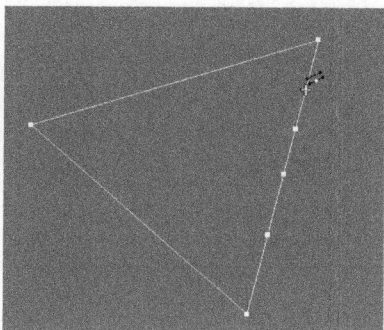

📝 提示 -->

使用"优化"工具 优化 添加的顶点，同样也可以进行移动或旋转等基本的操作，再配合"顶点"的修改命令，就可以为二维线不断地创造新的造型，这是绘制复杂的二维线图形的基本思路。如果在绘制过程中发现某个点是多余的，可以使用Delete键将其删掉。

图2-36　　　　　　　　　　　　图2-37

2.5.2 拆分

▶ 视频演示：019 拆分 .mp4

扫码看视频

"拆分"工具 拆分 可以对选择线段进行分段。在使用时，用户可以对"拆分"工具 拆分 进行参数设置，控制将当前线段均分为多少个分段。下面介绍具体操作方法。

在视图中创建一个二维线对象，然后按2键切换到"线段"层级，选择任意线段，接着在"拆分"工具 拆分 后面设置分段数为5，再单击"拆分"工具 拆分 ，如图2-38所示，线段将添加5个顶点，如图2-39所示。

📝 提示 -->

同"圆角"工具 圆角 一样，Bezier点和"Bezier角点"对"拆分"效果有干扰，请读者注意。另外，两个角点之间的线段拆分肯定是平均的，Bezier点和"Bezier角点"之间的线段拆分是不平均的。

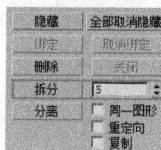

图2-38　　　　　　　　　　　　图2-39

2.6 样条线修改命令

"样条线"是二维图形的最后一个层级，可以理解为整个样条线，其主要操作工具有"轮廓"工具 轮廓 和"布尔"工具 布尔 。

2.6.1 轮廓

▶ 视频演示：020 轮廓 .mp4

扫码看视频

在室内建模中，制作天花板吊顶时常用"轮廓"工具 轮廓 。按3键进入"样条线"层级，在"几何体"卷展栏中可以找到"轮廓"工具 轮廓 ，如图2-40所示。下面通过一个小练习来介绍其操作方法。

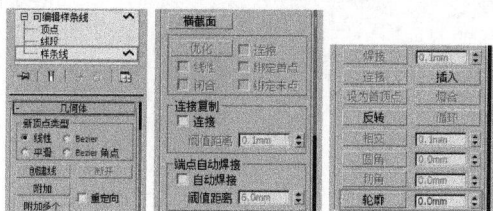

图2-40

第1步：使用"矩形"工具 矩形 在顶视图中创建一个300mm×300mm的矩形，然后选中矩形，单击鼠标右键，在弹出的菜单栏中执行"转换为>转换为可编辑样条线"命令，将对象转换为可编辑样条线，如图2-41所示。

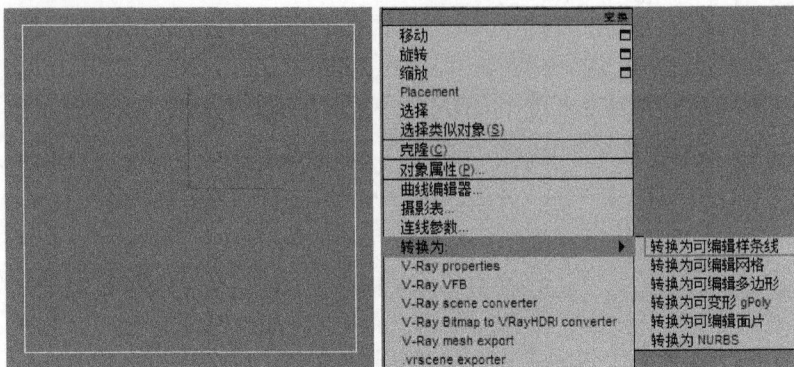

图2-41

第2步：按3键切换到"样条线"层级，选中样条线对象，然后在"轮廓"工具 轮廓 后面的文本框中将参数设置为50mm，接着按Enter键，视图中会实时产生效果，矩形内会生成一个与原矩形相似的新矩形（注意，此处的相似是数学几何中的相似，原理是随线段的法线方向产生新的图形，这会在演示视频里面详细讲解），如图2-42所示。

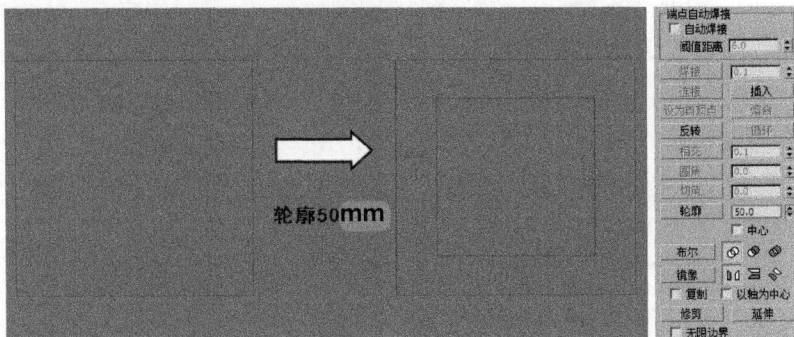

轮廓50mm

图2-42

第3步：为了让大家更好理解两个相似矩形的关系，按3键退出"样条线"层级，然后为对象加载一个"挤出"修改器，效果如图2-43所示。

第4步：在这个模型效果的基础上，假如要将其制作成一个灯槽，可以将其复制一个对象放到原模型上面，如图2-44所示。

图2-43

图2-44

第5步：选中复制出来的对象，进入"修改"面板，注意，现在是"挤出"修改器的效果，因此返回二维线级别，然后按3键切换到"样条线"层级，接着选中内部矩形，再调整"轮廓"工具 轮廓 的参数为－20mm，如图2-45所示，设置完成后的效果如图2-46所示。

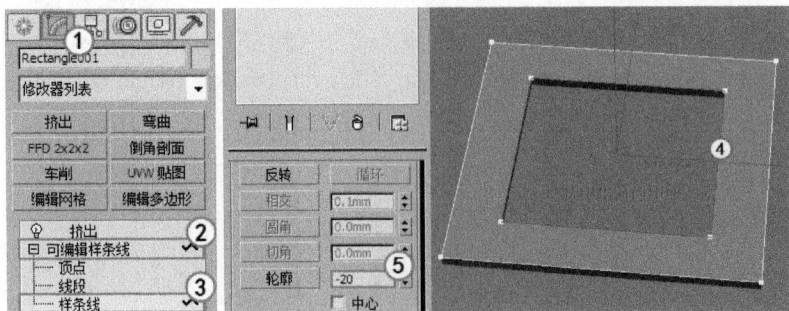

图2-45

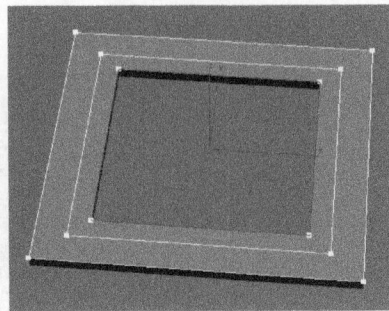

图2-46

第6步：完成上一步操作，原本两个矩形之间会再次生成一个新矩形，将最里面的矩形选中并删掉，按3键退出"样条线"层级，返回"挤出"修改器，效果如图2-47和图2-48所示。

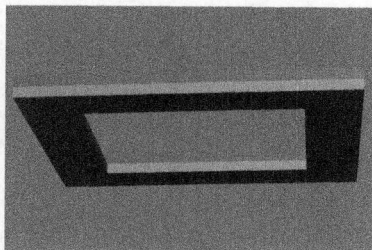

图2-47　　　　　　　　　　　　　图2-48

2.6.2 布尔

▶ 视频演示：021 布尔 .mp4

扫码看视频

进入"样条线"层级，"布尔"工具 布尔 如图2-49所示，该工具有3种运算模式，分别为"并集" ◎、"差集" ◎ 和"交集" ◎。

在顶视图中分别绘制一个矩形和圆形，然后将其移动到合适位置，使其相交，接着先选中矩形，单击鼠标右键，在弹出的菜单栏中选择"转换为>转换为可编辑样条线"命令，如图2-50所示，将对象转换为可编辑样条线，最后用"附加"工具，把圆形附加起来，如图2-51所示。

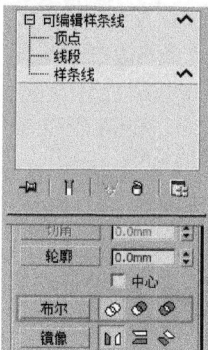
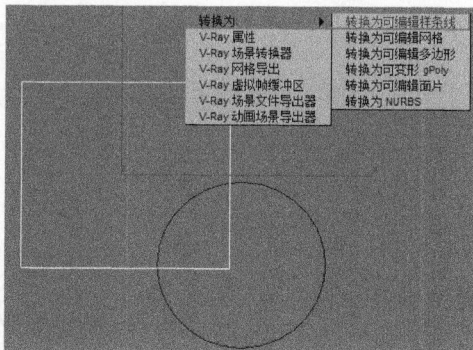
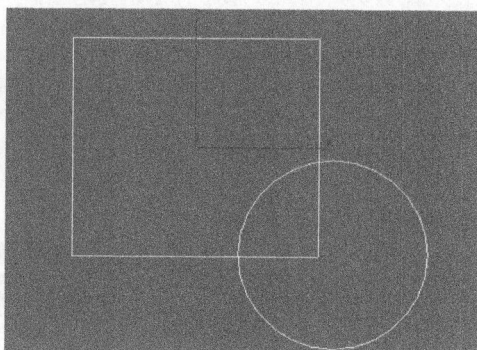

图2-49　　　　　　　　　　图2-50　　　　　　　　　　　　　图2-51

📝 提示 ------

在介绍"布尔"工具 布尔 的使用方法之前，说明一下"布尔"工具 布尔 运用的必要条件。首先，进行布尔运算的每个样条线必须在同一平面上；其次，进行布尔运算的样条线必须是附加在一起的同一条样条线；最后，布尔运算必须在封闭对象与封闭对象之间进行。

并集 ◎：在"样条线"级别下选中矩形图形，此时矩形会变为红色，如图2-52所示，然后在"修改"面板中单击"布尔"工具 布尔，接着选择激活"并集" ◎，如图2-53所示，再将光标移动到圆形上，光标会发生明显的变化，如图2-54所示，最后单击圆形，矩形会加上圆形（相交部分被删除），效果如图2-55所示。

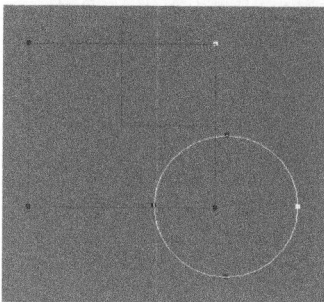
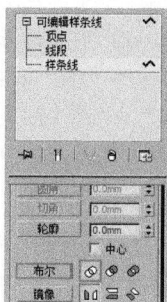
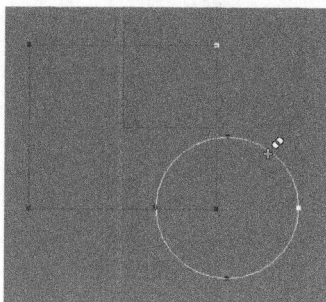
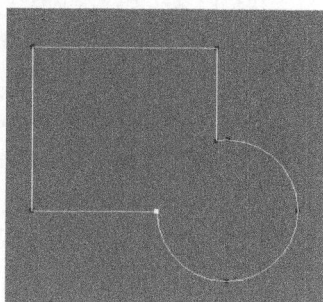

图2-52　　　　　　　图2-53　　　　　　　　图2-54　　　　　　　　图2-55

差集 ◉：用相同的方法进行操作，此处激活"差集"◉，如图2-56所示，矩形会减去圆形，效果如图2-57所示。

交集 ◉：同理，此处激活"交集"◉，如图2-58所示，系统只会保留矩形与圆形的相交部分，如图2-59所示。

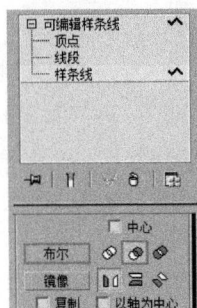 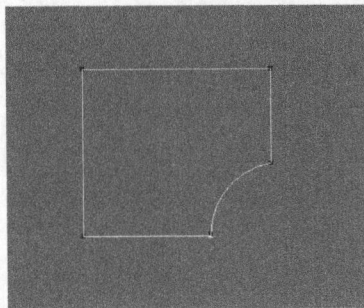 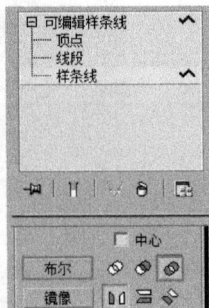 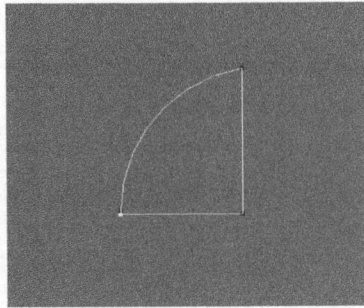

| 图2-56 | 图2-57 | 图2-58 | 图2-59 |

至此，室内效果图中重要的二维线工具命令就介绍完了。注意，二维线的绘制是室内建模的核心技术和基础，大家务必要掌握好相关技法。

实战：用拆分与组合思路制作电视柜

场景位置	无
实例位置	实例文件>CH02>实战：用拆分与组合思路制作电视柜.max
视频名称	实战：用拆分与组合思路制作电视柜.mp4
难易指数	★★★☆☆
技术掌握	拆分与组合的概念、二维线顶点的编辑、圆角、切角、布尔、轮廓、拆分、焊接

扫码看视频

电视柜效果如图2-60所示。

图2-60

在工作中，命令是不会单独存在的，大家在学习的时候也一样，不要觉得学会命令就够了，一定要学会把命令应用在工作当中。

在室内设计中，大多数模型可以用"拆分与组合"并结合"二维线挤出"来完成，本例的电视柜也不例外。当我们需要创建模型时，可以先从"拆分与组合"入手，在脑海里先把模型拆开，拆开之后，会发现思路清晰明朗了很多，做起来也会简单很多。下面，我们先来介绍拆分的思路，再介绍具体的建模方法。

这个模型的难点在于一些缝隙和侧面的两个圆角底部。对于缝隙，在学习了多边形建模后，制作起来就相对容易一些，但没有学之前，可以活用"拆分与组合"来处理。对于这个电视柜，一些不规则的地方只是看上去不规则，当拆开后，可以发现它是由规则的造型组合而成的。下面我们把整体拆分为6个部件。

1号部件如图2-61所示，即前面和后面的外框造型，可以通过二维线挤出，如图2-62所示。

2号部件如图2-63所示，即前面抽屉的造型，也可以通过二维线挤出得到，如图2-64所示。另外，这个抽屉面跟外框是有缝隙的，如果不拆出来，制作会非常困难，一旦拆出来，就非常简单了。

图2-61

图2-62

图2-63

图2-64

继续将左右两边带洞的对象和下面的造型拆分出来，如图2-65所示。这个部分是一个难点，因为初学者会去考虑如何能直接做出来，如用"布尔"运算，但是这里我们只考虑"拆分与组合"方式，因此大家完全可以考虑将这一部分进行二次拆分，如图2-66所示，绿色的是3号部件，红色是4号部件，大家看一下，现在是不是全都可以通过二维线挤出制作出来。只是这次拆分，二维线所在的创建面不同，如带洞的那两块，可以在左视图绘制二维线，然后挤出；下面那块可以在前视图绘制二维线，然后挤出。

同理，5号部件是柜体，如图2-67所示；6号部件是顶部，如图2-68所示。

图2-65

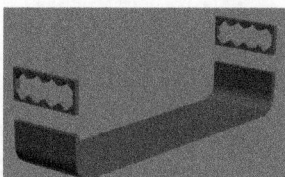
图2-66

图2-67

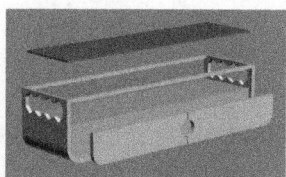
图2-68

最终拆分的所有部件如图2-69所示。需要注意的是，用"拆分与组合"概念做缝隙效果时，必须注意二维线尺寸，考虑好什么时候该留一点空间，留多少才能清晰地看到缝隙，再根据不同需求使用不同的做法。如果做特写，我们会留正常的缝隙尺寸；如果带缝隙的模型距离摄影机很远，看不清楚缝隙效果，我们就要留宽一些的缝隙来表现效果。

当拆分工作完成后，我们要做的就是单独绘制每一个部件，然后将它们拼合在一起。

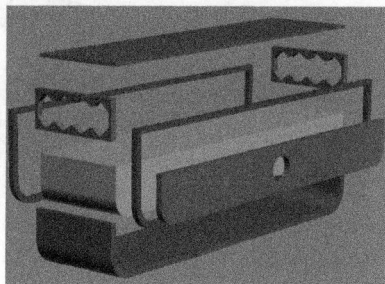
图2-69

1. 创建1号部件

1号部件如图2-70所示。

01 在前视图中创建一个矩形，如图2-71所示，控制其"长度"为300mm，"宽度"为1200mm，最后不要忘记单击鼠标右键，并将其转换为可编辑样条线。

图2-70

图2-71

02 按1键进入"顶点"层级，然后选中如图2-72所示的顶点，接着使用"圆角"工具 圆角 进行处理，设置大小为80，最后按Enter键，圆角效果如图2-73所示。

图2-72

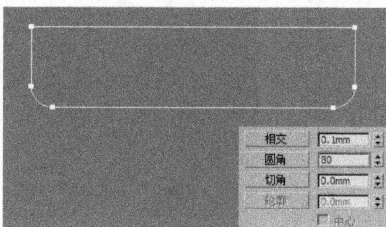
图2-73

📋 提示 ------------------------------->

大家千万不要忘记，由于创建出来的图形的默认"步数"为6，远远达不到我们的需求，因此需要手动调整才能得到更平滑的效果，如图2-74所示。注意，所有带弧度的造型都需要调整。

图2-74

03 按3键进入"样条线"层级，选中所有样条线，这时选中的样条线会变成红色，如图2-75所示，接着使用"轮廓"工具 <u>轮廓</u> 进行处理，设置大小为20mm，并按Enter键，轮廓效果如图2-76所示。

04 在"修改"面板使用"挤出"修改器（前面我们配置过修改器按钮面板，可以直接单击按钮），并设置"数量"为20mm，效果如图2-77所示。

图2-75

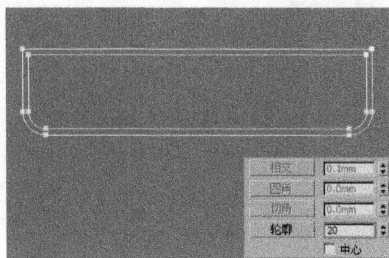

图2-76

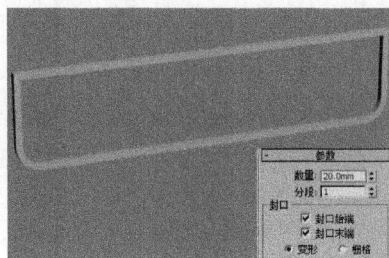

图2-77

2. 创建2号部件

2号部件如图2-78所示。

01 选中1号部件，按快捷键Ctrl+V，这样可以原地复制一个1号部件，具体参数如图2-79所示，现在有两个重叠的1号部件。选中任意一个，单击鼠标右键，然后选择"隐藏选定对象"，如图2-80所示，这样可以把暂时不需要看见的物体隐藏起来，方便后续操作。

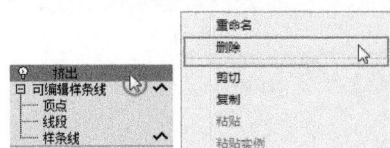

图2-78

图2-79

图2-80

📝 提示 ---------------------------------- ➤

工作中，很多时候都会用到"原地复制"功能，这样可以利用已画好的对象进行修改，不需要重新画新的图案，效率会提高很多。

02 选中对象，进入"修改"面板，将光标移动到"挤出"命令上面，然后单击鼠标右键，在弹出来的菜单选择"删除"，把原对象的"挤出"修改器删掉，如图2-81所示。

03 按3键进入"样条线"级别，选中外面一圈轮廓的线条，如图2-82所示，然后按Delete键，把它删掉，只保留里面的轮廓，如图2-83所示。

图2-81

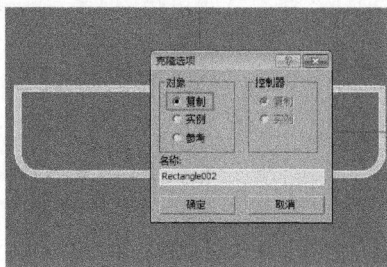

图2-82

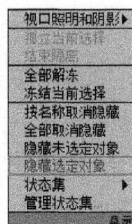

图2-83

04 选中剩下的样条线，使用"轮廓"工具 <u>轮廓</u> 进行处理，设置大小为5mm，然后把外轮廓的线条删掉，如图2-84所示，这样2号部件的二维线就初步完成了。

05 这时在视图中单击鼠标右键，然后选择"全部取消隐藏"，把1号部件拿出来做参照，效果如图2-85所示。选择2号部件的样条线，然后按1键，进入"顶点"层级，选择上面的两个顶点，并激活捕捉，然后将顶点移动到1号部件的中间位置，如图2-86所示。

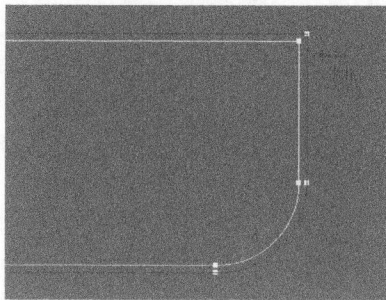
图2-84

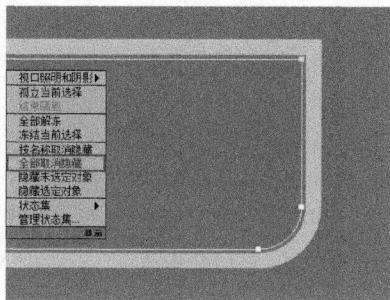
图2-85

图2-86

提示 ----

这里的做法是为了留缝，大家观察电视柜的造型，1号部件跟2号部件是有缝隙的，因此使用"轮廓"工具 轮廓 留出5mm的距离来表现电视柜的缝隙。

06 继续隐藏1号部件，选中2号部件，然后按2键进入"线段"层级，接着选择上下两条边，如图2-87所示，再设置"拆分"为1，最后单击"拆分"按钮 拆分 ，边的中间会产生新的顶点，如图2-88所示。

图2-87

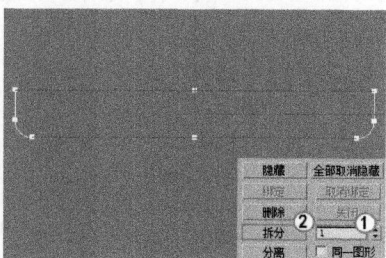
图2-88

07 选中图2-89所示的线段，然后按Delete键删掉，如图2-90所示。

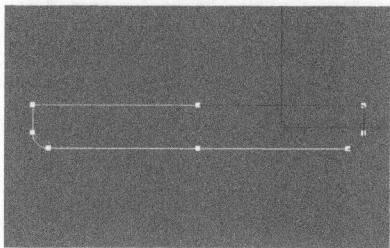
图2-89

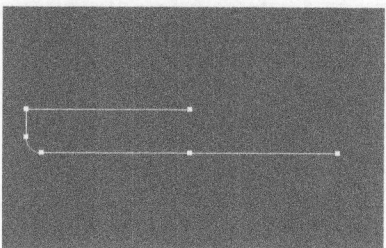
图2-90

08 按1键进入"顶点"层级，然后选择图2-91中右下角的顶点，接着激活捕捉，将选中顶点移动到最上边的右侧顶点位置，如图2-92所示。

提示 ----

这里要把顶点类型转换为"角点"，如果不是，边缘会产生弧度，即不是我们需要的直角边。

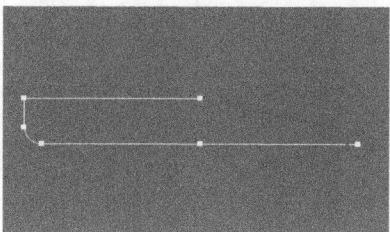
图2-91

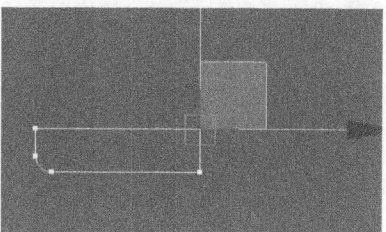
图2-92

09 框选右上角重合的两个顶点，然后使用"焊接"工具 焊接 将两个顶点合并为一个顶点，将图形封闭起来，如图2-93所示。

提示 ----

默认的"焊接"值为0.1mm，因为我们是用捕捉移动顶点的，两个点的范围已经在0.1mm以内了，所以不需要刻意去调"焊接"的数值，直接使用焊接即可。

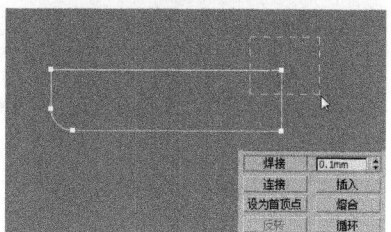
图2-93

10 选中右边的两个顶点，在"选择并移动"工具 ✛ 上单击鼠标右键，然后设置"偏移:屏幕"的X为−2.5（单位为mm），如图2-94所示。

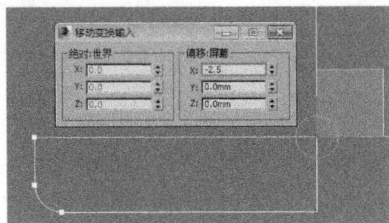

图2-94

📝 提示 --

　　注意，电视柜的中间也有条缝，将中间顶点移动2.5mm，两边加起来就留了5mm的缝隙。使用鼠标右键单击"选择并移动"工具 ✛ 是精准移动的方法，在业内，我们把这种方法称为"精准移动"。

11 在当前视图中创建一个圆形，设置"半径"为40mm，然后激活捕捉，捕捉二维线对象右边线段的中点，然后把圆形移动到相应的位置，如图2-95所示。

12 选中二维线图形，切换到"修改"面板，然后激活"附加"工具 附加 ，接着将光标移动到圆形上面，待光标发生变化，单击鼠标左键，两个图形就附加在一起了，即成为同一条二维线，如图2-96所示。

图2-95

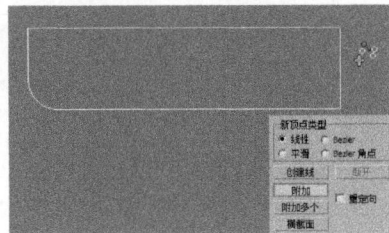

图2-96

13 按3键进入"样条线"层级，然后选中图2-97所示的样条线，切换到"修改"面板，单击"布尔"中的"差集"按钮 ⊘ ，接着单击"布尔"按钮 布尔 ，再将光标移动到圆形上面，待光标出现变化，单击鼠标左键，如图2-98所示，布尔效果如图2-99所示。

图2-97

图2-98

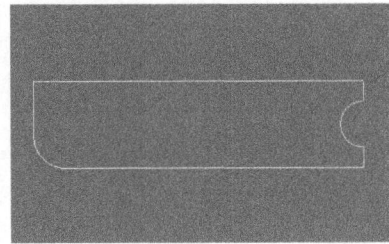

图2-99

14 为对象加载一个"挤出"修改器，设置"数量"为20mm，如图2-100所示。

15 单击主工具栏中的"镜像"按钮 ，打开"镜像:屏幕 坐标"对话框，然后选中X，设置"偏移"为0mm，并选中"复制"选项，如图2-101所示。

图2-100

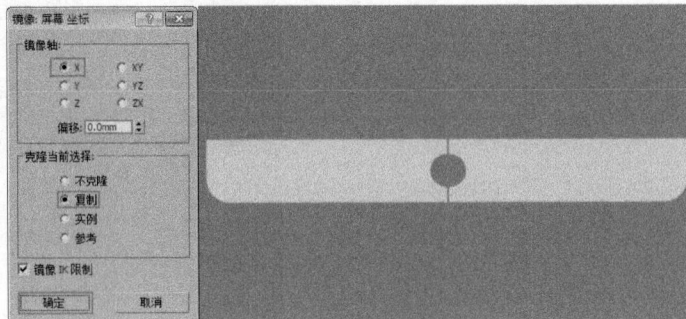

图2-101

📝 提示 --

　　因为2号部件的二维图形是通过1号部件复制而来的，它的轴心原本就在1号部件的正中心，所以这里不需要做任何调整即可镜像出对称对象。

3. 创建3号部件

3号部件如图2-102所示。

01 选中1号部件，同样使用快捷键Ctrl+V原地复制一个，并把模型中的"挤出"修改器删掉，效果如图2-103所示。

图2-102

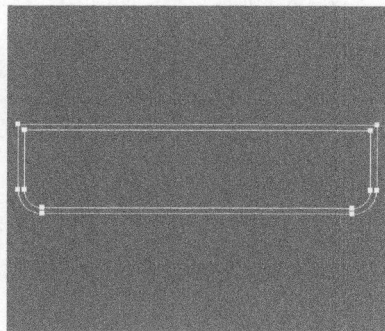

图2-103

02 按2键进入"线段"层级，选中如图2-104所示的边，然后按Delete键删掉，如图2-105所示。

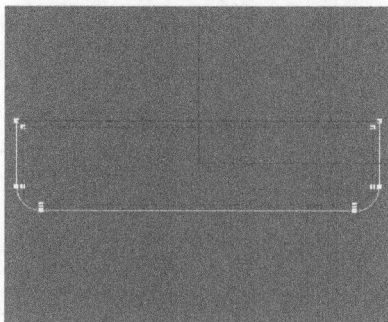

图2-104

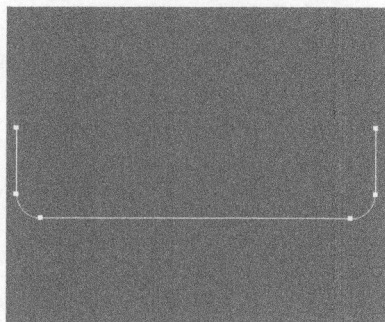

图2-105

03 在视图中单击鼠标右键，然后选中"全部取消隐藏"，接着选中1号部件，将其隐藏掉，现在剩下当前操作的二维对象和2号部件，如图2-106所示。下面按1键进入"顶点"层级，选中最上面两个点，使用捕捉的方法将其移动到如图2-107所示的位置。

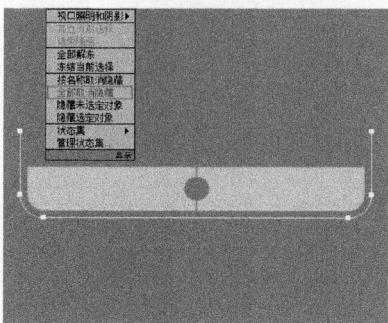

图2-106

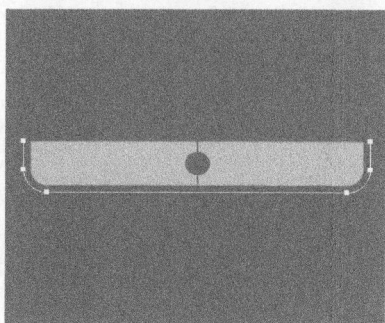

图2-107

04 按3键进入"样条线"层级，然后选中所有样条线对象，设置一个20mm的"轮廓"，如图2-108所示。

05 为对象加载一个"挤出"修改器，控制挤出"数量"为300mm，效果如图2-109所示，然后取消全部的隐藏对象，利用捕捉功能将3号部件移动并"粘"住1号部件，效果如图2-110所示。

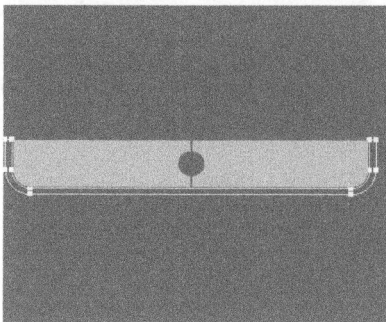

图2-108

图2-109

图2-110

06 选中1号部件，按住Shift键的同时将其移动，复制一个1号部件，如图2-111所示，然后把复制出来的1号部件移动到后面的相应位置，如图2-112所示。至此，1号、2号和3号部件就组合起来了。

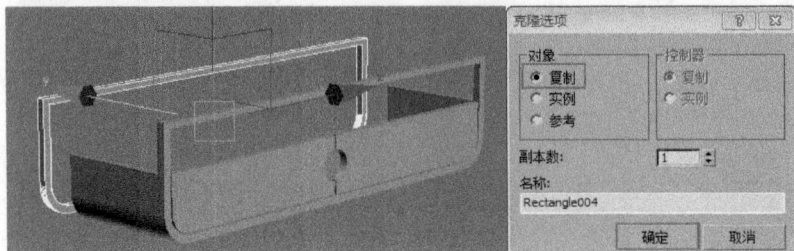
图2-111

图2-112

4. 创建5号部件

5号部件如图2-113所示。前面1号、2号和3号部件的组合，已经使对象有了雏形，而4号和5号部件的创建顺序是可以互换的，这里考虑到操作的连贯性，选择先把5号柜体创建好，再用4号和6号部件封顶。

图2-113

01 选中3号部件，然后按快捷键Ctrl+V原地复制一个出来，同样把原有的"挤出"修改器删掉，接着按2键，进入"线段"层级，选中如图2-114所示的线段，并按Delete键删掉，如图2-115所示，放大显示效果如图2-116所示。

图2-114

图2-115

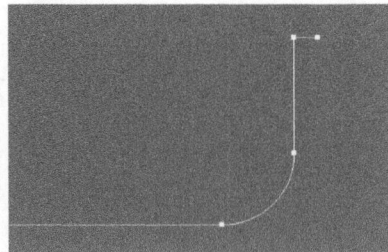
图2-116

02 按1键进入"顶点"层级，然后选中右边的顶点，使用捕捉功能将其移动到左上角的顶点位置，使它们重合在一起，如图2-117和图2-118所示。

03 框选左上角重合的点，然后单击"焊接"工具 ▇ 焊接 ，将二维图形封闭起来，如图2-119所示。

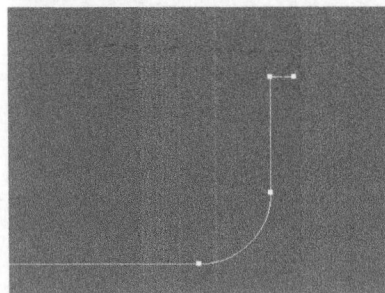
图2-117

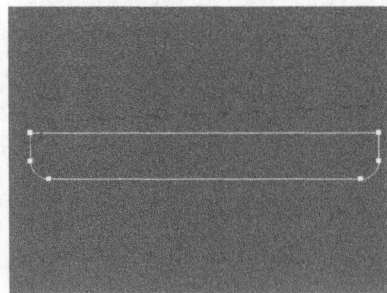
图2-118

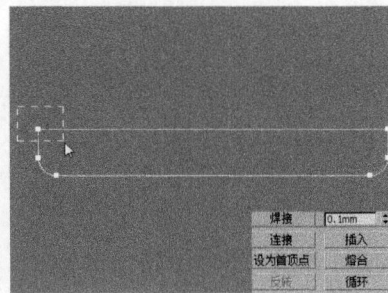
图2-119

04 为对象加载一个"挤出"修改器，控制挤出"数量"为300mm，效果如图2-120所示，然后取消隐藏其他对象，把制作好的5号部件移动到相应的位置，效果如图2-121所示。

☑ 提示 ------------------------------➤

大家在建模的时候可以随意改变模型的基本颜色，以方便观察，在"修改"面板中单击右边的颜色块即可修改当前选中对象的颜色，如图2-122所示。

图2-120

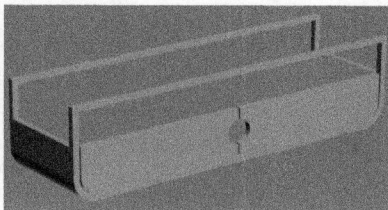

图2-121

图2-122

5. 创建4号部件

4号部件如图2-123所示。

01 按L键切换到左视图，按S键激活捕捉功能，然后利用捕捉顶点创建一个矩形，如图2-124所示。

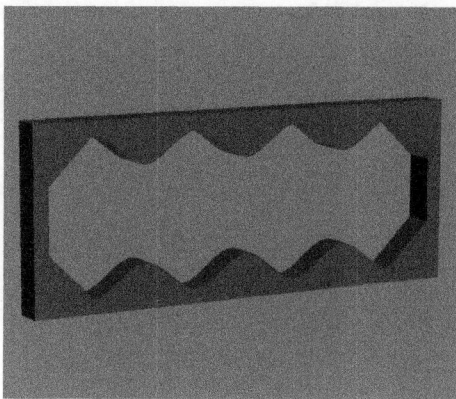

图2-123

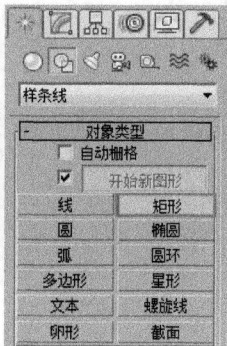

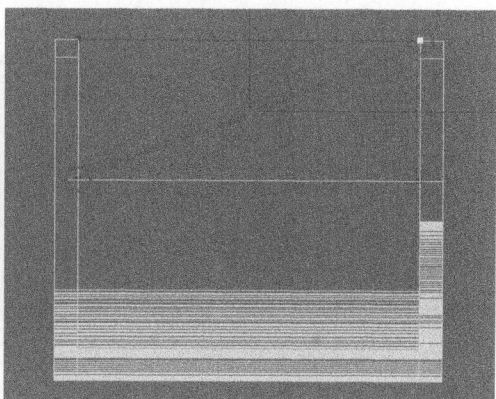

图2-124

02 单击鼠标右键，将其转化为可编辑样条线，按3键进入"样条线"层级，然后选中矩形，如图2-125所示，接着为其设置10mm的"轮廓"，如图2-126所示。

图2-125

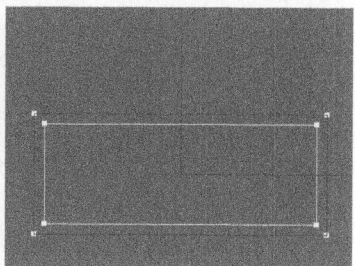

图2-126

03 按1键进入"顶点"层级，选中内侧如图2-127所示的顶点，然后设置"切角"为30（单位为mm），如图2-128所示。

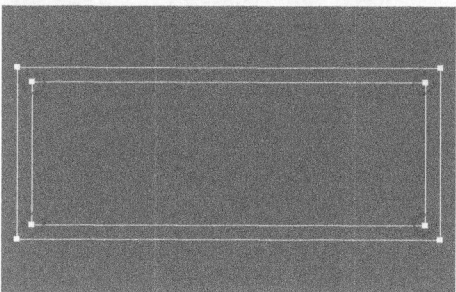

图2-127

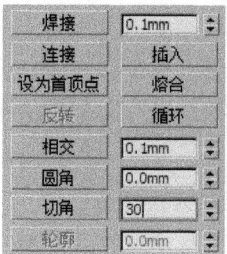

图2-128

04 按2键进入"线段"层级，然后选中如图2-129所示的边，在"修改"面板设置"拆分" 拆分 为5，如图2-130所示。

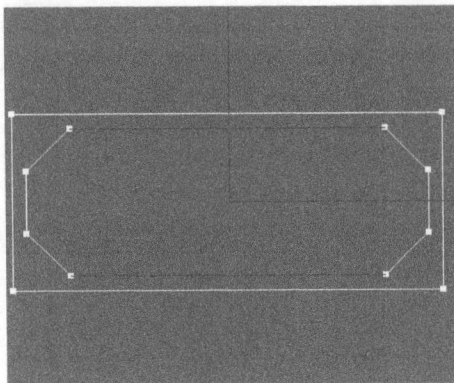
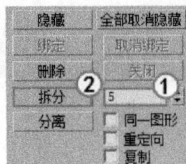
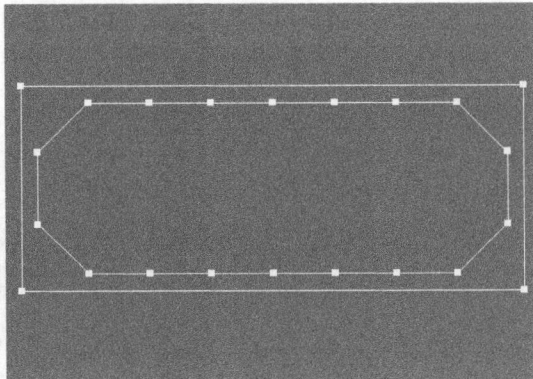

图2-129　　　　　　　　　　　　　　　　　　　　图2-130

05 按1键进入"顶点"层级，然后选中如图2-131所示的顶点，接着单击鼠标右键，设置顶点类型为"平滑"，把所选的顶点处理为平滑点，最后将它们向下精准移动20mm（即－20），如图2-132所示。用同样的方法，把下面相应的点也处理好，效果如图2-133所示。

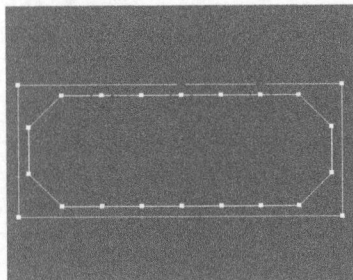

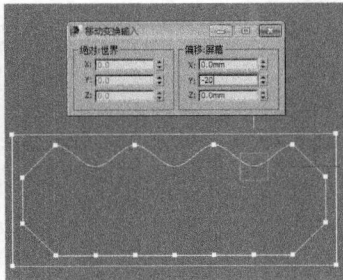
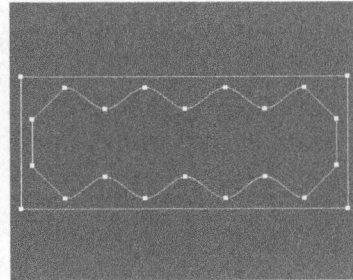

图2-131　　　　　　　　　　图2-132　　　　　　　　　　图2-133

06 给对象加载"挤出"修改器，控制挤出"数量"为20mm，效果如图2-134所示，然后全部取消隐藏，利用捕捉功能将4号部件移动到相应的位置，并复制一个到另一边，最终效果如图2-135所示。

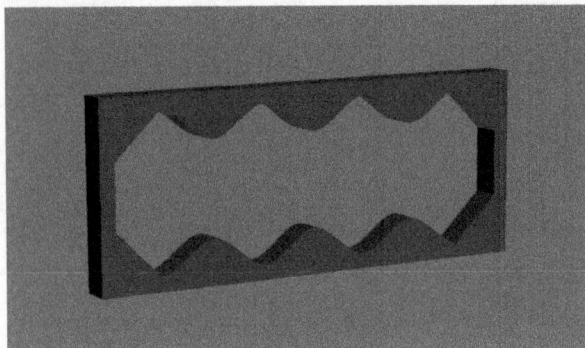
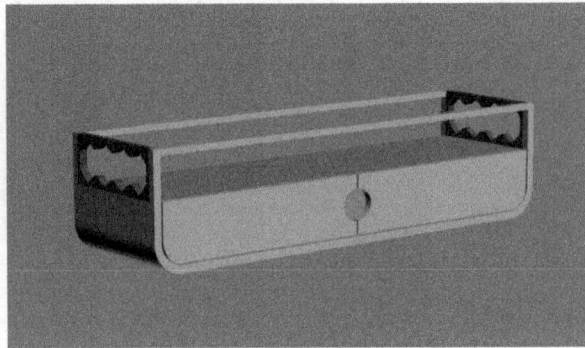

图2-134　　　　　　　　　　　　　　　　　　　图2-135

6. 创建6号部件

6号部件比较简单，这里就不单独展示模型效果了，下面直接创建。

01 按T键切换到顶视图，然后选中两个4号部件，按快捷键Alt+Q把它们孤立起来，方便操作，如图2-136所示，接着按S键激活捕捉功能，创建一个矩形，如图2-137所示。

02 给矩形加载一个"挤出"修改器，控制挤出"数量"为10mm，然后将它放到相应的位置，最终效果如图2-138所示。至此，整个电视柜就完成了。

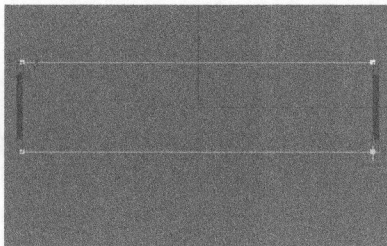

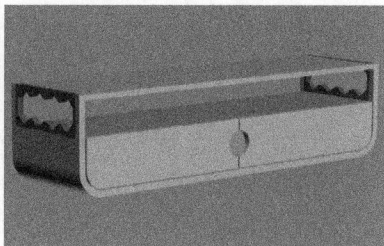

图2-136　　　　　　　　　　　　图2-137　　　　　　　　　　　　图2-138

2.7 倒角剖面建模

▶ 视频演示：022 倒角剖面建模 .mp4

扫码看视频

　　"倒角剖面"修改器主要用于制作线条造型，如石膏线、踢脚线和墙线等。图2-139和图2-140所示的造型效果就是用"倒角剖面"修改器制作的。

　　另外，对于吊顶这类模型，其建模技术是样条线建模和修改器，建模思路遵循"拆分与组合"。以吊顶模型为例，建模之前可以将模型拆分为两个部分，其中一部分是"二维线挤出"模型（吊顶外框），另一部分是"倒角剖面"模型（石膏线），如图2-141所示。

图2-139　　　　　　　　　　　　图2-140　　　　　　　　　　　　图2-141

　　"倒角剖面"修改器的核心原理就是截面围绕着路径"走"完，形成一个立体对象。因此，在利用"倒角剖面"修改器建模时，首先要绘制的是模型截面和路径，然后设置好截面的起点，再执行"倒角剖面"修改器。前面介绍的石膏线的截面效果如图2-142所示，路径效果是吊顶的轮廓，也就是截面要"走"的矩形路径，如图2-143所示。

　　现在，将图2-144所示的截面的起点"粘"在路径上，该截面会粘着路径"走"一圈并生成实体，也就是石膏线造型。

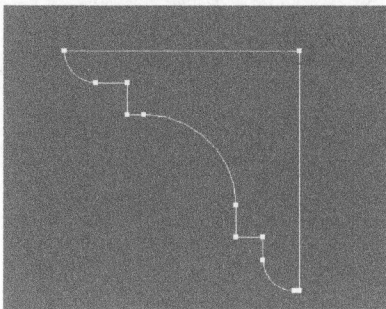

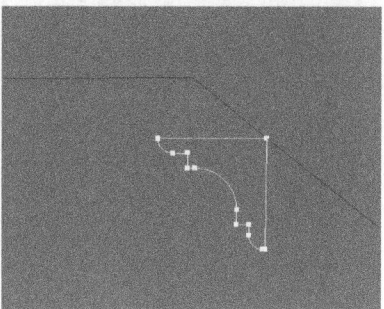

图2-142　　　　　　　　　　　　图2-143　　　　　　　　　　　　图2-144

☑ 提示 --->

　　注意，绘制截面和路径的时候不能在一个平面进行。如果路径是在顶视图中绘制的，截面就应该在前视图中绘制。也就是说，要根据真实空间的概念来选择位置，这样做出来的效果才会比较直观，也能避免后续的调整工作。

在使用"倒角剖面"修改器建模时，首先选择路径样条线，然后在"修改"面板中单击"倒角剖面"按钮  ，如图2-145所示，接着在"参数"卷展栏中激活"拾取剖面"工具，如图2-146所示，最后在视图中使用鼠标单击截面，如图2-147所示，生成的倒角剖面效果如图2-148所示。

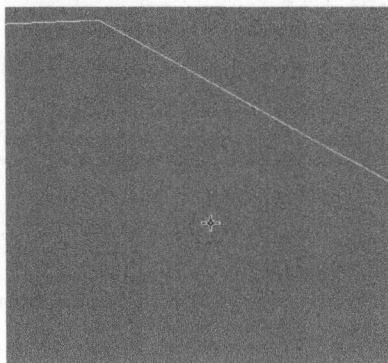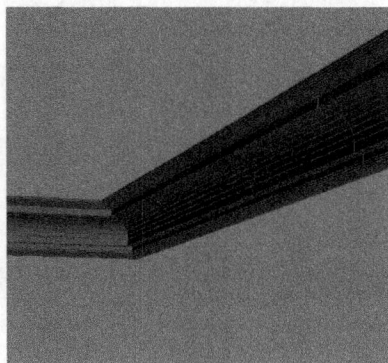

| 图2-145 | 图2-146 | 图2-147 | 图2-148 |

☑ 提示 --

在使用"倒角剖面"修改器制作模型时，有时最终模型的方向会出现错误，如图2-149所示，图中的石膏线方向反了，正确的应该是向内。

此时，可以在"修改"面板中单击修改列表中的"倒角剖面"前面的"+"，然后选择并激活"剖面Gizmo"子命令，如图2-150所示。

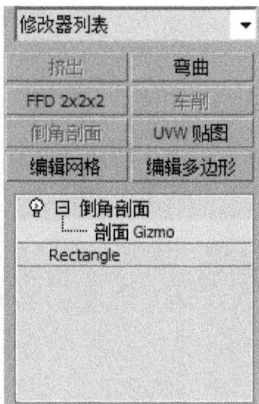

| 图2-149 | 图2-150 |

接下来，可以在该层级调整模型，将其效果调正。按A键激活"角度捕捉开关"并设置旋转角度为180°，旋转一下轴心，让其截面改变方向，如图2-151和图2-152所示，调整后的效果如图2-153所示。

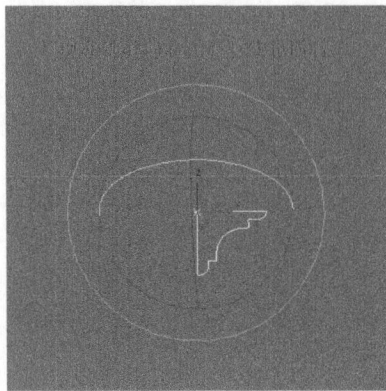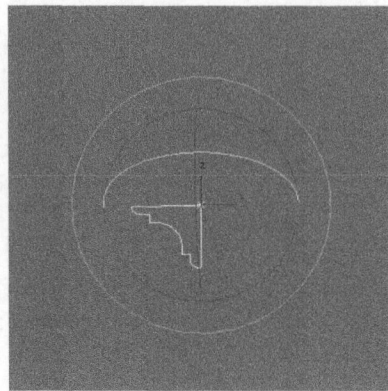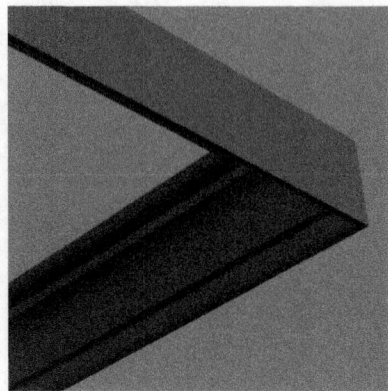

| 图2-151 | 图2-152 | 图2-153 |

在室内效果图制作中，大部分造型对象可以通过"倒角剖面"修改器制作出来。当然，具体操作时，还需要运用二维线的"挤出"修改器和"拆分与组合"概念才行。下面用一个实例为大家讲解"倒角剖面"在造型建模中的具体应用方法。

实战：用倒角剖面制作吊顶

场景位置	无
实例位置	实例文件>CH02>实战：用倒角剖面制作吊顶.max
视频名称	实战：用倒角剖面制作吊顶.mp4
难易指数	★★☆☆☆
技术掌握	倒角剖面、二维线挤出、拆分与组合概念

扫码看视频

用倒角剖面制作的吊顶效果如图2-154所示。

图2-154

我们来分析一下，对于这个完整的吊顶，想要单靠一个"倒角剖面"把整体做出来，显然是不行的。"拆分与组合"的思路永远是工作中的首选，"倒角剖面"仅仅用于制作其中的特定部件。

下面先来介绍思路，再介绍具体画法。

先把吊顶拆分成3层，第1层是如图2-155所示的红色部分，第2层是如图2-156所示的红色部分，第3层是如图2-157所示的红色部分。

图2-155

图2-156

图2-157

接下来，还可以将第1层和第2层继续拆分成"二维线挤出"和"倒角剖面"的形式，如图2-158和图2-159所示。

经过拆分，吊顶对象已经被细化到了极致。下面将每个单独的物体用不同的颜色去表现，即每个颜色都是拆分出来的简单单体，它们都可以通过"二维线挤出"或"倒角剖面"直接做出来，如图2-160所示。

图2-158

图2-159

图2-160

我们只需要把不同编号的部件单独做出来，然后再拼合起来即可。

1. 创建1号部件

1号部件比较简单，可以直接使用二维线和"挤出"来完成创建。

01 在顶视图中创建一个矩形，设置"长度"为3000mm、"宽度"为3000mm，然后将其转换成可编辑样条线，如图2-161所示。

02 进入"样条线"层级，选中所有样条线，设置一个200mm的"轮廓"，效果如图2-162所示。退出"样条线"层级，为二维线加载"挤出"修改器，设置100mm的"数量"，效果如图2-163所示。

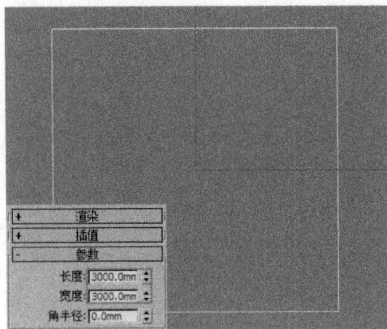

图2-161

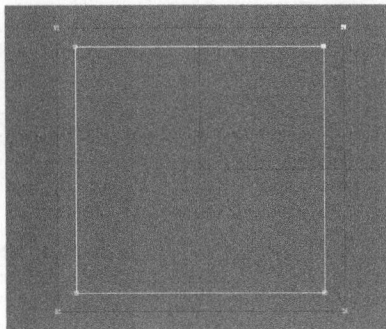

图2-162

图2-163

2. 创建2号部件

2号部件如图2-164所示，可以通过"倒角剖面"来制作。

图2-164

01 在顶视图中捕捉1号部件的内框，绘制一个矩形，如图2-165所示，这个矩形就是要进行"倒角剖面"的路径。

02 按F键切换到前视图，在前视图中画出石膏线的截面，如图2-166所示。

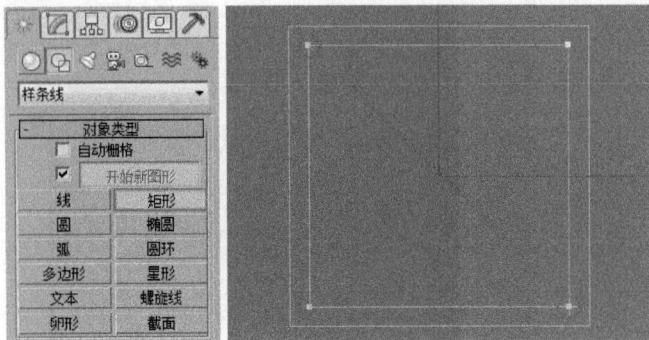

图2-165

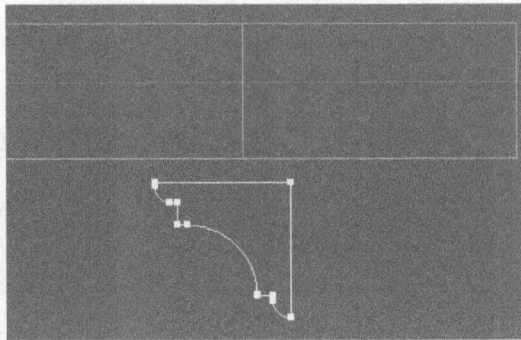

图2-166

📌 提示 --

截面的绘制是二维线技术的体现，大家可以使用"线"工具根据所需的截面图形来绘制，这里就不赘述了。另外，在工作中，截面更多的是由外部图形导入得到的，无须自己绘制。

54

选中路径，加载一个"倒角剖面"修改器，然后激活"拾取剖面"在视图中拾取截面，如图2-167所示，效果如图2-168所示。注意，使用"倒角剖面"做出来的对象一定要用捕捉功能对齐吊顶，如图2-169所示。至此，2号部件就完成了。

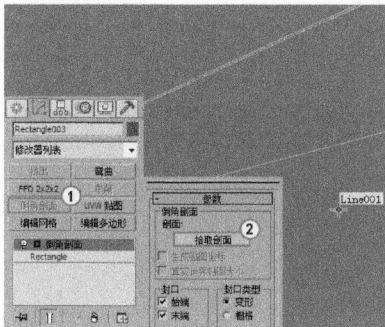

图2-167

图2-168

图2-169

3. 创建3号部件

3号部件如图2-170所示，与1号部件类似，可以通过"二维线挤出"来制作。

01 切换到顶视图，按S键激活捕捉，通过捕捉1号部件的最外框创建一个矩形，并将其转换为可编辑样条线，如图2-171所示。

图2-170

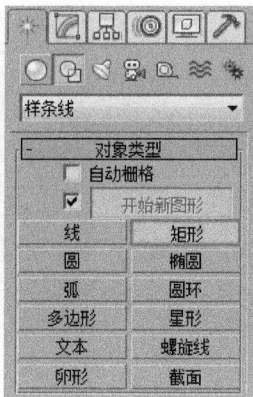

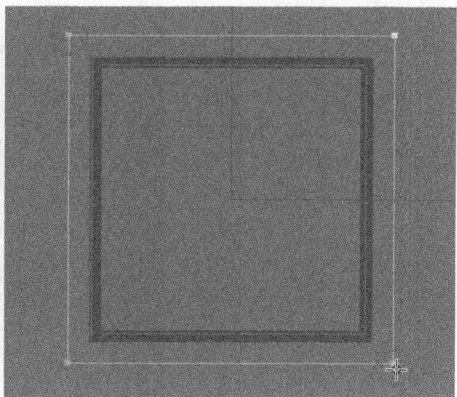

图2-171

02 创建一个半径为800mm的圆，并使用捕捉将其放在矩形的中心，如图2-172所示，然后选择矩形，激活"附加"工具，并把圆附加到矩形上，将它们组合为同一条二维线，如图2-173所示。

03 为二维线对象加载"挤出"修改器，设置一个100mm的"数量"，然后将最终对象移动到相应的位置，如图2-174所示。

图2-172

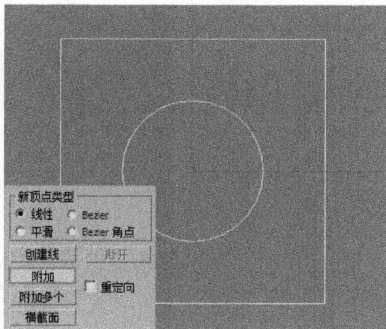

图2-173

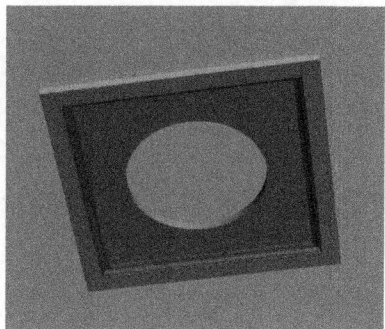

图2-174

4. 创建4号部件和5号部件

4号部件如图2-175所示，这是一个倒角剖面。

01 因为需要3号部件中的圆作为路径，所以选中3号部件，按快捷键Ctrl+V原地复制一个，然后把原来的"挤出"修改器删掉，效果如图2-176所示。

02 进入"样条线"层级，选中外面的矩形，按Delete键将其删掉，只保留圆，即是我们所需的路径，如图2-177所示。

图2-175

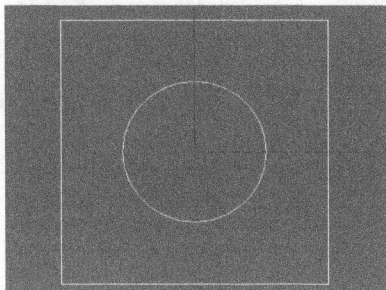

图2-176

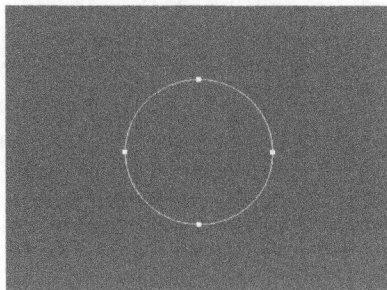

图2-177

03 跟前面一样，为圆加载"倒角剖面"修改器，然后拾取2号部件的截面，完成创建，效果如图2-178所示，接着全部取消隐藏，把4号部件移动到如图2-179所示的位置。

04 至于5号部件的创建，非常简单，直接在吊顶最上面创建一个尺寸对应的长方体即可，最终整体模型如图2-180所示。

图2-178

图2-179

图2-180

2.8 FFD修改器

▶ 视频演示：023 FFD 修改器 .mp4

扫码看视频

FFD有"自由变形"功能，在室内效果图设计中，承担着大部分造型变形任务。下面介绍其具体操作方法。

第1步：在视图中绘制3个正方体，第1个没有分段，第2个的"长度分段""宽度分段"和"高度分段"均为2，第3个的"长度分段""宽度分段"和"高度分段"均为20，如图2-181所示，效果如图2-182所示。

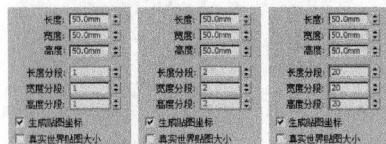

图2-181

图2-182

第2步：切换到"修改"面板，为每个对象加载一个FFD3×3×3修改器，如图2-183所示，模型上会显示出FFD修改器的控制点（橙色），如图2-184所示。

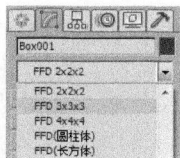

图2-183　　　　　　图2-184

📝 提示 --

大家对于FFD修改器的工作原理可以这样理解：控制点可以对物体施加外力，即以扯线木偶的形式来控制物体和改变对象形状。

第3步：在修改器列表中进入第1个对象控制点层级，如图2-185所示，然后在视图中选择其中一个控制点，将控制点向上移动一段距离，如图2-186所示，效果如图2-187所示。用同样的方法操作其他两个对象，效果如图2-188和图2-189所示。

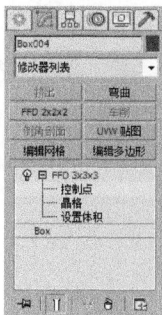
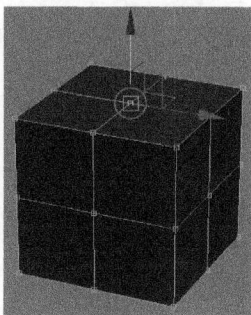
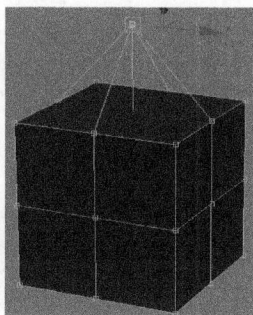
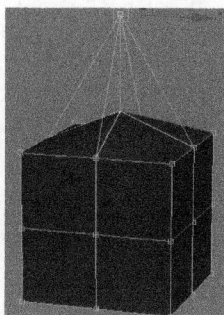
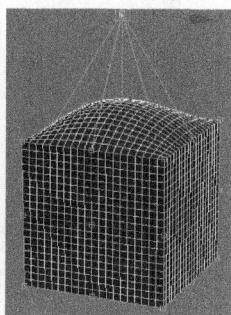

图2-185　　　　　图2-186　　　　　图2-187　　　　　图2-188　　　　　图2-189

📝 提示 --

观察上述效果，第1个对象（无分段）无任何变化；第2个对象（分段为2）的控制点处有明显的向上拉动的形变，但是棱角分明，比较生硬；第3个对象（分段为20）同第2个对象类似，控制点处有向上拉动的形变，但控制点周边的模型效果平缓且平滑，呈流线型。因此，使用FFD修改器可以让物体产生变形，但变形的前提是对象有分段，而且，分段数值的大小直接决定了变形效果的平滑程度。

FFD修改器除了可以对控制点进行移动操作外，还可以进行旋转、缩放等操作。以上面创建好的第3个长方体为例，框选FFD顶部的9个控制点，然后用"选择并均匀缩放"工具图任意缩放，效果如图2-190所示。同理，使用"选择并旋转"工具◎任意旋转，效果如图2-191所示。

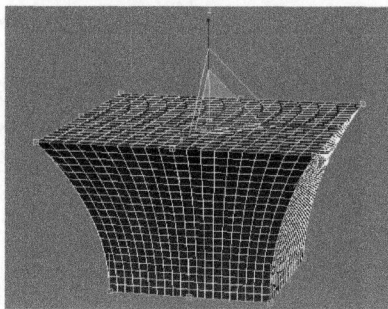
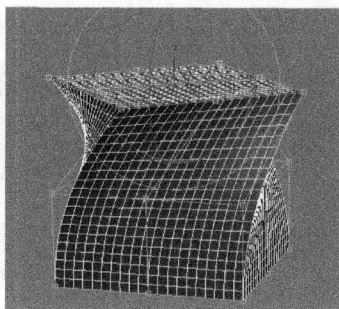

图2-190　　　　　　　　　图2-191

以上就是FFD修改器的基本用法。这里是以FFD3×3×3修改器为例来介绍工作原理的，该原理适用于"FFD长方体""FFD圆柱体"等所有FFD修改器。

☑ 提示 -->

注意，这个修改器的操作和原理都非常简单，但是该修改器操作技巧却是工作中特别重要和实用的。下面以一个工作中的常见例子来说明，大家务必通过这个案例举一反三，掌握技巧性操作。这是室内设计建模中的一个常见状况，当我们画完墙体后，墙体会留门洞，如图2-192所示，接着需要导入门的模型，把门的模型放到门洞里面，门的模型如图2-193所示。

图2-192　　　　　　　　　　　　　　图2-193

现在，我们要把这个门放到门洞里面。很明显，现在门的尺寸完全对不上这个门洞，这是工作中常见的室内建模问题，不少初学者会直接用缩放功能把门模型缩放到符合门洞的大小，这种方法从结果上来说是可行的，从外观上看也不会有太大的问题。但是，不提倡使用这种方法，第一，模型不精准有可能会出现漏光；第二，作图必须以团队利益为主，因为工作会有对接，除非整个项目都是自己一个人去做，不会有其他人跟进，否则，我们做模型的时候必须保持严谨，以提高整个团队的效率。下面将介绍更为科学的方法。

第1步：选中门模型，将其移动到门洞的位置，如图2-194所示。

第2步：为门模型加载一个FFD2×2×2修改器，如图2-195所示。

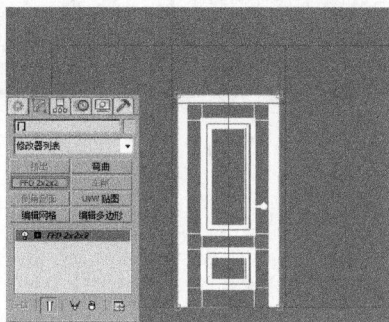

图2-194　　　　　　　　　　　　　　图2-195

第3步：按1键进入FFD的"控制点"级别，然后按S键激活捕捉功能，分别把FFD的4个角的控制点移动到相应的门洞角处，如图2-196所示，效果如图2-197所示。现在，门模型就完美地拼合在门洞里面了。

上述方法适用于大部分室内场景中需要将某些模型镶嵌到特定位置的情况，例如，消毒柜镶嵌到橱柜里，洗手盆镶嵌到橱柜里等。注意，如果导入的模型与目标位置的差距太大，这种方法是不可取的，因为FFD修改器的操作幅度过大，会让模型的形变非常明显。

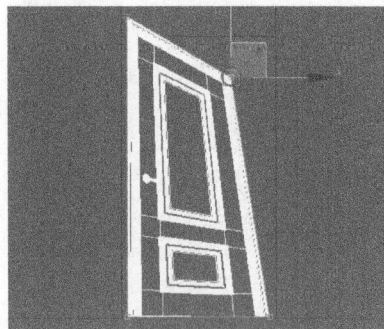

图2-196　　　　　　　　　　　　　　图2-197

2.9 弯曲修改器

▶ 视频演示：024 弯曲修改器.mp4

扫码看视频

"弯曲"修改器可以将对象进行弯曲处理。下面以图2-198所示的对象为例，介绍"弯曲"修改器的使用方法。

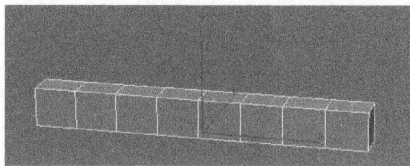

图2-198

选中对象，然后在"修改"面板中为该对象加载一个"弯曲"修改器，接着设置"角度"为90（单位为°）、"弯曲轴"为X，如图2-199所示，效果如图2-200所示。

在室内建模中，"弯曲"修改器可以用于制作规则弯曲的对象造型，如水龙头、弯管和按弧度排放的队列等，图2-201所示的就是按弧度排放的会议椅。另外，"弯曲"修改器的弯曲效果与对象在弯曲轴上的分段数相关，分段越高，弯曲越平滑；分段越低，弯曲越生硬。

图2-199

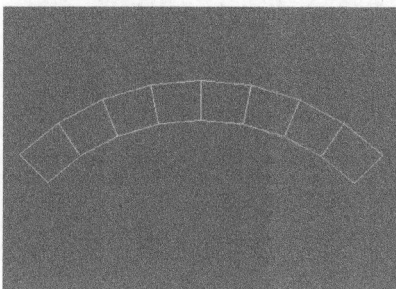

图2-200

图2-201

实战：用弯曲修改器修改椅子

场景位置	场景文件>CH02>01.max
实例位置	实例文件>CH02>实战：用弯曲修改器修改椅子.max
视频名称	实战：用弯曲修改器修改椅子.mp4
难易指数	★☆☆☆☆
技术掌握	弯曲

扫码看视频

用"弯曲"修改器制作的弧形排放的椅子效果如图2-202所示。

图2-202

01 执行如图2-203所示的命令，打开学习资源中的"场景文件>CH02>01.max"文件，如图2-204所示。

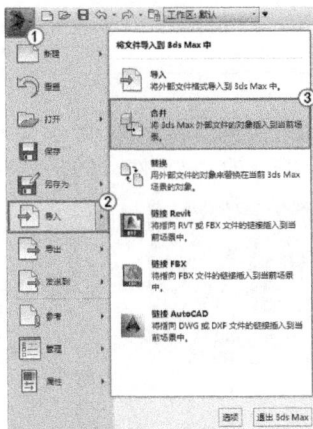

图2-203　　　　　　　　　　　　　　　　　　图2-204

02 切换到前视图，然后选中椅子，按住Shift键的同时将其向右移动，以此来复制出10把椅子，如图2-205所示，椅子效果如图2-206所示。

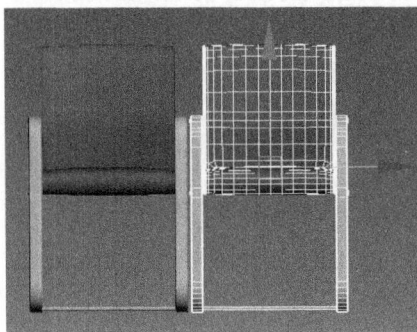
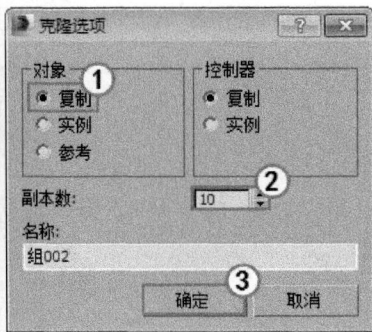
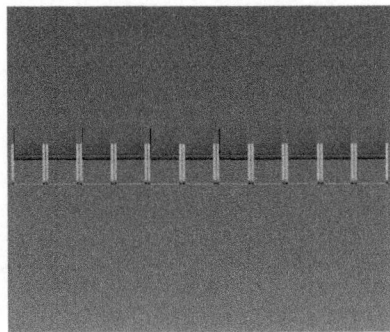

图2-205　　　　　　　　　　　图2-206

03 按快捷键Ctrl+A选中视图中的所有椅子模型，然后执行"组>组"菜单命令，将所有椅子打成一个组，方便后续操作，如图2-207所示。

04 切换到顶视图观察，为当前组加载一个"弯曲"修改器，设置"角度"为90、"方向"为90、"弯曲轴"为X，如图2-208所示，最终效果如图2-209所示。

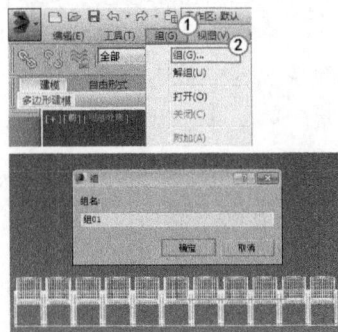
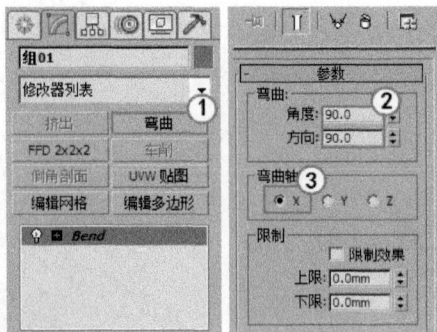
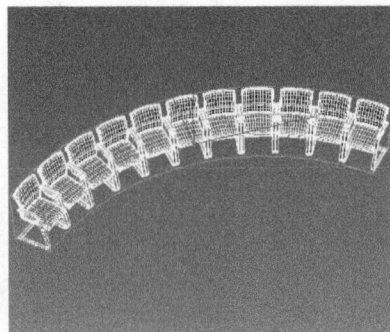

图2-207　　　　　　　　　图2-208　　　　　　　　　图2-209

📝 提示 --

当出现要把模型排放成弧形或圆形的时候，记得要用"弯曲"修改器，千万不要用FFD，因为FFD会导致模型变形。另外，展开"弯曲"修改器前面的"+"，可以选到轴心级别，这里的轴心可以移动旋转，其原理跟"倒角剖面"修改器的轴心一样，大家可以自行尝试。

2.10 多边形建模

多边形建模技术可以调整对象的点、线、面，可以此来制作我们想要的对象。记住，室内效果图对点、线、面的分布要求不高，只需要根据需要做出想要的造型效果，不需要刻意地进行布线控制。

多边形建模在室内效果图中经常用于制作墙砖缝隙、柜子等一些单靠基本体做不出来的造型效果。同时，对于造型特别复杂的对象，也可以通过"拆分与组合"的思路来完成建模。下面将对多边形建模中重要的编辑元素和编辑工具进行讲解。

2.10.1 顶点

▶ 视频演示：025 顶点 .mp4

通过多边形的"顶点"层级，可以直观地改变对象的外形，从而达到快速修改模型的目的。首先来了解如何进入多边形的层级，创建一个长、宽、高的分段均为2的长方体，如图2-210 **扫码看视频**所示。然后选择长方体，单击鼠标右键，接着在弹出的菜单中执行"转换为>转换为可编辑多边形"命令，如图2-211所示。此时，基本体对象就被转换为可编辑多边形对象，用户在"修改"面板可以查看多边形对象的子层级，如图2-212所示。使用鼠标单击子层级名称就可以进入对应子层级，在工作中，通常直接按1、2、3、4、5键进入各层级，1是"顶点"，2是"边"，3是"边界"，4是"多边形"（面），5是"元素"，这与可编辑样条线类似。

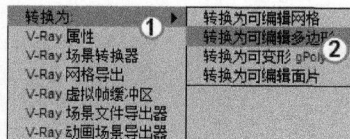
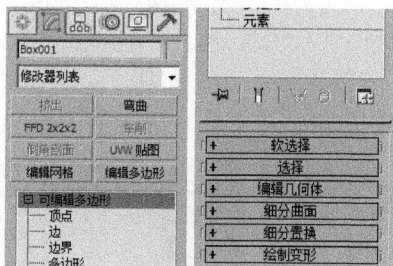

图2-210 　　　　　　　　　　　图2-211 　　　　　　　　　　图2-212

✎ 提示 --

对于可编辑多边形的转换，除了上述方式，还可以通过加载"编辑多边形"修改器来完成，如图2-213所示。

图2-213

这两种操作形式的区别在于，通过右键转换后的可编辑多边形对象不能再恢复到原来基本体属性，而通过修改器转换的可编辑多边形对象，如果我们对效果不满意，可以通过直接删掉编辑相关修改器，返回到原来的基本体属性。

当我们将物体转换为可编辑多边形对象后，可以分别对可编辑多边形对象的"顶点""边""边界""多边形"（面）和"元素"层级进行编辑。下面针对"点"层级中的常用工具进行讲解。

1. 连接

视频演示：026 连接 .mp4

扫码看视频

在"顶点"层级下，选中两个没有相连且没有阻隔的顶点，如图2-214所示，然后在"编辑顶点"卷展栏中单击"连接"工具 连接 ，如图2-215所示。此时，选中的两个顶点会自动连接起来，如图2-216所示。

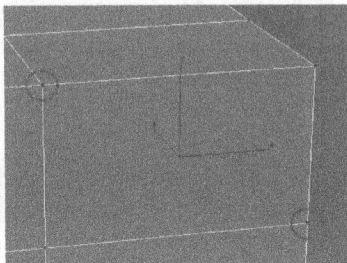
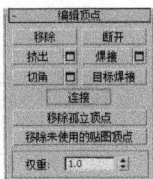
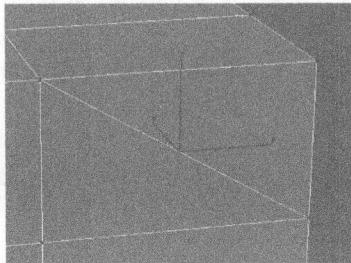

图2-214　　　　　　　　　图2-215　　　　　　　　　图2-216

以上方法在室内建模中非常实用。例如，当创建一个客厅背景墙时，如果需要划分出上色和添加材质的区域，就可以利用这个简单的方法来达到区域划分的目的。

2. 移除

视频演示：027 移除 .mp4

扫码看视频

"移除"工具 移除 在室内建模中可以将某个图形对象的顶点移除掉。需要注意的是，这里所说的"移除"操作和直接按键盘上的Delete键来删除的操作，其性质是不一样的，下面举个例子。

选中长方体的一个顶点，如图2-217所示。如果直接按键盘上的Delete键将这个顶点删掉，那意味着该顶点是被直接删除的，这个被删除的点会带着它关联的边面一起消失，效果如图2-218所示。

图2-217　　　　　　　　　　　　　　　图2-218

如果在"编辑顶点"卷展栏中单击"移除"工具 移除 ，如图2-219所示。选中的点和关联的边都消失了，但是面却没有消失，如图2-220所示。

移除顶点是不要原来的顶点，但要保留顶点所在的面，如果要在这个面上重新画一些想要的线段，如图2-221所示，移除中间的顶点后，把4个顶点都连接起来，就可以产生一个菱形区域。

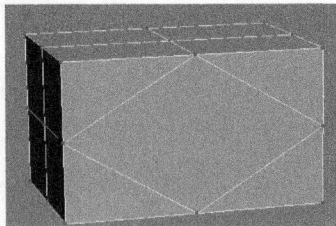

图2-219　　　　　　　图2-220　　　　　　　图2-221

3. 断开和焊接

扫码看视频

▶ 视频演示：028 断开和焊接 .mp4

通常直接创建出来的物体，它们的顶点都是连接好的。如图2-222所示，拉动一个点，这个顶点会带动与之相连的线和面一起发生移动，并产生形变。

选中同样的顶点，先不移动，然后在"编辑顶点"卷展栏中单击"断开"工具 断开 ，如图2-223所示，此时，连接该顶点的线段会从该点位置全部断开，从而在同一区域形成4个顶点（有多少条边相交就形成多少个顶点，每条边对应一个顶点，相互独立），如图2-224所示。

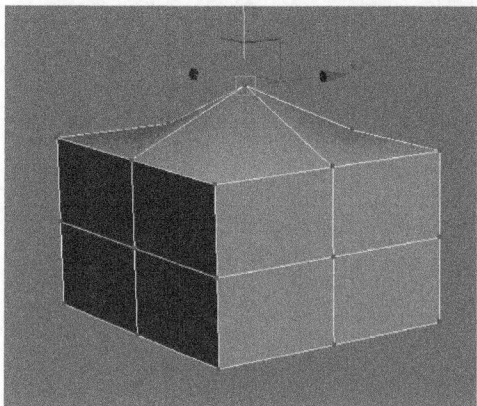
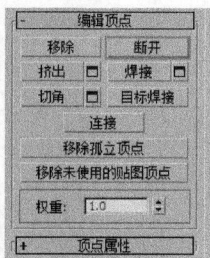
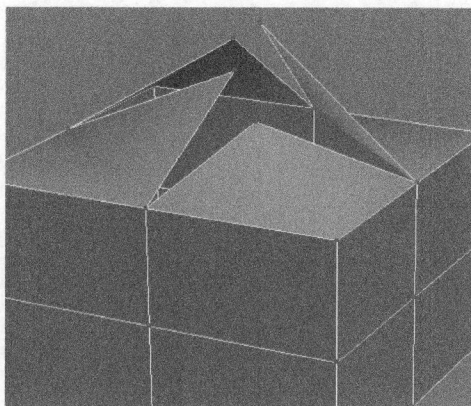

| 图2-222 | 图2-223 | 图2-224 |

📝 提示 --

这里的"焊接"工具 焊接 与可编辑样条线的"焊接"工具 焊接 用法一样，因此不再过多描述。

4. 挤出

扫码看视频

▶ 视频演示：029 挤出 .mp4

"挤出"工具 挤出 与二维线建模的"挤出"修改器有异曲同工之妙。"挤出"工具 挤出 在"顶点""边"和"多边形"层级都会使用，是多边形建模技术中的核心工具。

在视图中创建一个长方体，具体参数和效果如图2-225所示，将其转换为可编辑多边形对象，然后在"顶点"层级选择对象的一个顶点，接着在"编辑顶点"卷展栏中单击"挤出"工具 挤出 后的设置按钮□，如图2-226所示。此时，视图中会弹出"挤出顶点"对话框，在第1个输入框（指高度）和第2个输入框（指宽度）分别输入20，如图2-227所示。

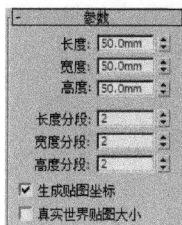
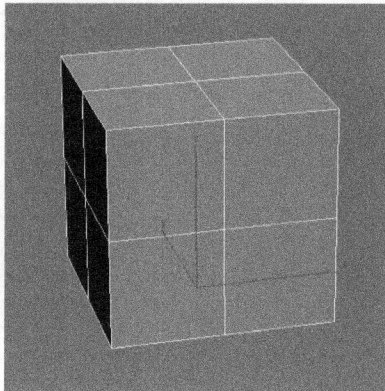
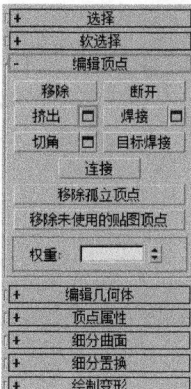
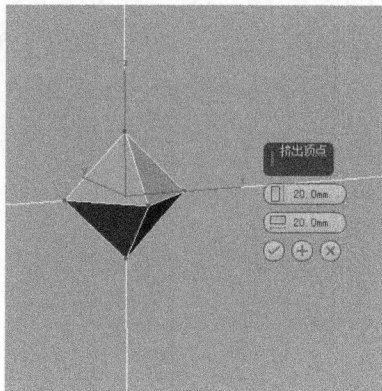

| 图2-225 | 图2-226 | 图2-227 |

因此，"挤出"工具 挤出 是以某个点为基础，让这个点"凸"起来或"凹"进去，从而产生新的造型。下面，我们来探讨一下"挤出"工具 挤出 的参数原理和作用。

选中对象的一个点，然后进行"挤出"操作，设置"高度"为0mm、"宽度"为20mm，如图2-228所示。这时顶点所在的面还是平的，并没有凸出的效果，所以"高度"为0的时候可以让"凹凸"效果失效，只保留其产生的线段。

☑ 提示 --------------------------------- ⟩
如果将高度调整为负数，会是什么效果呢？将挤出的"高度"设置为−20mm、"宽度"设置为10mm，如图2-229所示，这时对象呈现出的是一个凹陷效果，即"高度"为负值时，挤出方向相反。

另外，"宽度"的参数必须为非负数。

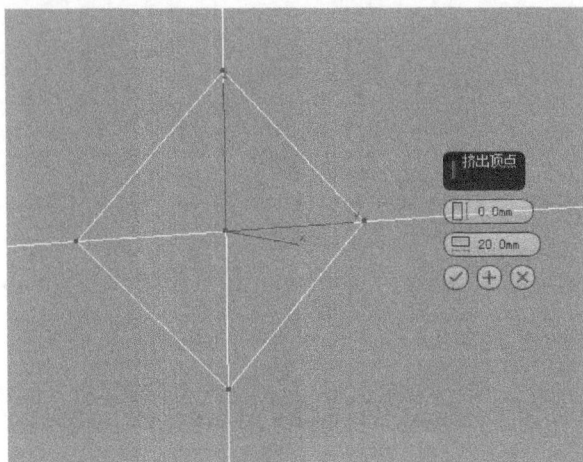

图2-228

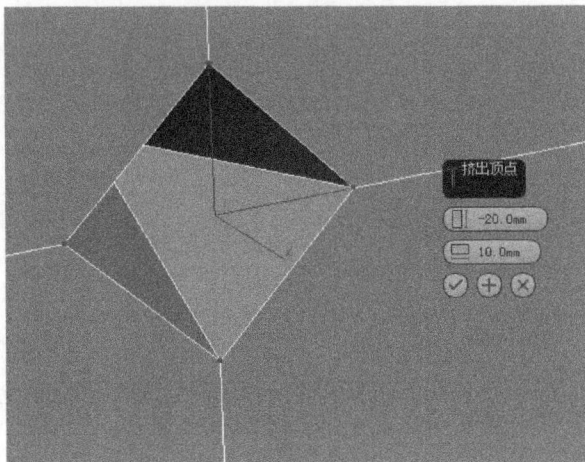

图2-229

在室内建模中，"挤出"工具 挤出 使用频率在"边"层级和"多边形"层级中更高，因此关于"挤出"工具 挤出 的具体使用方法将会在"边"层级和"多边形"层级中详细讲解。

5. 切角

▶ 视频演示：030 切角.mp4

扫码看视频

切角在多边形建模中有两种意义：一是把对象的角切掉，二是把多边形中的线段切断。在视图中创建一个长方体，将其转换为可编辑多边形对象，然后进入"顶点"层级，选中一个顶点，如图2-230所示，接着在"编辑顶点"卷展栏中单击"切角"工具 切角 按钮后的设置按钮 □，如图2-231所示，此时视图中会弹出"切角"对话框，设置切角值为10mm，如图2-232所示。

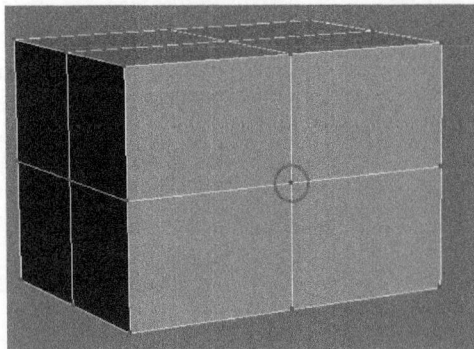

图2-230

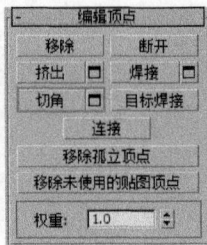

图2-231

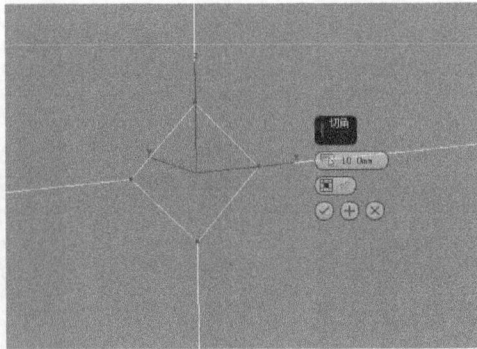

图2-232

此时的"切角"效果与"挤出"效果有点类似，但是"切角"操作所显示的效果中间不会留任何的线段，因为它直接把线给切断了，大家可以发现原来相交的4条线段都分开了，如图2-233所示。这就是切断多边形线段的效果。

以图2-234中的顶点为例，该顶点在多边形对象的棱角上。在"切角"对话框中设置参数为10mm，此时的棱角会被直接切去，效果如图2-235所示。

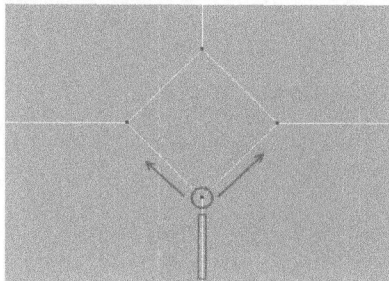

图2-233

图2-234

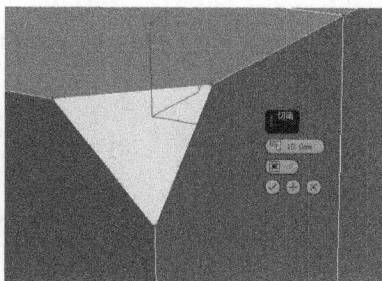

图2-235

6. 塌陷

▶ 视频演示：031 塌陷 .mp4

顶点的"塌陷"操作，可以把选中的顶点全部"塌陷"在一起，使其成为一个顶点。如图2-236所示，同时选中3个顶点，然后在"编辑几何体"卷展栏中单击"塌陷"工具 塌陷 ，如图2-237所 **扫码看视频**示，"塌陷"效果如图2-238所示。

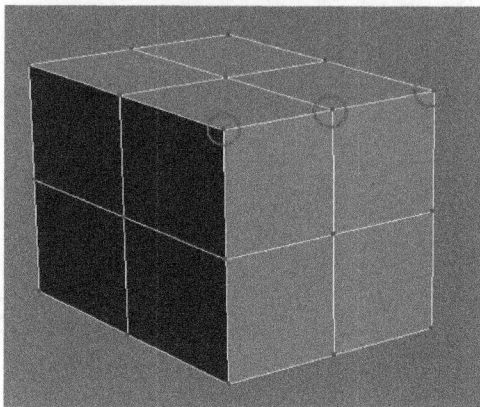

图2-236

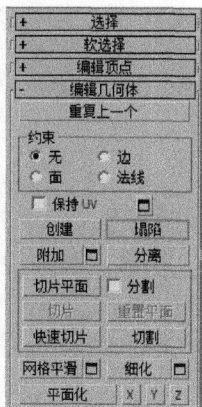

图2-237

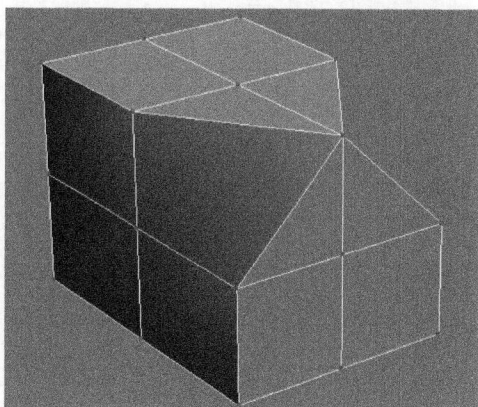

图2-238

"塌陷"工具 塌陷 一般用于制作三角顶、金字塔顶等的类似造型。举个例子，当需要制作一个四棱锥屋顶造型时，可以先绘制一个长方体，然后选中顶上的4个点，如图2-239所示，接着单击"塌陷"工具 塌陷 ，效果如图2-240所示，此时四棱锥的造型就制作完成了。

图2-239

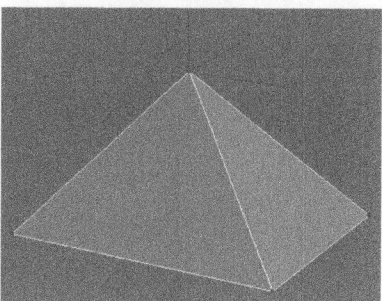

图2-240

实战：用顶点制作软包

场景位置	无
实例位置	实例文件>CH02>实战：用顶点制作软包.max
视频名称	实战：用顶点制作软包.mp4
难易指数	★★☆☆☆
技术掌握	顶点切角、顶点挤出、网格平滑

用顶点制作的软包效果如图2-241所示。

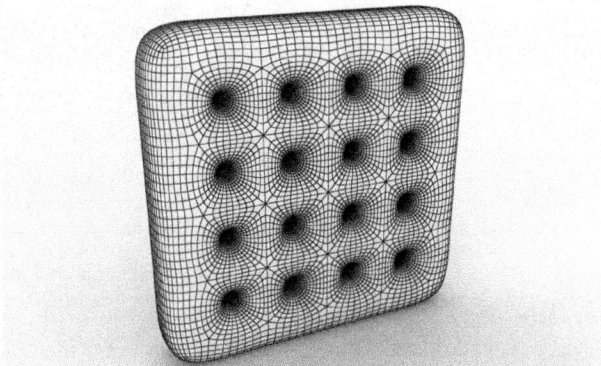

图2-241

01 创建一个长方体，设置"长度"为500mm、"宽度"为500mm、"高度"为100mm，然后设置"长度分段"和"宽度分段"为5、"高度分段"为2，参数和透视图效果如图2-242所示。

📝 提示 --------------------------->

本对象是在前视图中创建的。

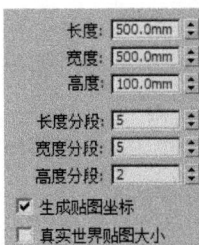

图2-242

02 把对象转换为可编辑多边形，然后进入"顶点"层级，选中如图2-243所示的顶点。

03 单击"挤出"工具 挤出 ，设置"高度"为-50mm、"宽度"为30mm，如图2-244所示。

图2-243

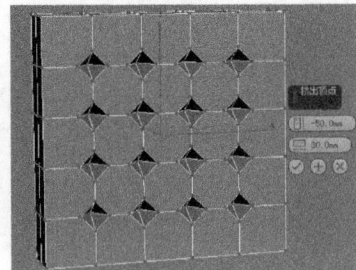

图2-244

04 选中如图2-245所示的顶点，然后单击"切角"工具 切角 ，设置"数量"为20mm，如图2-246所示。

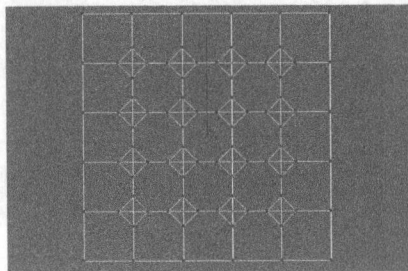

图2-245

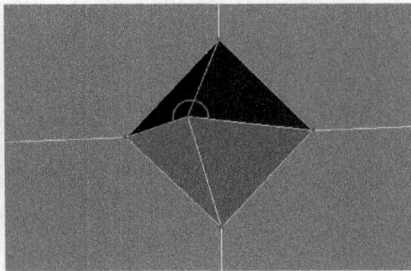

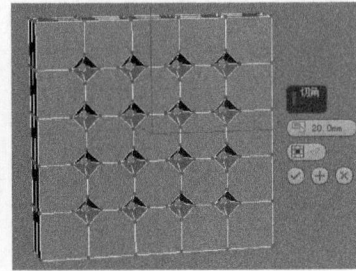

图2-246

05 为对象加载一个"网格平滑"修改器，如图2-247所示。

06 设置"网格平滑"的"迭代次数"为3，如图2-248所示，效果如图2-249所示。

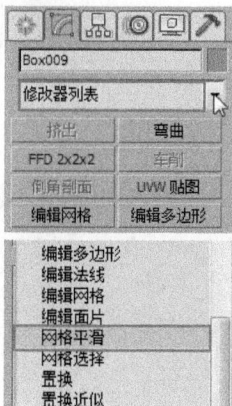

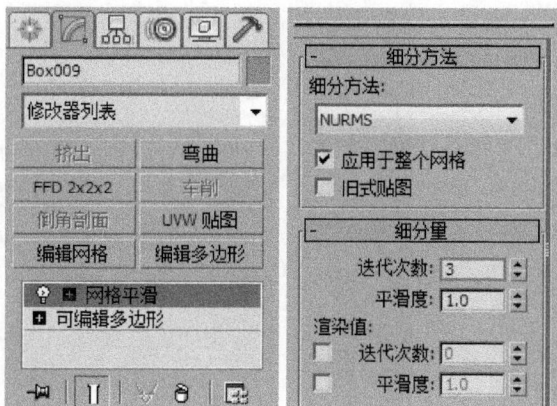

图2-247　　　　　　　　　　　　图2-248　　　　　　　　　　　　图2-249

📝 提示 ┈┈

在室内建模中，一般很少用到"网格平滑"，相反，在游戏动画领域应用较多。这里只做演示，具体就不详细讲解了。

2.10.2 边

"边"层级在工作中的应用非常多，室内建模中的大部分砖缝建模都需要用到它。下面来介绍"边"层级的核心工具。

1. 连接

▶ 视频演示：032 连接 .mp4

扫码看视频

在"边"层级中，"连接"工具 连接 可以在多条边之间连接形成无限条线段。新建一个长方体，然后在多边形的"边"层级下选中其中的两条边，如图2-250所示，接着在"编辑边"卷展栏中单击"连接"工具 连接 后的设置按钮▫，如图2-251所示，此时会弹出"连接边"对话框，从上到下依次对应的是"分段""收缩"和"滑块"参数，这里设置"分段"为2，选中的两条边会被新生成的两条边连接起来，如图2-252所示。

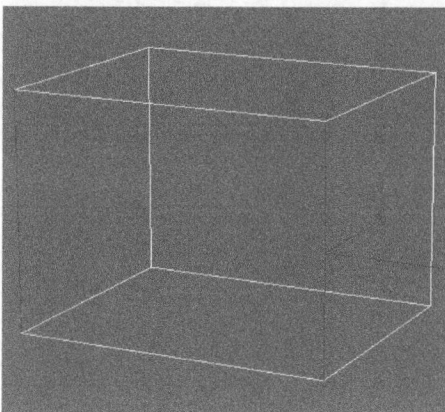

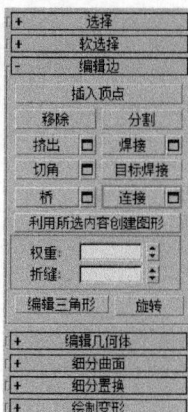

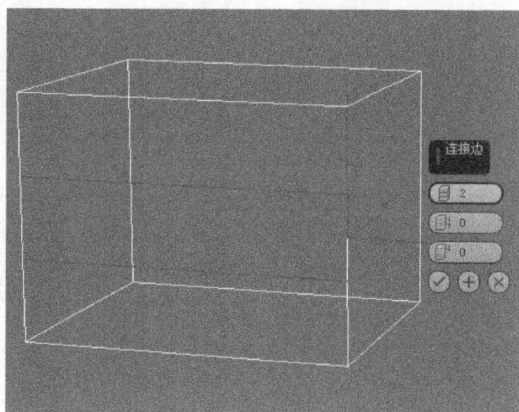

图2-250　　　　　　　　　　　图2-251　　　　　　　　　　　图2-252

因此，边与边之间的"连接"可以生出新的边。"连接"工具 连接 在建模中用得非常多，且常配合"挤出"工具 挤出 使用。

2. 挤出

▶ 视频演示：033 挤出 .mp4

扫码看视频

"边"层级的"挤出"工具 挤出 可以将图形挤出一定的深度，使其生长出新的部分。见图
2-253，选择图中的边，然后在"编辑边"卷展栏中单击"挤出"工具 挤出 后的设置按钮，如图
2-254所示，此时视图中会弹出"挤出边"对话框，设置"高度"为10mm、"宽度"为3mm，效果如图2-255所示。

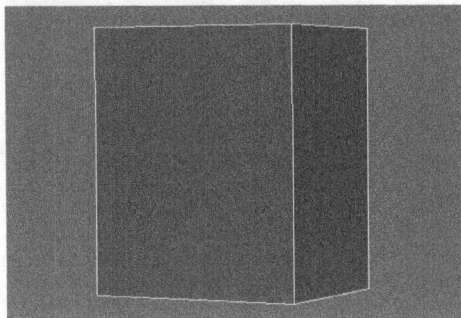
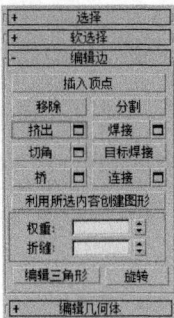
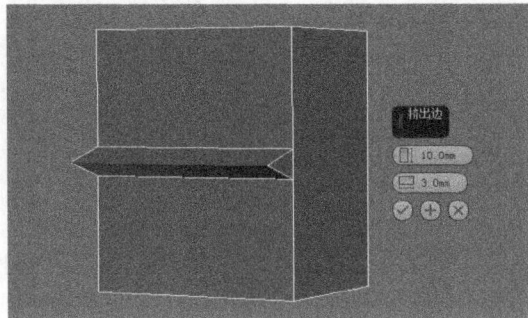

图2-253　　　　　　　　　　图2-254　　　　　　　　　　　图2-255

同"顶点"层级的"挤出"工具 挤出 一样，将"边"层级"挤出"工具 挤出 的"高度"设置为负数，效果也是凹进去的。下面将具体讲解"连接"工具 连接 和"挤出"工具 挤出 如何搭配使用。

第1步：在视图中创建一个长方体，然后将其转换为可编辑多边形对象，并按2键进入"边"层级，接着选中左右两条边，如图2-256所示，最后在"编辑边"卷展栏中单击"连接"工具 连接 ，两条边之间会新生成一条边，如图2-257所示。

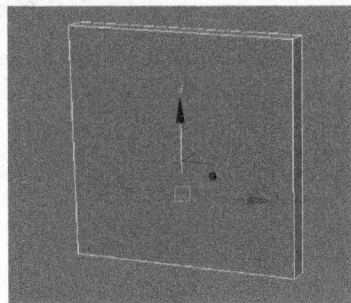

图2-256　　　　　　　　　　图2-257

第2步：选中顶部的边和刚刚新生成的边，如图2-258所示，然后用同样的方法"连接"出2条边，如图2-259所示。

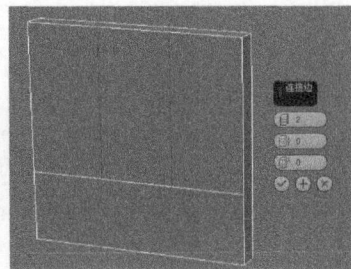

图2-258　　　　　　　　　　图2-259

第3步：使用"挤出"工具 挤出 处理新生成的3条边，设置"高度"为－10mm、"宽度"为3mm，如图2-260所示，此时的边凹下去了，并形成砖缝，效果如图2-261所示。

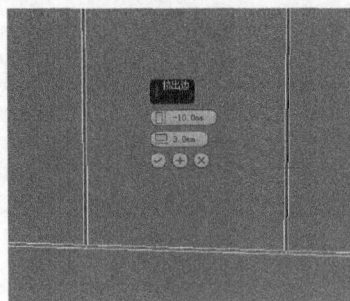

图2-260　　　　　　　　　　图2-261

3. 切角

▶ 视频演示：034 切角 .mp4

扫码看视频

"边"层级的切角，是以一条边为基准，通过切角量把边切开，从而形成多条边。见图 2-262，选择图中的边，然后在"编辑边"卷展栏中单击"切角"工具 切角 后的设置按钮▣，如图 2-263所示，此时视图中会弹出"切角"对话框，设置"切角量"为100mm、"分段"为3，效果如图2-264所示。

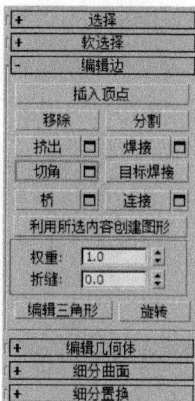

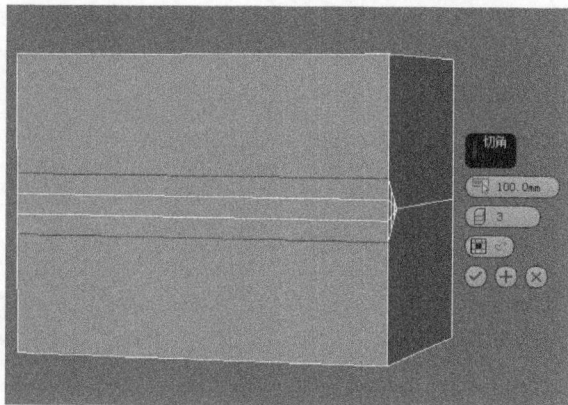

图2-262   图2-263   图2-264

"切角量"指以原来边所在的位置向两边切开的距离范围，最大距离不会超过200mm；"分段"是切角范围之间的分段数量。以图2-265为例，选择长方体中的一条边，在"切角"对话框里，将"分段"设置为1，表示切角范围只有1个分段，即切角范围内没有边，如图2-266所示；将"分段"设置为2，表示有2个分段，切角范围内有一条边，此时效果变化不大，且棱角分明，如图2-267所示；将"分段"设置为12，此时切角范围内有12个分段、11条边，切角效果会非常平滑，如图2-268所示。

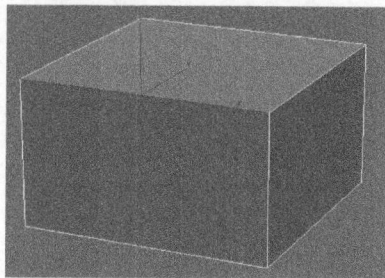

图2-265

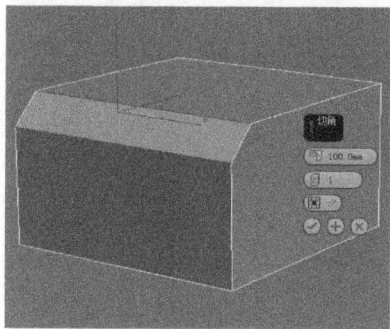

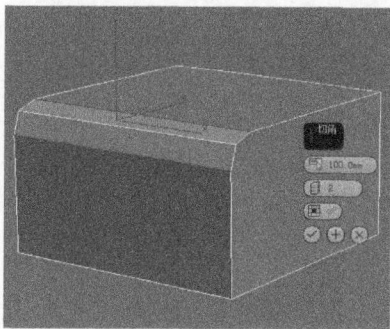

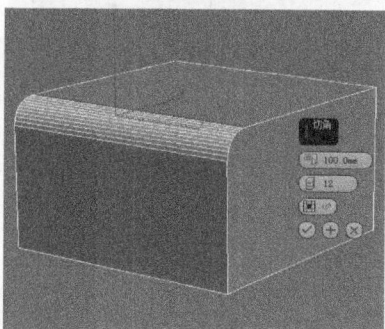

图2-266   图2-267   图2-268

因此，在使用"切角"工具 切角 处理棱角的时候，分段越多，效果越平滑，这与使用样条线制作圆弧效果的原理相同。在室内建模中，在处理模型棱角时，大多数时候都会使用"切角"工具 切角 。

4. 移除

在"边"层级中，"移除"工具 移除 的原理和使用方法与"顶点"层级相同。另外，边的删除也可以通过键盘上的Delete键直接操作，原理与"顶点"层级类似。在室内建模中，边的移除操作比顶点要多，通常在修改模型时会移除一些没用的边线，具体用法在后续操作中会涉及。

5. 利用所选内容创建图形

▶ 视频演示：035 利用所选内容创建图形 .mp4

"利用所选内容创建图形"工具 利用所选内容创建图形 是一个用于处理特殊造型的工具，如一些不规则石膏线的造型、家具的边线造型等。

在前视图中创建一个多边形，然后选中多边形的所有边线，如图2-269所示，接着在"编辑边"卷展栏中单击"利用所选内容创建图形"工具 利用所选内容创建图形 ，最后在弹出的对话框中选择"线性"选项，并单击"确定"按钮，如图2-270所示。此时，视图中会出现一个与选中边形状一致的二维线对象，该二维线对象是重叠在模型上的，将其单独移出后的效果如图2-271所示。

图2-269

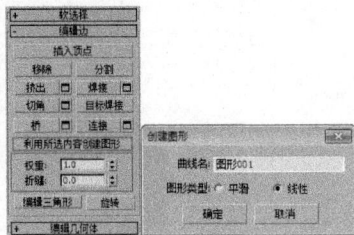
图2-270

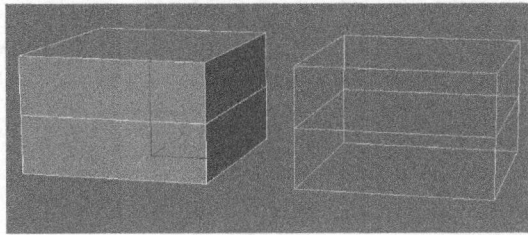
图2-271

📝 提示 --- ❯

对于"利用所选内容创建图形"工具 利用所选内容创建图形 中的"平滑"和"线性"这两个选项，"线性"表示新建出来的二维线和选择的边线是一模一样的，"平滑"表示新建出来的二维线会自动平滑。

下面以一个异形对象来说明如何创建特定的二维线对象。假设现在要为一个异形吊顶做一圈石膏线效果，如图2-272所示。在创建好吊顶模型后，进入模型的"边"层级，选中用于创建石膏线区域的边，如图2-273所示，然后使用"利用所选内容创建图形"工具 利用所选内容创建图形 创建二维线对象，如图2-274所示。注意，在创建这类造型线时，一定要选择"线性"方式，因为在创建过程中，边是完全从模型上获取的，新建的二维线也必须和原模型的边造型保持一致，这样吊顶和石膏线才能完全吻合。

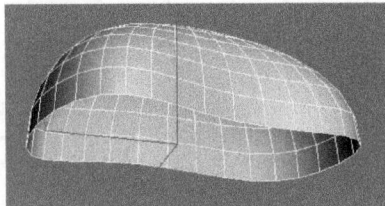
图2-272

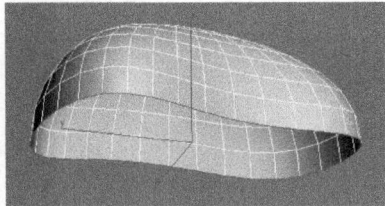
图2-273

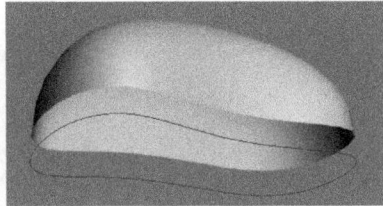
图2-274

2.10.3 边界

"边界"在室内的应用并不突出，一般仅用于把一些模型的缺口封闭起来。

1. 封口

▶ 视频演示：036 封口 .mp4

"封口"工具 封口 可以把模型的缺口封闭起来，如图2-275所示，图中的多边形顶面缺了一个面，而缺的这个面的边缘就是"边界"。按3键进入"边界"层级，然后选中缺口边界，在"编辑边界"卷展栏中单击"封口"工具 封口 ，如图2-276所示，系统会使用一个平面将缺口封住，如图2-277所示。

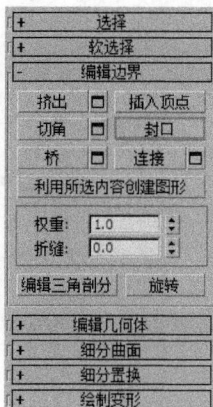
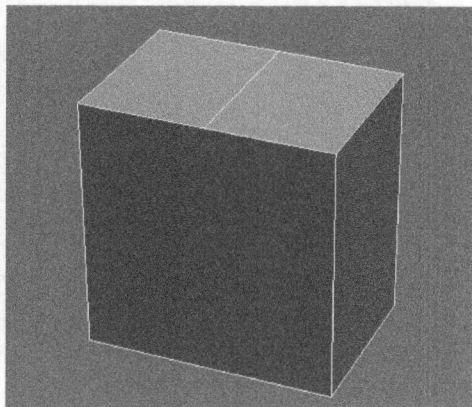

图2-275   图2-276   图2-277

2. 利用所选内容创建图形

"边界"中的"利用所选内容创建图形"工具 利用所选内容创建图形 与"边"层级的原理相同，只是选中的对象不一样，这里不做过多讲解。

2.10.4 多边形（面）

"多边形"就是我们所讲的"面"，通过编辑"面"可以在原有的物体上生出新的部分。在室内建模中，"多边形"（面）的使用频率不亚于"边"层级。

1. 挤出

▶ 视频演示：037 挤出 .mp4

扫码看视频

"多边形"层级就是业内俗称的"面"层级，为了方便理解，后文都用"面"代替"多边形"层级。

"面"的"挤出"操作与"顶点"和"线"层级的原理是一样的。创建一个对象，将其转换为可编辑多边形对象，然后按4键进入"面"层级，接着可以选择对象中的任意面，如图2-278所示。

当选择面后，打开"编辑多边形"卷展栏，然后单击"挤出"工具 挤出 后的设置按钮 ，如图2-279所示，接着在"挤出多边形"对话框中输入10mm，此时面会被挤出高度（深度），如图2-280所示。

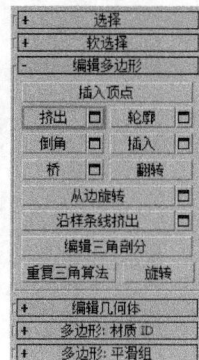
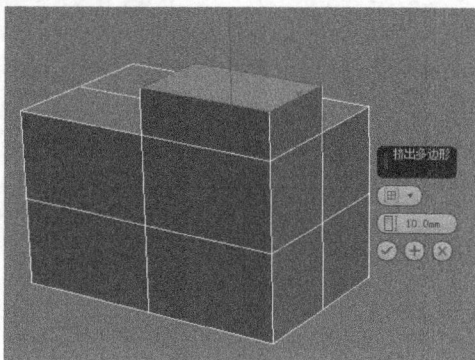

图2-278   图2-279   图2-280

在"挤出多边形"对话框中的"高度"输入框的上面有个"黑色小三角"图标■，单击该图标，有"组""局部法线"和"按多边形"3种类型，它们可以用于挤出不同的效果。

在挤出多个相邻面时，如果想这些面保持原来的关联关系，可以选择"组"类型，挤出效果如图2-281所示。这种方式挤出的面是没有断开的，也就是移动其中一个面，其他相邻面也会发生变化，如图2-282所示。

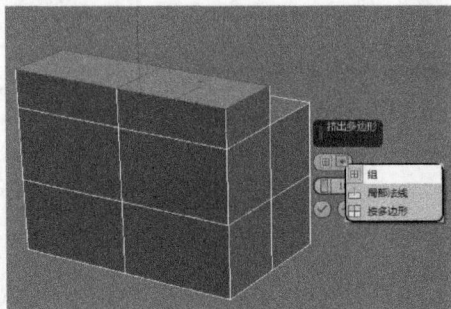
图2-281

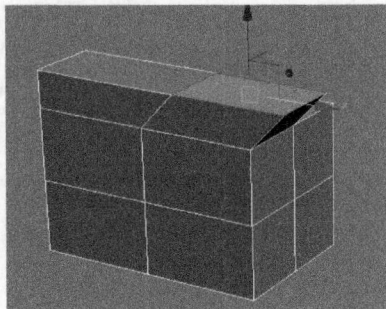
图2-282

如果想挤出的面互不干扰，相互独立，可以选择"按多边形"类型，挤出效果如图2-283所示。这在视觉效果上与"组"类型相同，但是如果移动其中一个面，可以发现该面所在平面的其他面没有任何影响，即这些面是相互断开的，如图2-284所示。

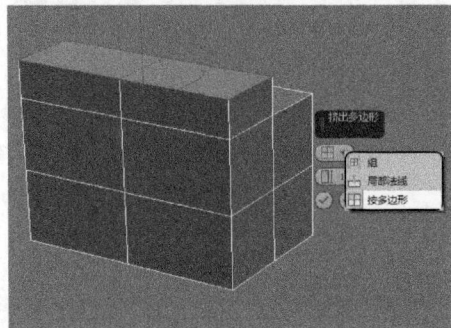
图2-283

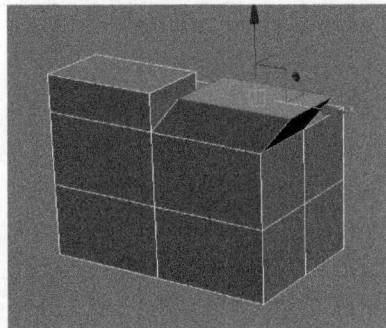
图2-284

相对来说，"局部法线"只对面挤出的方向有所影响。另外，通过该操作，挤出面的方向可以通过手动调整得到我们想要的挤出效果。

现在，我们需要把两个处于不同平面的"面"一起挤出，如图2-285所示。如果按"组"类型挤出，效果如图2-286所示；如果按"局部法线"类型挤出，效果如图2-287所示；如果按"按多边形"类型挤出，效果如图2-288所示。大家可以对比3种挤出效果，理解它们的不同之处。

图2-285

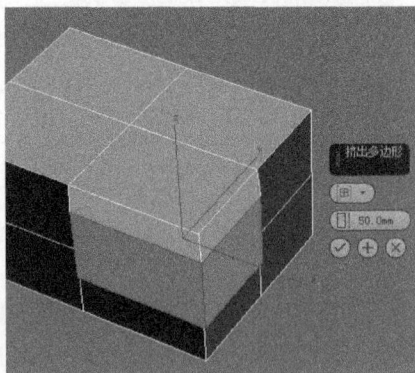
图2-286

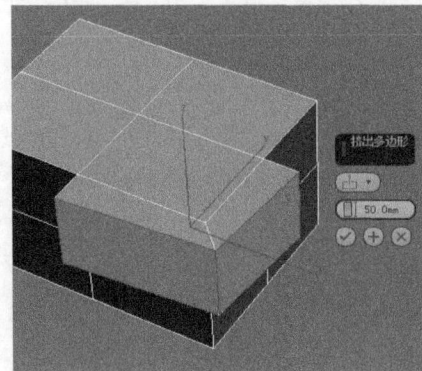
图2-287

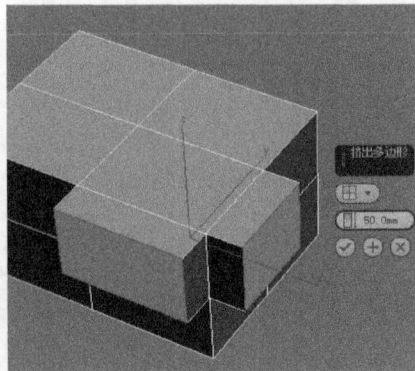
图2-288

2. 插入

▶ 视频演示：038 插入 .mp4

"插入"工具 插入 与样条线的"轮廓"工具 轮廓 非常相似，都是根据选择对象生成相似对象。创建一个长方体，然后将其转换为可编辑多边形，选中其中一个面，如图2-289所示，接 **扫码看视频**
着在"编辑多边形"中单击"插入"工具 插入 后的设置按钮□，如图2-290所示，最后设置"插入"为30mm，此时选择的面上会生成一个四边形的边线轮廓，如图2-291所示。

图2-289

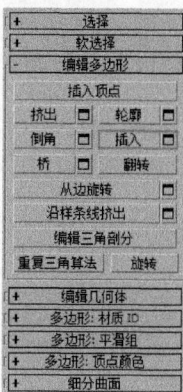

图2-290

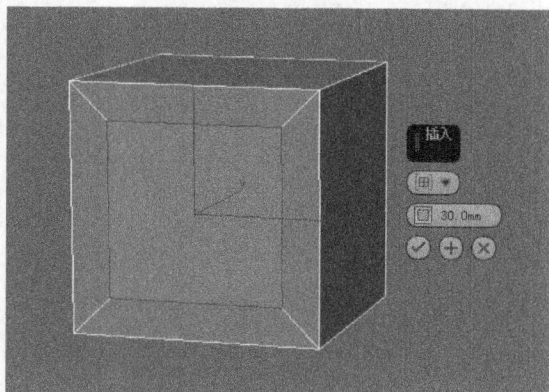

图2-291

假设我们要做一个相框，可以绘制一个长方体，然后选中一个面进行"插入"操作，将相框的外框结构做出来，接着选中内部的面"挤出"一个负值，使其凹进去。这样，通过两步就能完成相框的制作。

第1步：绘制一个长
方体，将其转换为可编辑
多边形，按4进入"面"
层级，如图2-292所示。

第2步：为其中一个
面设置50mm的"插入"，
如图2-293所示。

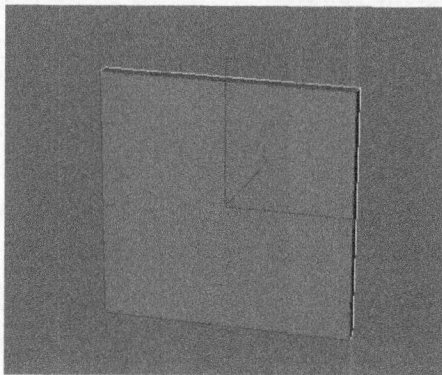

图2-292

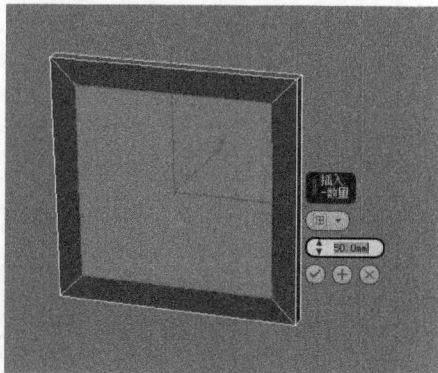

图2-293

第3步：为新生成的面
设置－20mm的"挤出"，
如图2-294所示。最终效果
如图2-295所示。

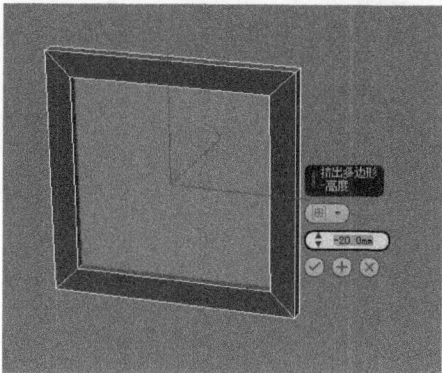

图2-294

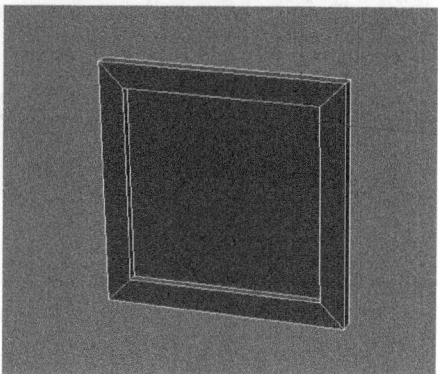

图2-295

3. 倒角

▶ 视频演示：039 倒角.mp4

扫码看视频

"倒角"工具 倒角 结合了"插入"工具 插入 和"挤出"工具 挤出 的核心功能。创建一个长方体，将其转换为可编辑多边形，然后选择其中一个面，如图2-296所示，接着在"编辑多边形"卷展栏中单击"倒角"工具 倒角 后的设置按钮▣，如图2-297所示，最后设置"高度"为50mm、"轮廓"为－50mm，如图2-298所示。

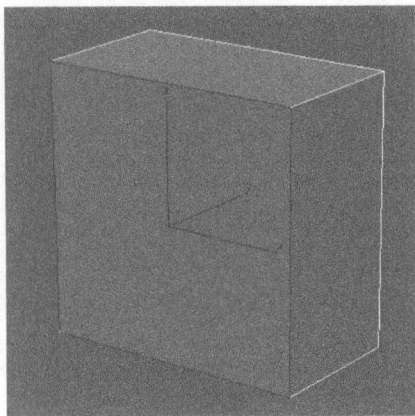
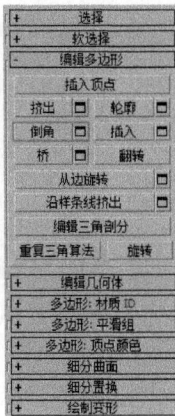
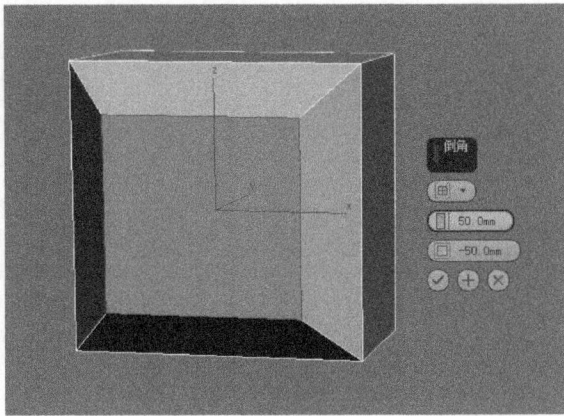

图2-296   图2-297   图2-298

4. 分离

▶ 视频演示：040 分离.mp4

"分离"工具 分离 可以把某些选中的面从多边形中分离出来。选择多边形对象中的一个面，然后在"编辑几何体"卷展栏中单击"分离"工具 分离 ，如图2-299所示，此时会弹出一个

扫码看视频

"分离"对话框，一共有3种情况。

第1种：任何选项都不勾选，直接单击"确定"按钮，这时分离后的那块面就是一个独立的多边形对象，跟原来的多边形没有联系，如图2-300所示，现在选中的是分离出来的面，它已经是独立的物体了。

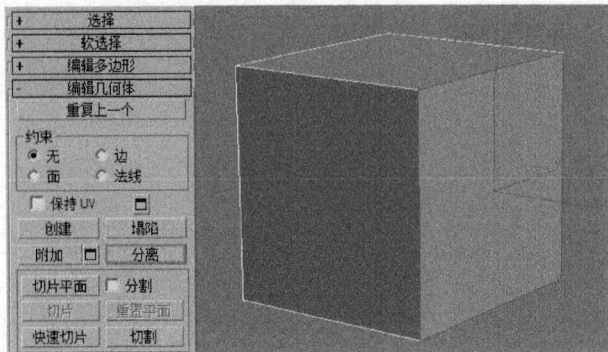
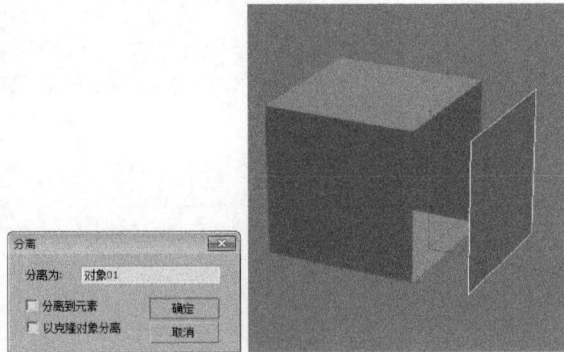

图2-299   图2-300

第2种：勾选"分离到元素"选项，然后单击"确定"按钮，这时虽然面分离出去了，但它仍然属于原多边形对象，只是面没有"粘"在一起，如图2-301所示。

第3种：勾选"以克隆对象分离"选项，然后单击"确定"按钮，原来的多边形不会有任何变化，被选中的面会复制一个出来，如图2-302所示。

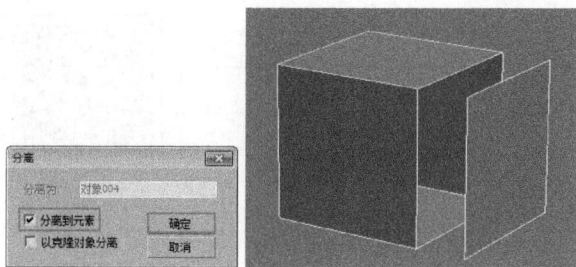

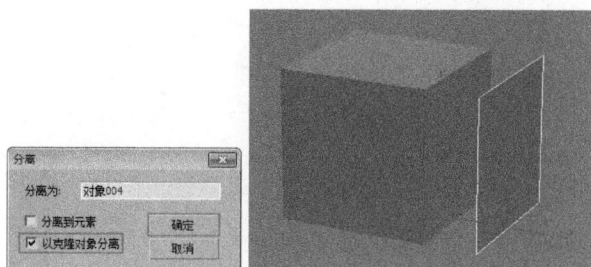

图2-301   图2-302

☑ 提示 --- >

"分离"工具 分离 的具体使用要结合"材质"的内容。假设要做一个有很多贴图的背景,则可以利用"分离"命令把这些贴图背景的面都独立开,然后用"材质"功能进行贴图操作。

2.10.5 编辑几何体

"编辑几何体"卷展栏可以作用于任何层级,俗称"公用"参数。对于一些基本操作,用户都可以在该卷展栏中进行。

1. 附加/分离

▶ 视频演示:041 附加/分离 .mp4

无论在多边形的哪个层级,都会有"附加"工具 附加 和"分离"工具 分离 ,如图2-303所示。"附加"工具 附加 可以把其他的对象附加进来,使多个对象变成同一个对象;"分离"工具 分离 可以将对象中的一个部分分离出来。

扫码看视频

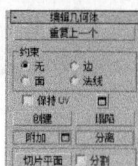

图2-303

2. 切割

▶ 视频演示:042 切割 .mp4

"切割"工具 切割 可以在对象上自由地绘制出新的边,即可以在任何一个层级下使用。建议大家在"顶点"层级下使用该工具,因为"顶点"层级显示的是顶点,可以很清楚地看到切割后的点线关系。

扫码看视频

进入"顶点"层级,然后在"编辑几何体"卷展栏中单击"切割"工具 切割 ,如图2-304所示,接着将光标移动到物体上面,此时每单击鼠标一次,就会在对象上新建一个新的顶点,如图2-305所示,各个点之间会按顺序连接成切割路径,最后单击鼠标右键,完成切割操作,效果如图2-306所示。

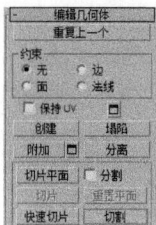

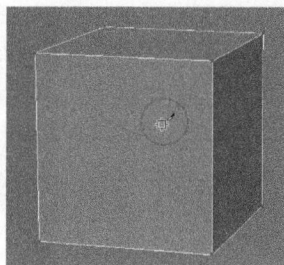

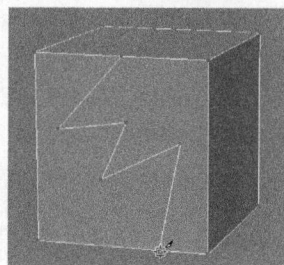

图2-304   图2-305   图2-306

☑ 提示 --- >

在对对象进行切割操作的时候,注意一定要从边开始切,因为顶点必须创建在边上,不会在一个面中凭空生成。如果在切割图形时从边以内的范围开始切,那么系统会自动地连上其中一边。另外,在进行"切割"操作时,鼠标移动到物体上会变成一把刀的形状。

3. 快速切片

扫码看视频

▷ 视频演示：043 快速切片 .mp4

"快速切片"工具 快速切片 可以理解为一个以两点之间作为一把刀来切割模型的工具。建议大家在"顶点"层级下使用该工具，且尽量将视图控制在平面视图。

在前视图中绘制一个长方体，并将其转换成可编辑多边形，然后进入"顶点"层级，接着在"编辑几何体"卷展栏中单击"快速切片"，如图2-307所示，再使用光标在对象上的任意地方单击，此时在视图中拖曳光标就会出现一条虚线，如图2-308所示，最后确定好虚线的终点，单击鼠标左键完成"切片"，效果如图2-309所示。

如果对象是不规则的物体，但需要对对象进行平均分段，可以先绘制一个长方体作为参照物（因为长方体自带分段），然后把不规则的物体转换为可编辑多边形，接着激活捕捉，用"快速切片"工具 快速切片 捕捉长方体的分段来切割对象，如图2-310所示。至于为什么要分段，大家应该还记得FFD、"弯曲"等修改器，如果要合理地控制对象造型，前提就是对象要有足够的分段数。

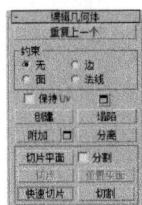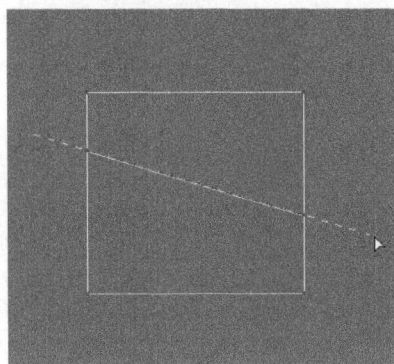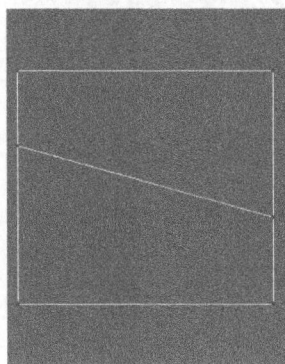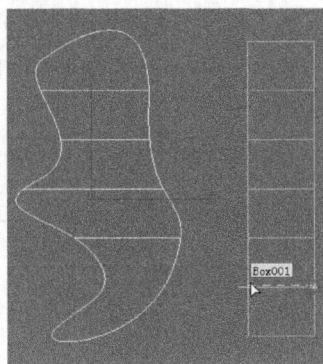

图2-307	图2-308	图2-309	图2-310

☑ 提示 --

"快速切片"工具 快速切片 的切割虚线是无限延长的，用户可以将捕捉长方体的切割线延长到对象上来精准地切割对象，这种手法在工作中十分常用。

4. 切片平面

扫码看视频

▷ 视频演示：044 切片平面 .mp4

"切片平面"工具 切片平面 可以切开对象，从而使其生长出新的顶点、边和面。其作用跟"快速切片"工具 快速切片 一样，只是改变对象的线框模式。在"顶点"层级的"编辑几何体"卷展栏中单击"切片平面"工具 切片平面 ，在视图里会出现一个黄色平面，如图2-311和图2-312所示。这时可以通过"选择并移动"工具 和"选择并旋转" 工具调整切割平面的位置，确定好切割平面的位置后，在"编辑几何体"卷展栏中单击"切片"工具，即可完成"切片"操作，如图2-313和图2-314所示。最终效果如图2-315所示。

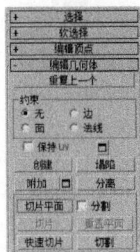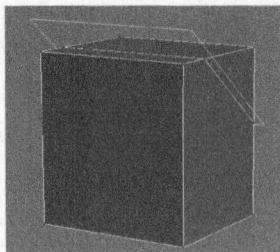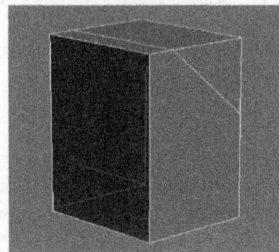

图2-311	图2-312	图2-313	图2-314	图2-315

实战：用多边形建模制作电视柜

场景位置	无
实例位置	实例文件>CH02>实战：用多边形建模制作电视柜.max
视频名称	实战：用多边形建模制作电视柜.mp4
难易指数	★★☆☆☆
技术掌握	面插入、面挤出、边连接、边挤出、面倒角

扫码看视频

在进行实例操作前，我们来总结一下学到的常用室内建模技术。使用"拆分与组合"思路将能够拆开来的对象拆成多个基础对象，然后通过"挤出""倒角剖面""车削"修改器将它们创建出来；如果拆分后的对象比较复杂，可以考虑使用多边形建模技术，利用多边形建模中的各种工具对点、线、面进行编辑；如果对象是异形，如弧形造型，就要把样条线造型做出来，然后使用FFD或"弯曲"修改器进行变形处理，切记变形的前提是对象有足够的分段数。下面使用多边形建模技术来制作柜子，柜子的造型主要以凹凸为主，如图2-316所示。

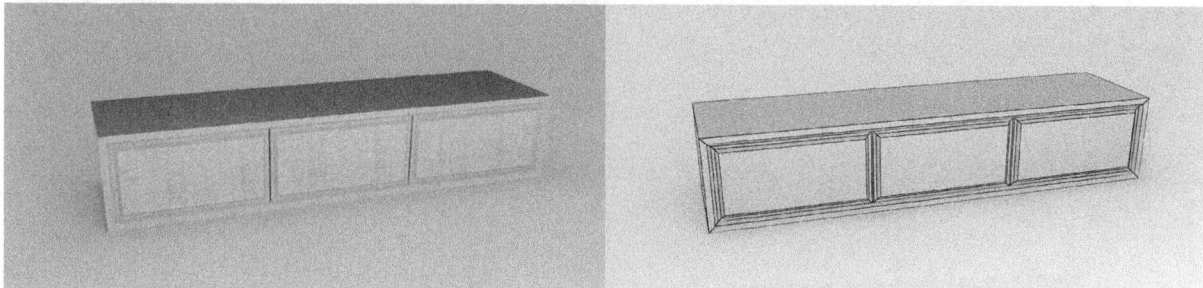

图2-316

01 在顶视图中绘制一个长方体，如图2-317所示，并将其转换为可编辑多边形。本例的重点是操作思路和方法，对于具体参数值，大家可以自行设计，这里给出的数据供大家参考："长度"为400mm、"宽度"为1500mm、"高度"为300mm。

02 下面要做的就是控制点、线、面结构。选中正面的多边形（面），设置20mm的"插入"效果，使柜子有20mm的边框厚度，如图2-318所示。继续对选中面进行"倒角"处理，控制"高度"和"轮廓"均为－10mm，效果如图2-319所示。此时的面会向内凹10mm，整体对象看起来也有一个柜子的轮廓。

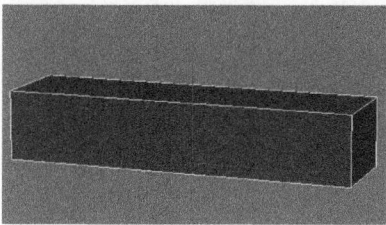

图2-317

图2-318

图2-319

03 下面制作3个抽屉位。首先要把中间的面分成三份，按F3键将视图线框显示出来，选中刚刚"倒角"后最里面的上下两条边，使用"连接边"将其用两条边连接起来，如图2-320所示。

04 对新添加的两条边进行"挤出"操作，控制"数量"为－10mm、"宽度"为3mm，如图2-321所示，现在就把抽屉的缝隙做好了。

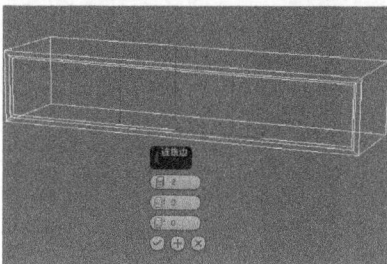

图2-320

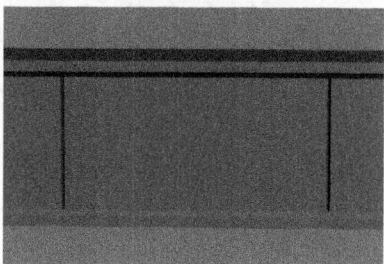

图2-321

05 选中3个抽屉的面，设置10mm的"插入"，如图2-322所示，继续在当前选中面进行"倒角"处理，控制"数量"为10mm、"轮廓"为−10mm，如图2-323所示。

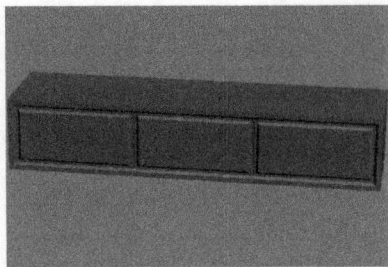

图2-322　　　　　　　　　　图2-323

实战：用线段制作背景墙

场景位置	无
实例位置	实例文件>CH02>实战：用线段制作背景墙.max
视频名称	实战：用线段制作背景墙.mp4
难易指数	★★☆☆☆
技术掌握	快速切片、切割、线挤出

扫码看视频

本例主要介绍带砖缝背景墙的制作方法。对于这类对象，制作要领是找砖缝，即找主要的线段。分色背景墙效果如图2-324所示。

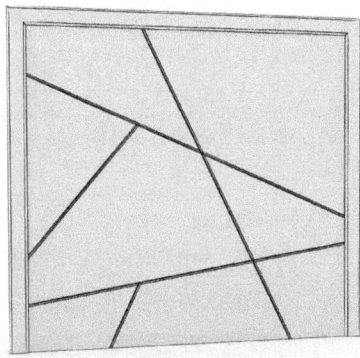

图2-324

01 在前视图中绘制一个3000mm×2800mm（同样为参考尺寸）的矩形，把初步尺寸定下来，然后转换成可编辑样条线，接着把最下面的线段删掉，效果如图2-325所示。

02 进入"样条线"层级，选中所有样条线，然后设置150mm的"轮廓"，效果如图2-326所示，接着为整个样条线对象设置100mm的"挤出"，使其成为实体，如图2-327所示。

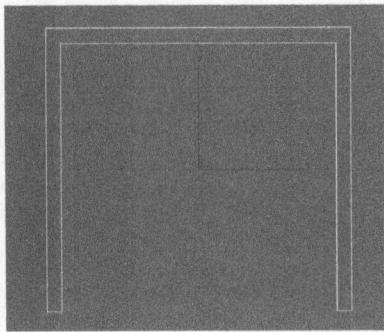

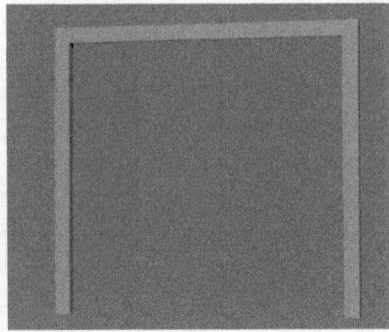

图2-325　　　　　　　　图2-326　　　　　　　　图2-327

03 下面对框架内外进行"切角"处理，将对象转换为可编辑多边形对象，选中需要切角的边，如图2-328所示，然后设置20mm的"切角"，效果如图2-329所示。

04 下面制作内部的墙体部分。很明显，内部制作是典型的多边形布线，并向负方向挤出的操作。激活捕捉，然后捕捉外框绘制一个高度为40mm的长方体，如图2-330所示。

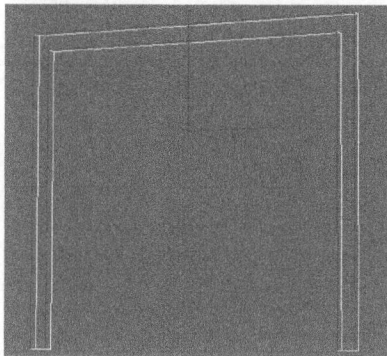

图2-328　　　　　　　　　　　图2-329　　　　　　　　　　　图2-330

05 下面是布线的操作，布线的方法在多边形建模技术中已经介绍过很多，大家可以灵活使用，方法并不是唯一的。将内部模型单独显示，用"快速切片"工具 [快速切片] 切出大线条，如图2-331所示，然后再用"切割"工具 [切割] 补充余下的切割线，如图2-332所示。

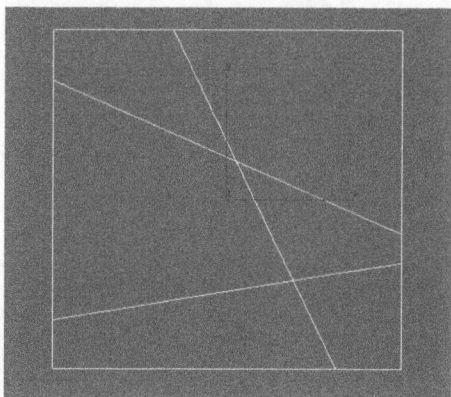
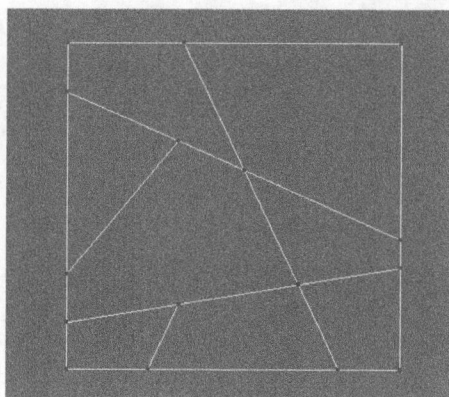

图2-331　　　　　　　　　　　　　　图2-332

06 选中切出来的新线段，如图2-333所示，然后进行"挤出"处理，控制"高度"为－20mm、"宽度"为10mm，如图2-334所示。

07 退出单独显示，最终的模型效果如图2-335所示。

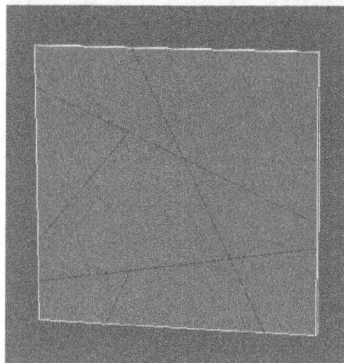
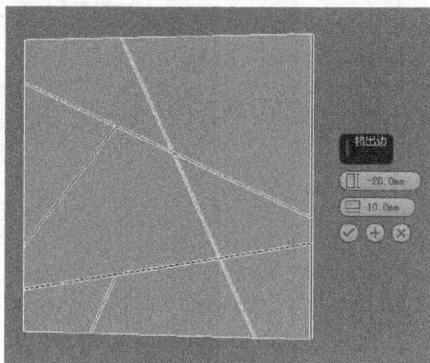
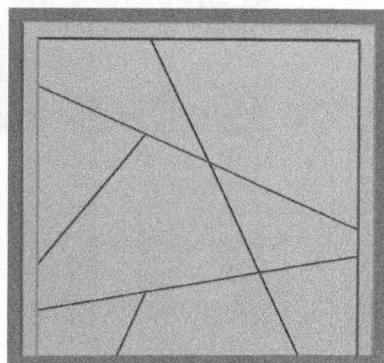

图2-333　　　　　　　　　　　图2-334　　　　　　　　　　　图2-335

实战：用分段制作吊顶

场景位置	无
实例位置	实例文件>CH02>实战：用分段制作吊顶.max
视频名称	实战：用分段制作吊顶.max.mp4
难易指数	★★★☆☆
技术掌握	线移除、快速切片、FFD、利用多边形分段让模型有条件变形的概念

扫码看视频

对于有弧度的对象，都是对多边形分段进行变弧的造型操作，大家一定要掌握好多边形的分段技巧。下面制作一个带弧形效果的吊顶，如图2-336所示。做这种带弧度的造型，必须构思它没弧度的样子，然后把没变形的造型制作出来，再给出相关分段数，最后使用FFD变形命令制作其弧度造型。

图2-336

01 在前视图中绘制未变形的造型。创建一个长方体，设置"长度""宽度""高度"分别为500mm、2000mm、100mm，继续绘制一个矩形，并将其转换成可编辑样条线，为其设置50mm的"轮廓"，效果如图2-337所示，为矩形加载一个20mm深度的"挤出"修改器，调整好矩形和长方体的位置，效果如图2-338所示。

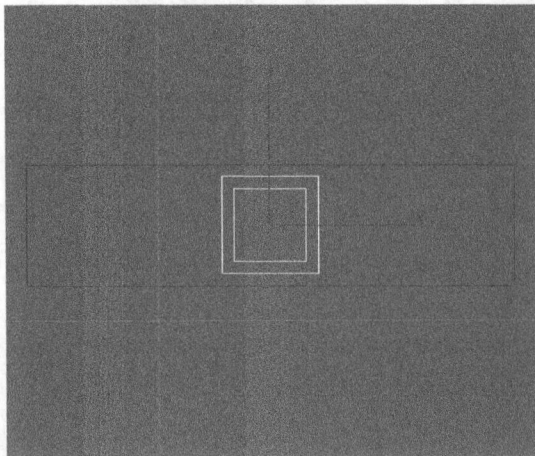

图2-337

图2-338

📝 提示 --

现在暂时不复制，因为后面要通过FFD修改器对对象进行变弧操作，而现在这个矩形和长方体并没有足够的分段。另外，在分段之前，还需要注意一个问题，那就是长方体和矩形的分段数要接近。因为变弧是根据分段来进行的，如果两者分段相差很多，变弧时两者就很难联合到一起。所以，这里要先将两者附加成同一个多边形，再考虑分段处理。

02 将矩形转换成可编辑多边形，然后把长方体附加进去。注意，矩形转换成可编辑多边形后，会出现一条斜线，如图2-339所示。

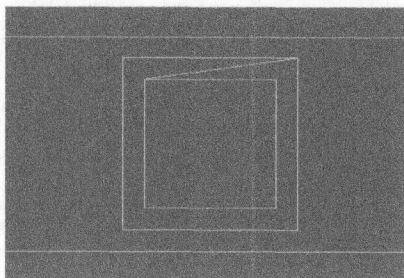

图2-339

03 按S键激活捕捉，然后在矩形的旁边绘制一个长方体作为参照物，其尺寸与原吊顶长方体的尺寸对应，控制其分段为20，效果如图2-340所示。

04 选中多边形对象，激活捕捉，用"快速切片"工具 快速切片 捕捉到参照物，让多边形对象能够平均分段。这里先以参照物任意切一次，但不要与斜线相交，如图2-341所示。

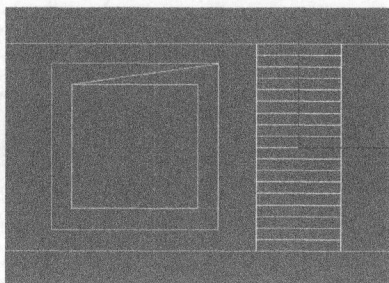

图2-340

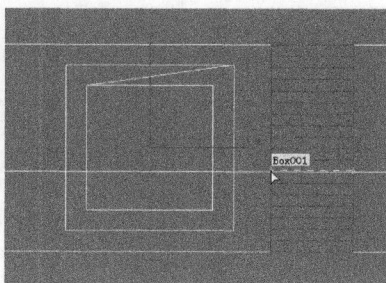

图2-341

05 现在整个多边形对象多出了一条线段，即选中前面讲的不需要的斜线，然后用"移除"工具 移除 将其去掉，效果如图2-342所示。

06 继续用"快速切片"工具 快速切片 捕捉参照物对多边形进行分段，分段完成后的效果如图2-343所示，实体显示效果如图2-344所示。

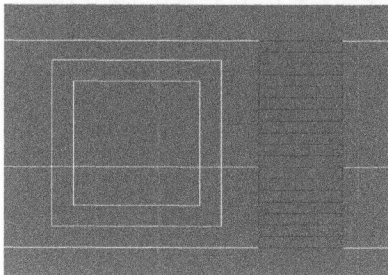

图2-342

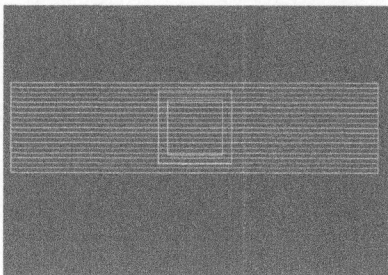

图2-343

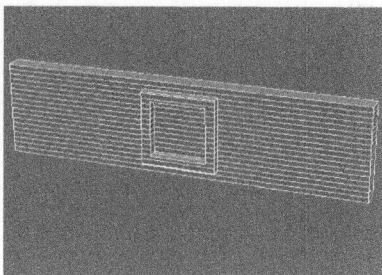

图2-344

07 分段工作完成后，在多边形的"元素"层级中选中中间的矩形造型，然后按住Shift键移动复制两个（以"复制"的形式），效果如图2-345所示。

08 将整个造型复制3个，效果如图2-346所示，然后选择所有模型，为其加载一个FFD3×3×3修改器，效果如图2-347所示。

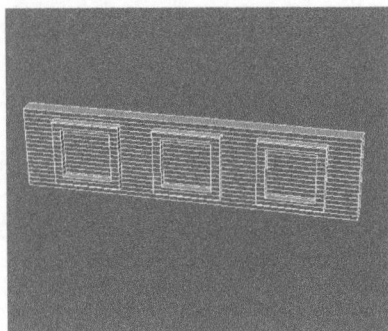
图2-345

图2-346

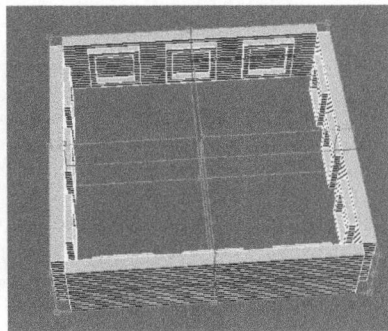
图2-347

09 在"修改"面板中打开FFD的"控制点"级别，然后在前视图中选中顶上的所有控制点，效果如图2-348所示，接着切换到透视图，再对选中的控制点进行缩小操作，效果如图2-349所示，最后在顶上创建一个长方体将吊顶封顶，从下面观察吊顶的视觉效果如图2-350所示。

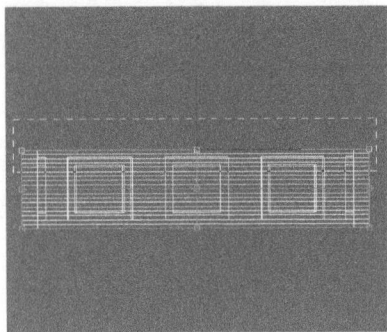
图2-348

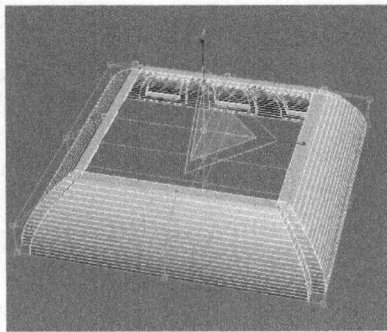
图2-349

图2-350

第 3 章

材质

材质就是真实对象的物理属性。将材质指定到模型
上，通过渲染可以展现模型对应的真实质感，如木
地板、石材等。材质不是指一个固定的参数，而是
由多个参数组成的一套物理属性。针对材质的操作
与应用，要先精确了解参数，再去自由地组合参数，
这是学习材质的根本方法。

本章学习重点

▶ 掌握材质球的重要参数

▶ 掌握效果图的常用材质

▶ 掌握制作材质的思路

3.1 材质球概述

材质球是材质在3ds Max中的体现形式，用户可以调用材质球并将材质指定到选定的模型上。对于材质球的数量，通常会设置为6×4，即在"材质编辑器"（按M键打开）中会显示24个材质球，且每个材质球都有默认名称，如图3-1所示。在室内效果图中，通常会对材质球进行命名，如"木材""大理石"等，以方便后续查看和修改。建议大家养成对材质球命名的习惯，对于企业来讲，工程文件里面有没有统一规范的命名和结构，将会影响团队的工作效率。

当24个材质球都用完之后，如果还需要使用材质球，可以将任意材质球拖曳到另一个材质球上，将其复制出来，如图3-2所示，然后重置复制出来的材质球，新的材质球将会是一个全新的。我们可以利用这种方法，无限地去添加和创建材质球。

☑ 提示 ------------------------------→

在复制和新建材质球时，注意每个材质球的命名是不能重复的。

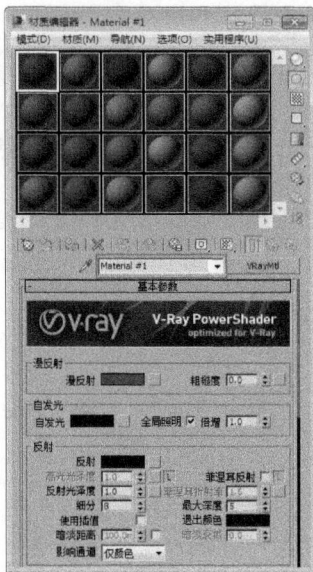

图3-1

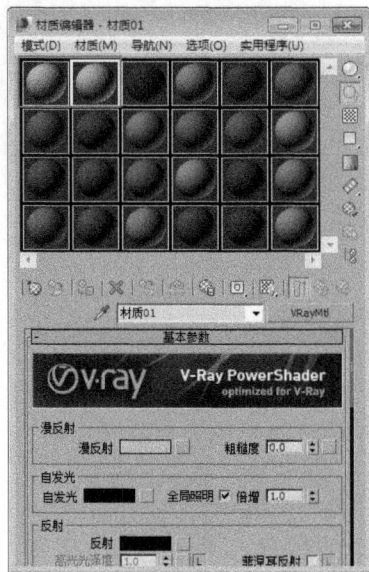

图3-2

3.2 默认材质与VRay材质

设计师通常会在"材质编辑器"中将材质球类型全部设置为VRay渲染器，以方便后续的设计，提高工作效率。统一材质球类型的方法在第1章中已经介绍了。如果这里不进行设置，"材质编辑器"中都将是默认材质球，如图3-3所示，Standard是默认的"标准"材质。此时，如果要使用VRay材质，每一次都需要手动设置，这样会比较麻烦。

图3-4所示的是VRayMtl，即VRay标准材质，且是专属于VRay渲染器的材质类型。那么，在室内效果图中，用默认的"标准"材质来做图可以吗？答案是可以的。但是就VRay渲染器的兼容性、制作效果和制作效率来看，应优先选择VRay材质。

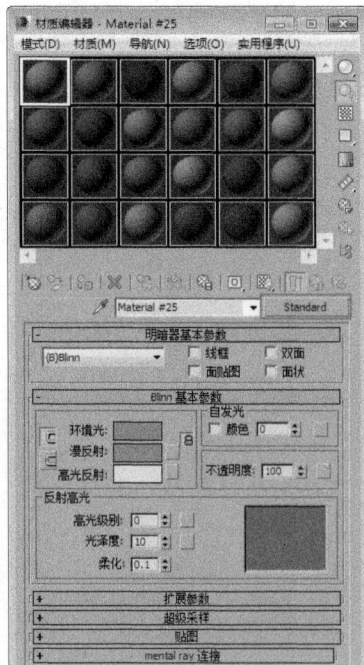

图3-3

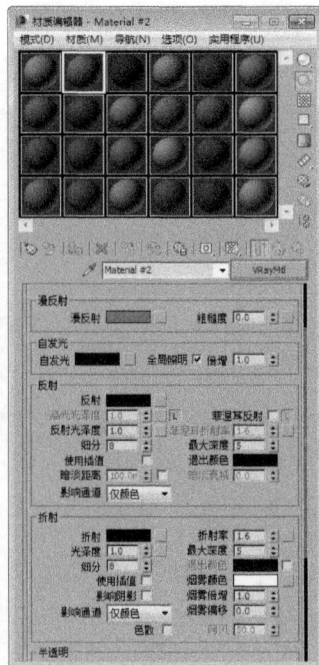

图3-4

3.3 材质面板中的常用按钮

在使用VRay渲染器制作效果图之前，先来了解一下材质面板中的常用工具。

3.3.1 选择材质球类型

▶ 视频演示：045 选择材质球类型 .mp4

扫码看视频

按M键打开"材质编辑器"，然后单击材质类型的按钮 VRayMtl ，如图3-5所示。因为我们在前面设定默认为VRay的材质球，所以这里显示的是VRayMtl，接着系统会弹出"材质/贴图浏览器"对话框，如图3-6所示。在该对话框中，用户可以自由地选择想要的材质球类型。

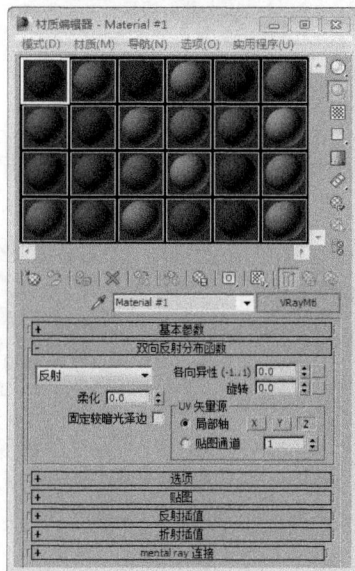

图3-5

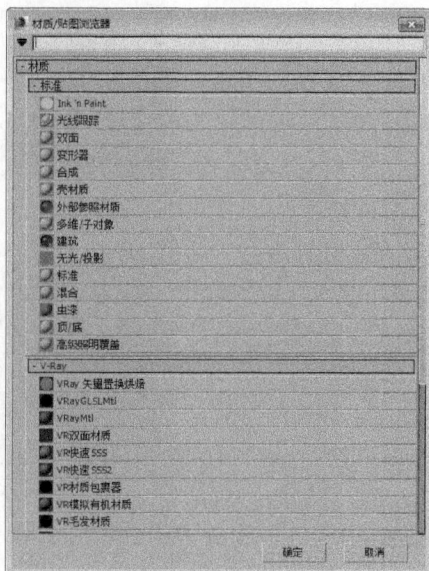

图3-6

3.3.2 将材质指定给选定对象

▶ 视频演示：046 将材质指定给选定对象 .mp4

扫码看视频

选择模型，然后在"材质编辑器"中选择要加载的材质球，接着单击"将材质指定给选定对象"按钮 ，如图3-7所示，即可将材质指定到选定对象上。

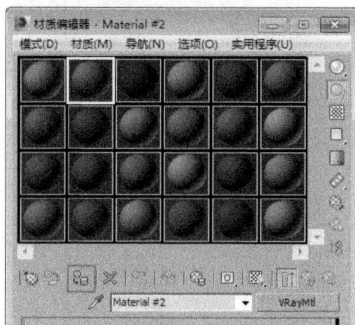

图3-7

3.3.3 观察材质

视频演示：047 观察材质 .mp4

扫码看视频

用鼠标双击"材质编辑器"中的任一材质球，系统会弹出一个材质球面板，用户可以在面板中放大或缩小材质球，以方便观察效果，如图3-8所示。在"材质编辑器"右侧单击"背景"按钮▨，如图3-9所示。此时，材质球效果会出现背景颜色，用于模拟该材质的环境，便于用户查看反射和折射效果，如图3-10所示。

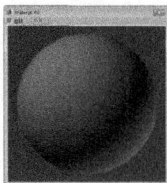
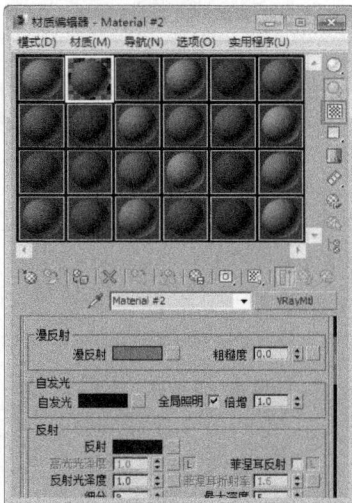

图3-8　　　　　　　　图3-9　　　　　　　　图3-10

选择材质球后，在"材质编辑器"中按住"采样类型"按钮，会弹出不同的材质球显示类型，有球形、柱形和立方体，如图3-11所示。

注意，当为模型指定材质后，如果贴图效果没有显示在视图中，可以在"材质编辑器"中单击"视口中显示明暗处理材质"按钮▨，如图3-12所示。

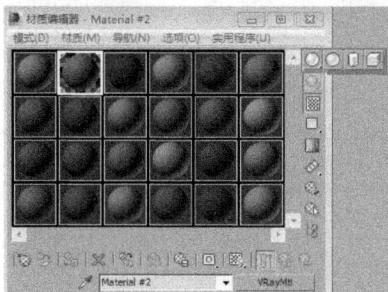
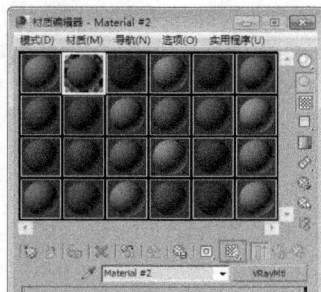

图3-11　　　　　　　　　　　图3-12

3.3.4 按材质选择物体

视频演示：048 按材质选择物体 .mp4

扫码看视频

"按材质选择"按钮▨可以用于检查是否有材质指定漏了或指定错了。在"材质编辑器"中单击"按材质选择"按钮▨，如图3-13所示，系统会弹出"选择对象"对话框，此时单击该对话框中的"选择"按钮，如图3-14所示，就可以选中场景中所有附上材质的对象。

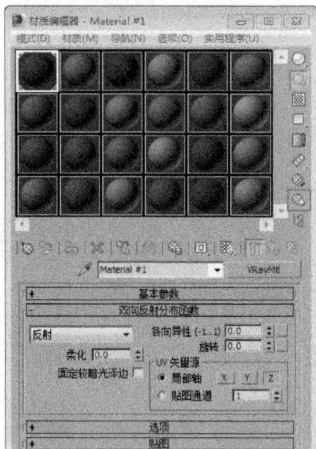
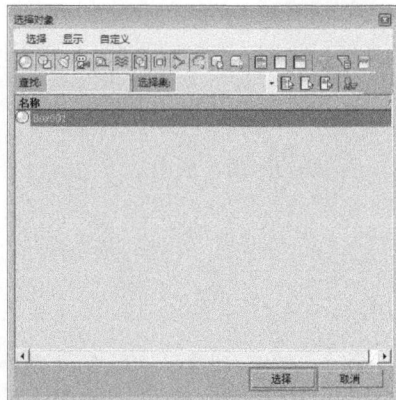

图3-13　　　　　　　　　　图3-14

3.3.5 检查材质

▶ 视频演示：049 检查材质.mp4

扫码看视频

如果导入的模型已经指定好材质，就需要检查模型的材质是否适合当前场景。在"材质编辑器"中单击"从对象拾取材质"工具 ✎，然后在模型上单击鼠标左键，如图3-15所示，此时，当前选中的材质球就会变成该对象的材质球，用户即可查看相关参数。注意，每导入一个模型，都要检查材质的参数。

图3-15

3.4 UVW贴图

▶ 视频演示：050 UVW贴图.mp4

扫码看视频

"UVW贴图"修改器主要用于控制贴图纹理和效果。假设要做一块地砖，在顶视图里绘制一个长2000mm、宽2000mm和高200mm的长方体，然后为其指定一个空白材质，在"漫反射"贴图通道中加载一张贴图，贴图如图3-16所示，接着单击"视口中显示明暗处理材质"按钮，效果如图3-17所示。

图3-16

图3-17

在默认情况下，贴图会自动展开到整个长方体上，即根据长方体的长、宽和高的尺寸来拉伸贴图。此时，长方体顶面呈现的贴图效果是正常的，但是由于侧面高度只有200mm，贴图在相关方向也会被压缩，这就造成高度方向的图像变形。

现在，我们要把侧面的纹理效果设置为正常，也就是侧面的展示模式要变成2000mm×2000mm，而不是默认的2000mm×200mm。因此，需要用到"UVW贴图"修改器，它可以改变贴图的展开尺寸。在"修改"面板中为对象加载"UVW贴图"修改器，然后设置"贴图"为"长方体"，设置"长度"为2000mm、"宽度"为2000mm、"高度"为2000mm，如图3-18所示。

当完成上述设置后，长方体的轮廓上会出现一个橙色的长方体线框，其尺寸是2000mm×2000mm×2000mm，效果如图3-19所示，现在侧面的纹理效果完全符合需求。

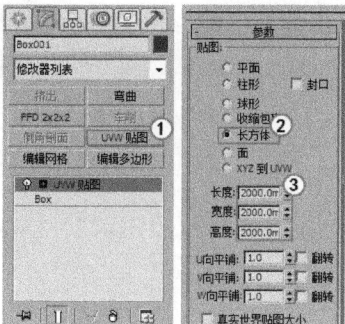
图3-18

图3-19

假如将"UVW贴图"修改器的"长方体"尺寸改为800mm×800mm×800mm，如图3-20所示，效果如图3-21所示。为了方便看清楚橙色的框，按F3键进入线框模式，如图3-22所示，可见橙色的方框用于控制贴图的展示大小。

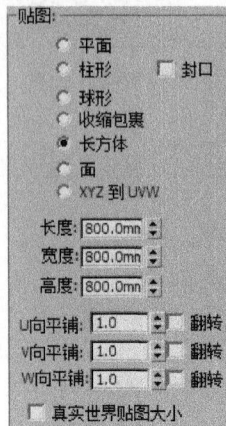

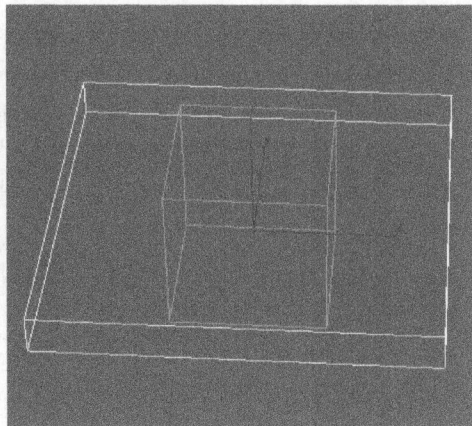

图3-20   图3-21   图3-22

注意，一切贴图都可以通过"UVW贴图"修改器来调整。除了"长方体"模式，大家可以自行尝试其他模式，原理都是一样的。

另外，还可以调整"UVW贴图"修改器的Gizmo来控制贴图效果，如图3-23所示。当激活Gizmo后，可移动或旋转Gizmo来改变贴图的效果，例如，将Gizmo旋转45°，贴图的角度也会发生变化，如图3-24所示。总之，在室内效果图中，"UVW贴图"修改器是处理材质贴图的必备利器，请务必掌握。

📋 提示 ------------------------------------ >
关于本节提到的"漫反射"贴图，在后续的小节中会详细介绍。

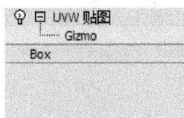

图3-23   图3-24

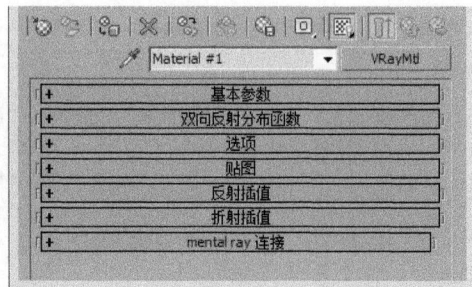

3.5   VRayMtl材质详解

VRayMtl的参数与建模原理类似，即对材质进行"拆分与组合"。在制作材质之前，先分解出材质的各个属性，然后分别设置这些属性的参数，接着将这些属性组合起来就可以得到我们需要的材质。VRayMtl的参数如图3-25所示，单击每个卷展栏上的"+"，可以展开对应卷展栏的内容。

在日常生活中，我们谈论的材质，主要是由漫反射、反射和折射3种属性组合而成的。

图3-25

3.5.1 漫反射

视频演示：051 漫反射.mp4

扫码看视频

"漫反射"的参数比较简单，主要用于设置效果图中能直接看到的材质效果，如颜色和表面的纹路贴等。"漫反射"参数（在"基本参数"卷展栏中）如图3-26所示。单击"漫反射"后的色块，打开"颜色选择器:漫反射"对话框，如图3-27所示，用户可以在此选择材质的表面颜色。

图3-26

图3-27

在"漫反射"色块后面有一个加载按钮，如图3-28所示。单击该按钮，打开"材质/贴图浏览器"对话框，如图3-29所示。在这个对话框中，有3ds Max自带的一系列贴图类型。选择"标准"卷展栏中的"位图"选项，打开"选择位图图像文件"对话框，如图3-30所示。通过该对话框，可以选择计算机中的图片文件，即可为"漫反射"加载一张纹理贴图。

待贴图加载后，加载按钮上会出现M字母，意味着贴图加载完成，如图3-31所示。若此时单击加载按钮M，界面会跳转到"位图"层级，单击"转到父级"按钮，即可回到VRayMtl材质面板，如图3-32所示。

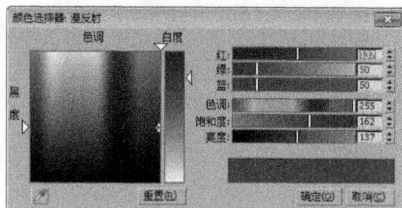

图3-28

图3-29

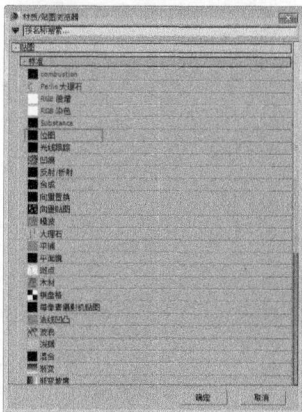

图3-30

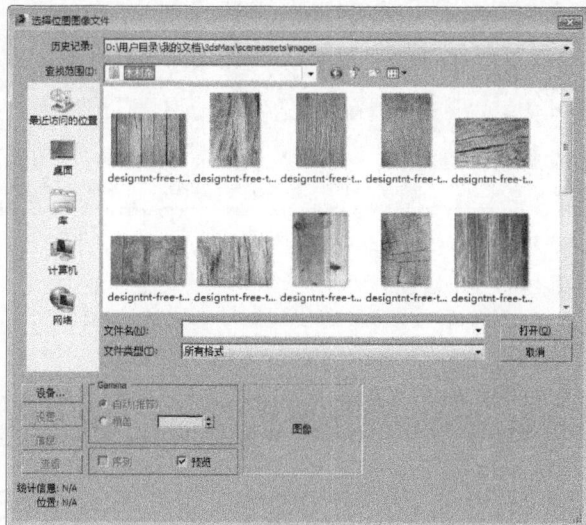

图3-31

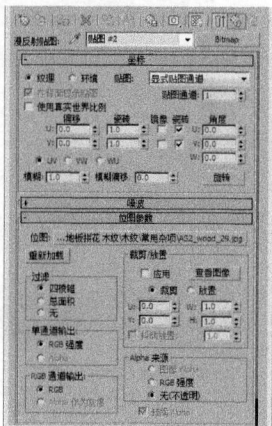

图3-32

在"位图"层级中，主要用"模糊"来控制贴图的清晰度，数值越小，贴图的清晰度越高，如图3-33所示。同一张贴图，"模糊"为10的效果如图3-34所示，"模糊"为0.01的效果如图3-35所示，大家可以对比两者之间的区别。

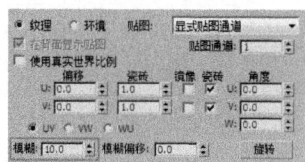

图3-33

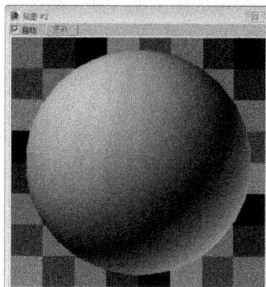

图3-34

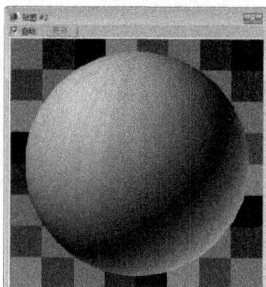

图3-35

很明显，两者的清晰度完全不一样。那么，什么时候才需要调整"模糊"的具体数值呢？一般情况下，该值保持默认为1即可。当然，如果一些贴图的纹理不太清晰，但设计师又需要表现纹理时，就需要设置"模糊"为0.01，如木材、石材和近距离的视角效果等。设想一下，我们给客户设计了一面电视背景墙，客户很在乎背景墙的效果，因此，摄影机的拍摄角度肯定会以背景墙为主体。如果背景墙用到了木材或石材，这些内容就是我们要重点展示给客户看的，此时就应该将"模糊"值设置为0.01。

那么，什么时候把模糊度调大呢？当制作窗外景时，因为外景通常都是衬托室内的，可以适当地把外景的贴图"模糊"值设置大一点，让窗外效果虚化，做出"远虚近实"的对比效果，使整张图的效果和空间感变强。

请大家多想多思考，做到举一反三，不要刻意地去死记硬背具体参数值，要根据实际需求，结合效果图的表现内容，合理地设置参数。

☑ 提示 --

至于其他参数，如"模糊偏移""角度"等，基本上都可以用"UVW贴图"修改器来取代，这里就不具体介绍了。

在"位图参数"卷展栏下方单击"查看图像"按钮 查看图像 ，系统会弹出一个当前贴图的裁剪框，如图3-36所示。如果单击"查看图像"按钮 查看图像 ，发现没有反应，意味着贴图可能已经丢失，需要手动加载。

在裁剪框中，贴图上有一个红色矩形线框，即裁剪框。用户可以通过调整红色矩形框来控制裁剪范围，如图3-37所示，调整好裁剪范围后，切记返回"位图"层级，勾选"应用"选项，如图3-38所示，使裁剪生效。

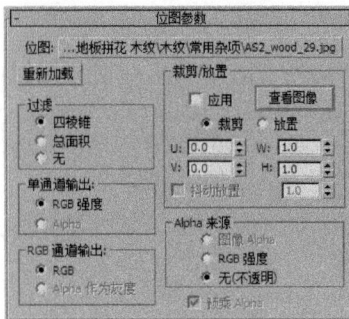
图3-36

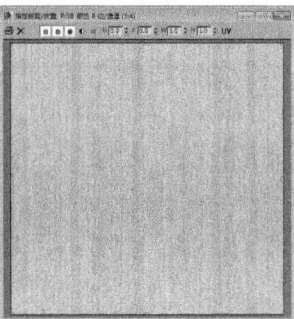
图3-37

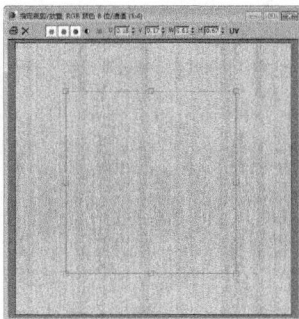
图3-38

☑ 提示 --

除了以上加载方法，用户也可以直接将图片拖曳到加载按钮■上，系统会生成贴图。

3.5.2 反射

▣ 视频演示：052 反射.mp4

扫码看视频

在室内效果图中，大部分材质是带有反射的，这都需要在"反射"选项组中进行设置。下面以木纹材质为例介绍"反射"选项组中的重要参数。注意，以下介绍顺序是根据设置流程决定的，与参数顺序无关。

1. 反射

"反射"选项组在"漫反射"下方，如图3-39所示，"反射"的色块默认为黑色。
"反射"颜色的算法可以理解为灰度计算，当"反射"颜色为黑色时，表示没有反射，如图3-40所示；白色表示完全反射；灰色的亮度强弱决定反射强弱。

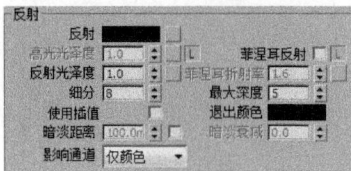
图3-39

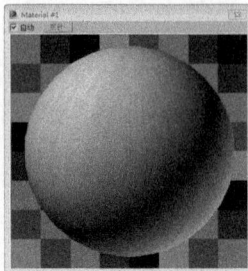
图3-40

单击"反射"的色块，在"颜色选择器:反射"中适当地将"小三角"按钮◁向下滑动一点，如图3-41所示，调整后的材质球表面会呈现反射效果，如图3-42所示。

将"小三角"按钮◁继续往下拖动，如图3-43所示，此时反射效果更强，木纹已经不明显了，材质球表面反射了更加清晰的环境色块，效果如图3-44所示；如果将"小三角"按钮◁拖到底部，颜色亮度为最大（255），整个材质球就处于完全反射状态。因此，"反射"颜色为全黑，意味着没有反射效果，这种情况通常出现在背景墙等对象上；当"反射"颜色为纯白，意味着材质球是全反射，常用于制作镜面类材质对象。

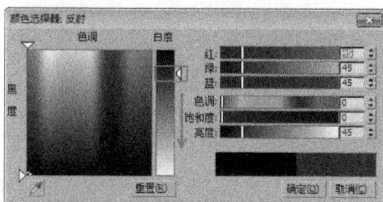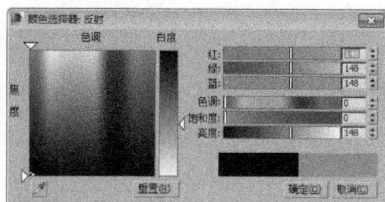

图3-41　　　　　　图3-42　　　　　　图3-43　　　　　　图3-44

单击"反射"的加载按钮▓，后续操作与"漫反射"相同，如图3-45所示，为"反射"加载一张黑白贴图，如图3-46所示，此时材质球效果如图3-47所示。注意，贴图中的黑色部分表示无反射，白色部分表示全反射。

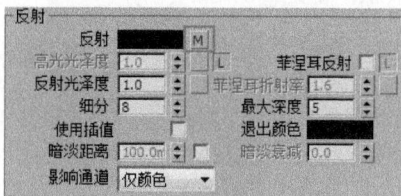

图3-45　　　　　　图3-46　　　　　　图3-47

2. 菲涅耳反射

"菲涅耳反射"的参数如图3-48所示。该选项可以快速地把很强的反射效果变得很弱，如图3-49所示。这是一个完全反射在勾选了"菲涅耳反射"之后的效果，其反射效果变得很弱。

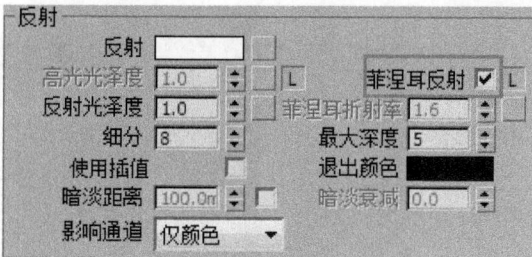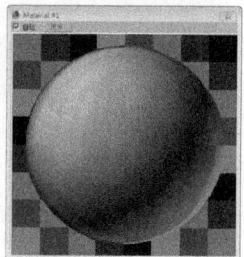

图3-48　　　　　　　　　图3-49

3. 反射光泽度

"反射光泽度"用于控制反射的模糊效果（默认数值为1），取值范围为0~1，如图3-50所示。在数值设置中，1表示没有反射模糊效果，数值越小，反射模糊越大。

注意，反射模糊效果的前提是材质球必须有反射效果。以前面的木材材质球为例，为材质球制作出反射效果，如果设置"反射光泽度"为1，也就是没有反射模糊，材质球效果如图3-51所示；如果设置"反射光泽度"为0.85，材质球效果如图3-52所示；如果设置"反射光泽度"为0.5，材质球效果如图3-53所示。

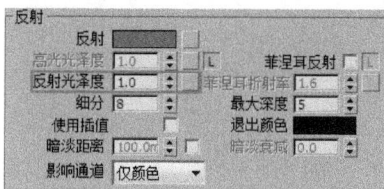

图3-50　　　　　　图3-51　　　　　　图3-52　　　　　　图3-53

因此，对于"反射光泽度"参数，数值越小，反射就越模糊。在设置反射模糊效果时，大家要根据材质的真实属性来确定，如木材、塑料和石材等物体的反射效果，因为其材料不同，反射模糊程度也不相同。

4. 细分

"细分"用于控制反射模糊的细腻度（默认值为8），数值越大，渲染出来的材质效果就越好。就一般商业效果图来说，如果材质贴图很大，"细分"设置为24左右。另外，如果计算机配置好，"细分"可以更高，相对的，渲染时间也会加长，大家可以根据实际情况来定。

5. 高光光泽度

"高光光泽度"即通常所说的高光，默认情况下，该选项为锁定状态，如图3-54所示，用户单击L按钮 L ，即可进行相关设置。

在室内效果图中，高光效果出现的前提是要有灯光。"高光光泽度"的取值范围为0~1，其中1表示没有高光效果，数值越小，高光范围就越大。

同样以木材材质球为例。将"高光光泽度"设置为0.9，如图3-55所示，此时材质球上的白色点就是高光点，如图3-56所示。

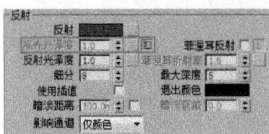 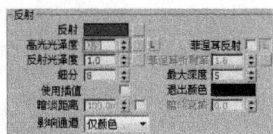 

图3-54　　　　　　　　图3-55　　　　　　　　图3-56

将"高光光泽度"设置为0.8，对比效果，发现高光点会大一些，同时高光点的边缘会变得更柔和，如图3-57所示。

将"高光光泽度"设置为0.6，高光点会变得更大，边缘更模糊，如图3-58所示。将"高光光泽度"设置为0.5，效果如图3-59所示。因此，"高光光泽度"的数值越小，高光点就越大，且高光点边缘也会越柔和。

图3-57　　　　　　　　图3-58　　　　　　　　图3-59

6. 最大深度/退出颜色

"最大深度"控制反射的深度次数（默认值为5），"退出颜色"就是当反射结束后，以一个颜色来取代，而不会继续反射（默认颜色为黑色），如图3-60所示。注意，"最大深度"越大，渲染越慢，反射细节越多。

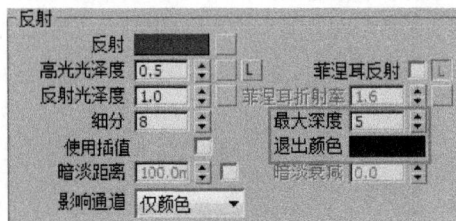

图3-60

举个例子，将两块镜子放在一起，这两个镜子会互相反射出景象，理论上反射是无限循环的。"最大深度"就是用于控制此处的反射次数。默认5即表示反射5次，然后"退出颜色"就代替第6次，表示没有继续反射下去。如果做的图是特写效果，如砖、镜子产品等，就可以适当将"最大深度"设置大一些；如果是普通的装修，没有特别需要表现的对象，保持默认5即可。

3.5.3 折射

▣ 视频演示：053 折射 .mp4

图3-61

扫码看视频

"折射"主要用于表现玻璃、水、钻石等透明材质的效果。"折射"选项组如图3-61所示。"折射"色块和"反射"色块原理类似，纯黑表示没有折射，纯白表示完全折射。

1. 折射

创建一个材质球，设置"漫反射"为白色，然后单击"折射"色块，打开"颜色选择器:折射"对话框，将对话框中的"小三角"按钮往下拖动一些，如图3-62所示，材质球效果如图3-63所示。通过这个材质球，可以看到色块模拟的环境。如果设置"折射"颜色为纯白，效果如图3-64所示，这就是全折射的效果。

图3-62

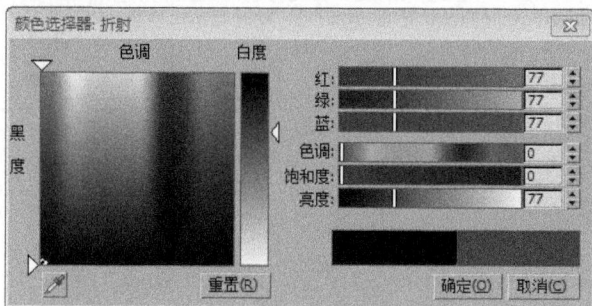
图3-63

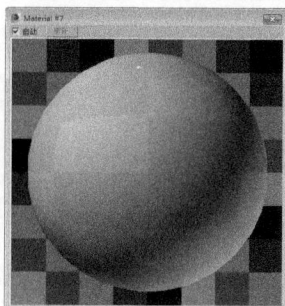
图3-64

通过以上操作可以看出，"折射"的原理与"反射"相同，即黑色为没有折射，白色为全折射。

2. 折射率

为什么透过材质球看到的背景色块是歪的呢？因为透明对象有"折射率"，参数面板如图3-65所示。不同的材质，其折射率是不同的，大家在设置"折射率"的参数值时，直接使用真实的物理参数即可。

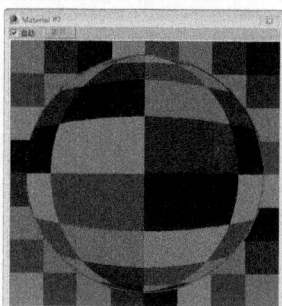
图3-65

3. 最大深度/退出颜色

"最大深度"和"退出颜色"的使用方法与原理和"反射"是类似的，只是此处是用于控制折射效果的。

4. 烟雾颜色

"烟雾颜色"可以将透明的物体染色，如有色玻璃和带颜色的液体等；"烟雾倍增"用于控制染色的浓度，默认为1，这里建议大家测试的时候先用0.01。下面设置"烟雾颜色"为蓝色（红:186，绿:225，蓝:253）、"烟雾倍增"为0.01，如图3-66所示，材质球效果如图3-67所示。

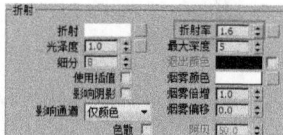
图3-66

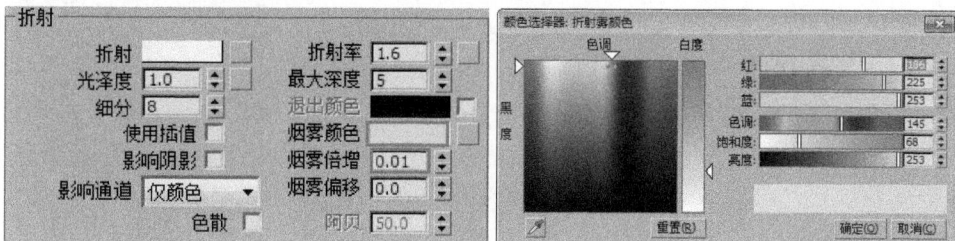

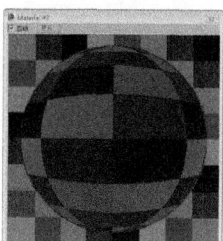
图3-67

93

5. 影响阴影

"影响阴影"是控制透光性能的参数，常用于制作灯罩、窗纱等透光材质，参数如图3-68所示。注意，在设置折射材质时，如果不勾选"影响阴影"，光是无法穿透对象的；勾选后，材质才会有透光能力。

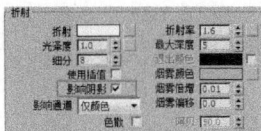

图3-68

3.5.4 双向反射分布函数

▣ 视频演示：054 双向反射分布函数 .mp4

"双向反射分布函数"可以让渲染图的细节更好，参数如图3-69所示。

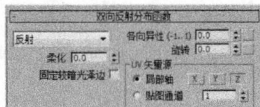

图3-69

1. 高光类型

高光类型主要用于进一步控制高光，共有"多面""反射"和"沃德"3个参数，默认为"反射"类型，如图3-70所示。

创建一个白色的材质球，并提供反射，设置"高光光泽度"为0.8，下面以此测试。选择"反射"的效果如图3-71所示，选择"多面"的效果如图3-72所示，选择"沃德"的效果如图3-73所示。

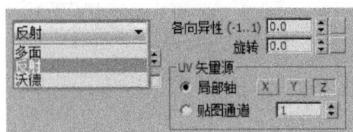

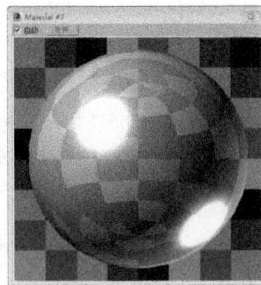

图3-70　　　　　　图3-71　　　　　　图3-72　　　　　　图3-73

可见，同样的"反射"参数，"多面"的高光区域最小，可以用于制作某些特殊的材料，如塑料材质的一些特写效果；"反射"是默认值，可以用于制作大部分的材料；"沃德"的高光区域最大，因为其高光效果比较夸张，所以一般情况下很少用。

2. 各向异性

"各向异性"可以调整高光区域的形状，默认为圆形，默认参数为0，以图3-73的材质球为例，设置"各向异性（-1..1）"为 - 0.6、"旋转"为90，如图3-74所示。此时的高光形状和方向都发生了变化，如图3-75所示。在做单品渲染时，通常会用该参数来进行细节刻画。

图3-74　　　　　　图3-75

3.5.5 贴图

▶ 视频演示：055 贴图 .mp4

扫码看视频

除了前面介绍的VRayMtl材质的重要参数，"贴图"卷展栏也是比较常用的，如图3-76所示。展开"贴图"卷展栏，卷展栏的左边有很多熟悉的参数，中间有参数输入框，大部分默认值为100，接着是复选框，右面是贴图加载按钮。如图3-77所示，以"漫反射"为例，此处的"漫反射"与前面介绍的"漫反射"是同一个参数，因为前面加载了木材贴图，所以加载按钮上会出现该木材贴图的名称，单击木材贴图的名称，同样可以进入"贴图"层级。

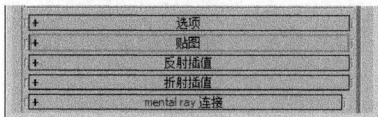
图3-76

图3-77

1. 混合量

混合量（参数输入框）是控制贴图和颜色的混合程度，复选框主要控制开启或关闭贴图。如果未勾选复选框，贴图将会失效，即使加载了贴图，"漫反射"还是会以色块内的颜色作为材质表面效果；如果勾选复选框，"漫反射"则贴图为材质表面纹理。这里需要注意文本框内的数值（该数值生效的前提是勾选复选框），100表示100%，即100%由贴图去控制；如果参数为50，则表示50%由贴图控制，剩下的50%（100%－50%）由色块内的颜色控制，即此时的"漫反射"由50%的贴图和50%的色块混合控制。

举个例子，将"反射"颜色设置为红色，并加载一张木纹贴图，如图3-78所示，默认状态如图3-79所示。

此时"混合量"为100，表示"漫反射"只由贴图控制。将100改为70，如图3-80所示，表示以70%的贴图和30%的颜色混合控制"漫反射"，此时材质的木纹效果会染上一定的红色，如图3-81所示。

图3-78

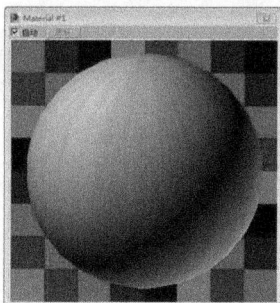
图3-79

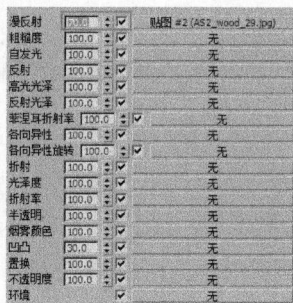
图3-80

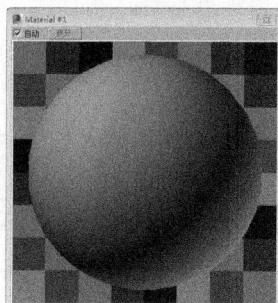
图3-81

☑ 提示 ------

混合量一般用于应急情况。例如，客户指定一张木材，但是对渲染效果不满意，认为偏黄或太浅了。这个时候，大家会理所应当地使用Photoshop修改贴图颜色，然后重新加载贴图，但这样会降低工作效率。此时，可以尝试一下用白色作为"漫反射"颜色，然后调整混合量，即以80%的木材贴图和20%的白色底色混合生成新贴图，不仅操作简单，而且效果也更好控制。

2. 凹凸

"凹凸"是一个常用的功能，其加载贴图的方法与"漫反射"一样，如图3-82所示。"凹凸"的强度值默认为30，如图3-83所示。

由材质效果可以很明显地看出，木材有了凹凸感，如果把强度值提高，凹凸感就会更强烈。注意，"凹凸"中的贴图最好是黑白贴图，因为"凹凸"的计算原理同样为黑白计算。

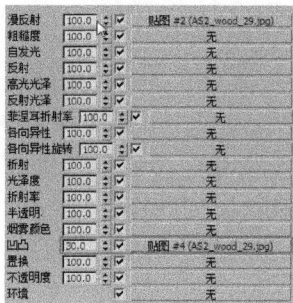
图3-82

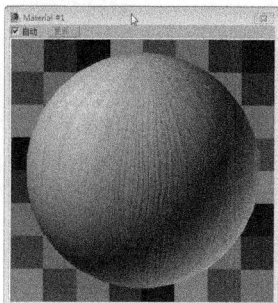
图3-83

95

3.6 室内常见材质的贴图类型

单击VRayMtl材质参数后的加载按钮 ▓，打开"材质/贴图浏览器"对话框，如图3-84所示。该对话框包含3ds Max和VRay中的贴图类型。

图3-84

以"漫反射"为例，仅调整"漫反射"的颜色远远不能满足我们的需求，所以要为"漫反射"加载贴图来满足需求，如"位图"。在室内效果图中，设计师都会通过贴图模拟"漫反射""反射""折射"这3大属性，从而组合成需要的材质效果。

3.6.1 常用贴图：位图

关于"位图"，在前面的"漫反射"中已经介绍了重点知识，此处不再赘述。注意，"位图"可以用在"漫反射"中，也可以用在"反射""折射"和"凹凸"等参数中。如果用在"漫反射"中，表示材质表面纹理效果；如果用在"反射"中，材质反射会以贴图的颜色信息作为基准，即贴图中明度有变化，反射就会跟着变化。另外，如果贴图是彩色的，那么反射效果也会染上颜色，即与直接设置颜色是一样的，只是直接设置颜色的效果非常单一，"位图"则是颜色信息多变。同理，"折射""凹凸"亦是如此。

另外，大家在准备"位图"贴图的时候，尽量准备高分辨率的图片，这样可以提高材质的效果。

3.6.2 地砖专用：平铺

扫码看视频

▣ 视频演示：056 地砖专用：平铺.mp4

"平铺"主要用于制作地砖拼接效果。在做地砖材质时，如果位图带砖缝，可以直接使用贴图，如图3-85所示，这个砖的贴图是自带砖缝的，直接加载到"漫反射"即可。

当贴图没有砖缝时，就需要使用"平铺"贴图来制作砖缝，首先为"漫反射"加载一张"平铺"贴图，如图3-86所示。

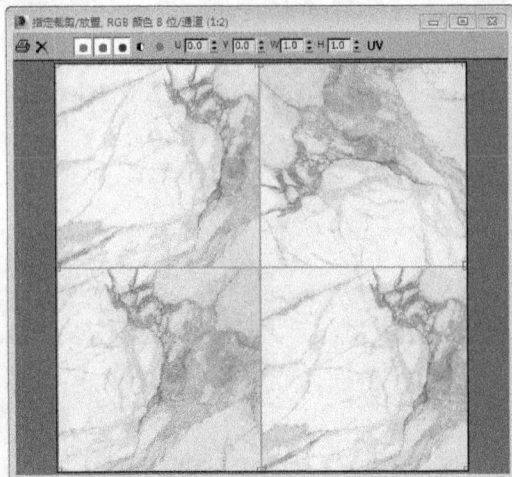

图3-85

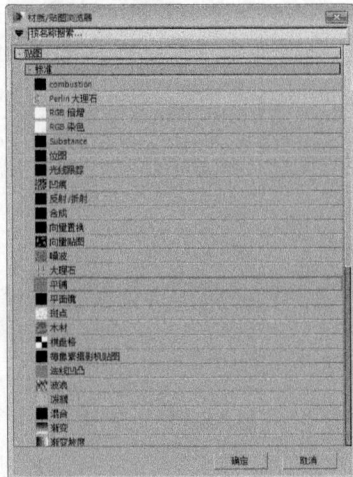

图3-86

"平铺"的参数面板如图3-87所示，下面以长2000mm、宽2000mm、高200mm的长方体为例，将材质指定给对象，地砖砖缝效果的雏形如图3-88所示。

下面介绍如何调节地砖效果。打开"预设类型"的下拉列表，其中有很多砖缝类型，默认为常用的"堆栈砌合"，如图3-89所示。

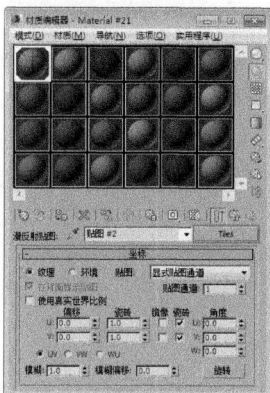

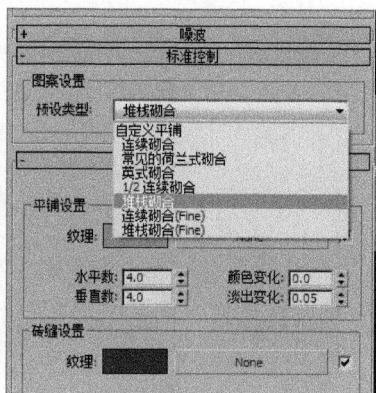

| 图3-87 | 图3-88 | 图3-89 |

以400mm×400mm的地砖为例，在"高级控制"中，可以设置"平铺设置"和"砖缝设置"。用户可以根据"平铺设置"的色块自由改变地砖颜色，也可以通过加载按钮 None 为材质指定贴图纹理。现在我们把颜色设置为白色，然后设置"水平数"和"垂直数"均为1，如图3-90所示，效果如图3-91所示。

图3-91中，整个长方体只有一块地砖效果，如果要表现地砖拼接效果或改变地砖的贴图大小，可以为长方体加载"UVW贴图"修改器，然后设置"贴图"为"长方体"，将贴图尺寸设置为400mm×400mm×400mm，如图3-92所示，效果如图3-93所示，此时，400mm×400mm的地砖拼接效果就制作完成了。注意，对于长方体贴图效果中出现的白边，可以指定没有砖缝的贴图来表现。

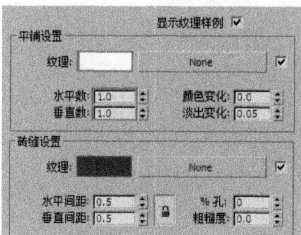

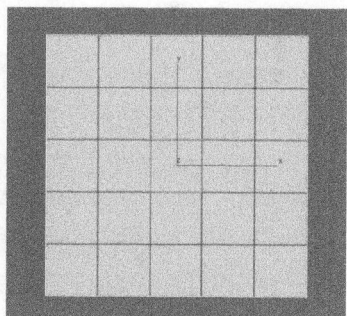

| 图3-90 | 图3-91 | 图3-92 | 图3-93 |

同样，在"砖缝设置"中也可以设置砖缝的颜色和大小，默认如图3-94所示。如果把颜色改成红色，设置砖缝大小（"水平间距"和"垂直间距"）为5，如图3-95所示，效果如图3-96所示。

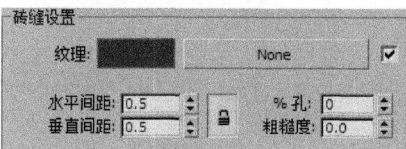
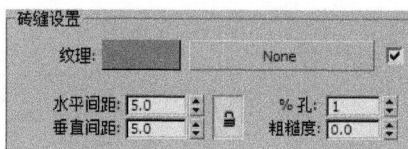

| 图3-94 | 图3-95 | 图3-96 |

☑ 提示 --->

普通家装的地砖砖缝可以设置为0.15左右，如果是距摄影机很远的砖，需要表现出砖缝，可以灵活地把砖缝调大。

3.6.3 室内万能：衰减

▣ 视频演示：057 室内万能：衰减 .mp4

"衰减"是一个非常实用的贴图，在室内效果图中，几乎是万能的。以木纹材质的"反射"为例，设置其"反射"的明度（亮度）为60，如图3-97所示，材质球效果如图3-98所示。**扫码看视频**

此时，该材质表面的反射力度是平均的，如果把这个材质指定给地板，地板的反射效果也是平均的，即无论离摄影机近的地方还是离摄影机远的地方，反射力度都一样，这样画面会比较平，缺乏层次感。

如果只为"反射"加载一张"衰减"贴图，如图3-99所示，"衰减"的参数面板如图3-100所示。

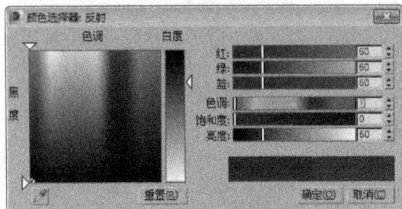

图3-97

图3-98

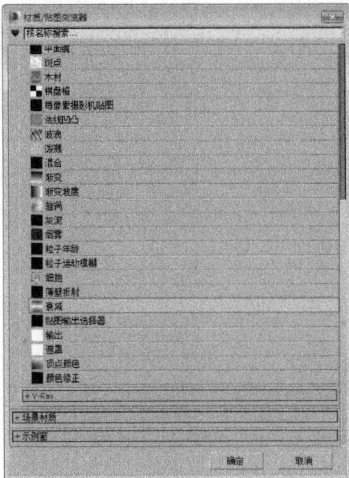

图3-99

图3-100

1. 衰减原理

"衰减参数"中的"前""侧"分别是黑色和白色，表示颜色从黑色衰减到白色，将其加载到"反射"中，材质球的效果如图3-101所示。

对比图3-98的效果，使用"衰减"的材质球的反射效果不是平均的，球体的边缘有很强的反射，球体中心的反射最弱，且有一个衰减的过程。"反射"的原理是"白反黑不反"，而"衰减"的默认变化是黑到白，即衰减效果为从中心的不反射到侧面的反射。如果想得到不反射到中等反射的效果，只需要修改白色为灰色，如图3-102所示，材质球的效果如图3-103所示，这就是从中间不反射（黑色）到边缘中等反射（灰色）的效果。

图3-101

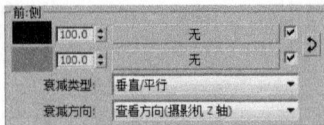

图3-102

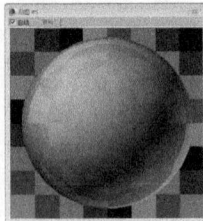

图3-103

2. 衰减类型

"衰减类型"是决定衰减计算方式的参数，默认为"垂直/平行"，其反射力度比较大。在下拉菜单中，给出5种不同的衰减类型，如图3-104所示。

在室内效果图中，常用的有"垂直/平行"和Fresnel。相对"垂直/平行"，Fresnel的反射力度要弱一些，相同"反射"参数下的Fresnel效果如图3-105所示。

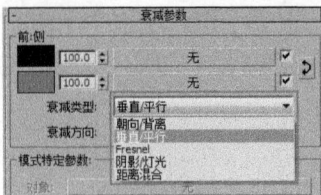

图3-104

图3-105

98

3. 衰减的使用

在"前""侧"后都有贴图通道按钮 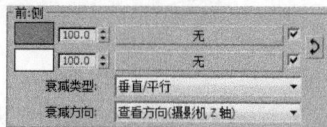 ，用户可以在其中加载贴图。假如在"前"通道（黑色）加载图片A，表示从图片A衰减到下面的颜色；如果同时在"侧"通道（白色）中加载图片B，表示从图片A衰减到图片B。

"衰减"贴图在"反射"中可以控制反射力度，这是室内效果图中很常用的方法，它可以让对象的反射有渐变，从而产生过渡、层次感。同理，衰减在"漫反射"中可以把对象表面表现得有变化。假如在"漫反射"中加载"衰减"贴图，如图3-106所示，材质球效果如图3-107所示，材质的表面从红色过渡到白色。在室内效果图中，"漫反射"中的"衰减"常用于制作布料、沙发等对象的表面效果。

图3-106　　　　　　　　　　　　　　　　图3-107

3.6.4 混合贴图

▶ 视频演示：058 混合贴图.mp4

扫码看视频

在室内效果图中，经常会看到一些带花纹的对象，遇到这种情况，就需要将两种材质混合在一起来表现。举个例子，要制作一面有木纹贴花的白墙，这面墙上的材质就有两种——乳胶漆和木纹。在制作这个材质时，就需要混合两种材质。

单击VRayMtl按钮 ，如图3-108所示，打开"材质/贴图浏览器"对话框，然后选择"混合"，如图3-109所示。

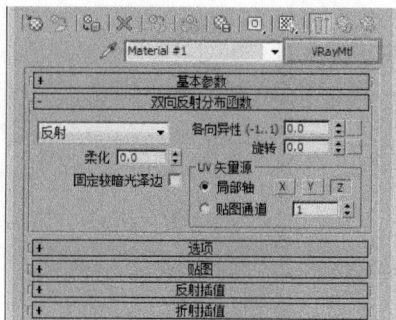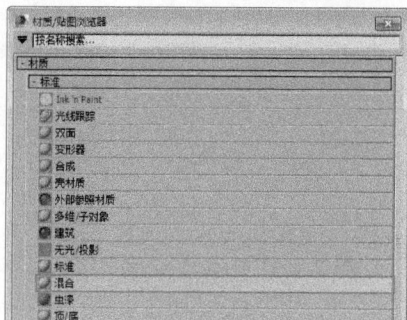

图3-108　　　　　　　　　　　　　　　　图3-109

完成上述操作后，系统会弹出一个对话框，询问是否替换材质，如图3-110所示。这里建议大家选择丢弃，然后在后续操作时加载需要的子材质即可。

"混合"的参数面板如图3-111所示，主要参数有"材质1""材质2"和"遮罩"，下面要做的是白墙和木纹的混合，在"材质1"中指定一个VRayMtl材质，设置"漫反射"为纯白，表示白墙材质；在"材质2"中同样指定VRayMtl，然后设置好木纹材质的各个参数，如图3-112所示。

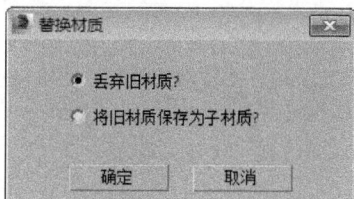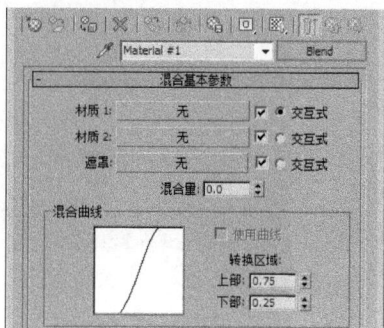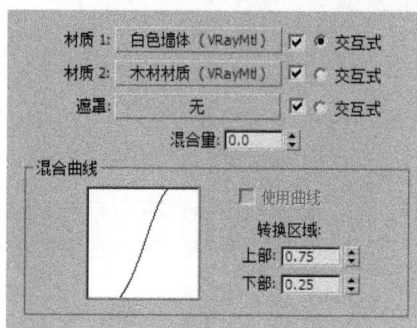

图3-110　　　　　　　　图3-111　　　　　　　　图3-112

下面进行混合处理。"混合"的重点是按特定花纹进行操作，为特定的地方混合特定的材质。因此，还需要一张花纹的黑白贴图，如图3-113所示，然后将其加载到"遮罩"通道中，如图3-114所示。

回到VRayMtl材质面板，材质的正方体效果如图3-115所示。"混合"材质的原理很简单，即以一张黑白贴图将两种不同的材质混合起来，其中黑色部分显示"材质1"，白色部分显示"材质2"。

图3-113

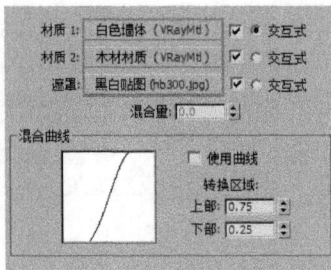

图3-114

图3-115

3.6.5 VRay灯光材质

▶ 视频演示：059 VRay 灯光材质 .mp4

扫码看视频

在室内效果图中，对于灯片、筒灯、灯管等自发光对象，可以使用"VRay灯光材质"来表现。"VRay灯光材质"如图3-116所示，默认材质球效果如图3-117所示。使用"颜色"色块可以控制材质的发光颜色，使用后面的参数值可以调整自发光的强度。

另外，"VRay灯光材质"还可以用于模拟有背景图像的发光对象，即在贴图通道中加载位图，如图3-118所示，材质球效果如图3-119所示。

图3-116

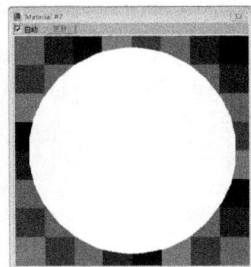

图3-117

图3-118

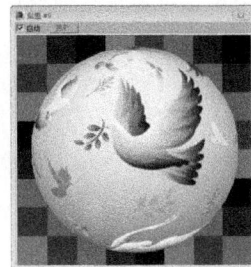

图3-119

☑ 提示 ------

拓展一下思维，大家可以使用3ds Max测试一下。如果这里加载的不是贴图，而是衰减，效果会怎样呢？是不是连灯光都可以做成带衰减变化的效果呢？

3.7 室内常见材质实战

本节给大家演示的是室内材质的制作方法，其中的参数值仅供参考。在真实的室内设计中，所有的材质参数都是可变的，即便是同样的材质，在不同空间中，其效果都是不一样的。因此，建议大家不要对参数值进行死记硬背，要配合当前场景效果进行调整。切记，材质效果是随环境变化而变化的。

实战：制作木纹材质

场景位置	无
实例位置	实例文件>CH03>实战：制作木纹材质
视频名称	实战：制作木纹材质.mp4
难易指数	★★☆☆☆
技术掌握	贴图的模糊度、高光、反射模糊、凹凸

扫码看视频

木纹材质的模拟效果如图3-120所示。

01 新建一个VRayMtl材质球，为"漫反射"加载一张"木材"贴图，如图3-121所示。贴图的选择非常重要，初学者会发现即便参数没有问题，渲染出来的效果也很假，这是因为贴图质量不过关，建议大家尽量挑选超清、像素高的贴图。

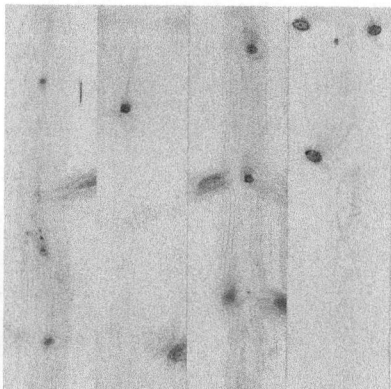

图3-120　　　　　　　　　　　　　　　　　　　　图3-121

02 加载好贴图后，进入"位图"层级，把"模糊"设置为0.01，如图3-122所示，让木纹的纹路更加清晰。

03 设置"反射"。设置"反射"颜色的"亮度"为30（反射值不固定，可以根据实际情况调整），然后设置"反射光泽度"和"高光光泽度"均为0.85，如图3-123所示。

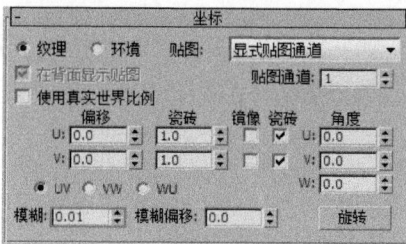

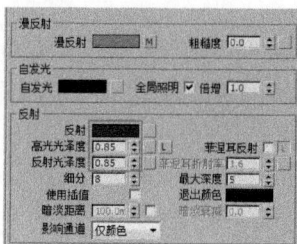

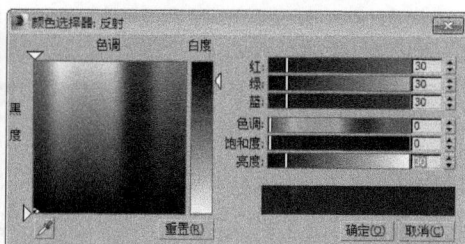

图3-122　　　　　　　　　　　　　　　　　　图3-123

04 设置材质凹凸效果。打开"贴图"卷展栏，把"漫反射"的贴图拖曳复制到"凹凸"通道中，并设置"凹凸"为15，如图3-124所示，材质球的效果如图3-125所示。

05 对材质进行测试，这里笔者用了专门的测试场景，测试效果如图3-126所示。

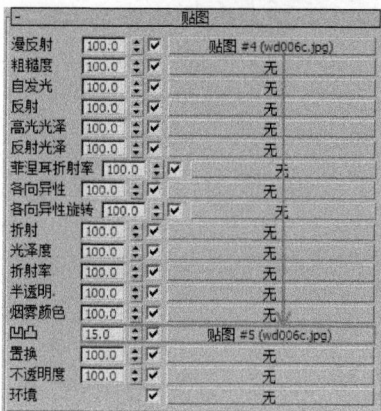

图3-124　　　　　　　　　　图3-125　　　　　　　　　　图3-126

☑ 提示 - >

因为材质测试涉及后面的灯光和渲染，大家自己做的材质可以直接放在笔者提供的测试场景中进行测试。另外，本书不做特别说明的情况下，所有材质球都以VRayMtl为主。

实战: 制作烤漆材质

场景位置	无
实例位置	实例文件>CH03>实战: 制作烤漆材质
视频名称	实战: 制作烤漆材质.mp4
难易指数	★★☆☆☆
技术掌握	漫反射的颜色控制、反射力度、高光、反射模糊、菲涅耳反射

烤漆材质的测试效果如图3-127所示。

01 在"漫反射"中设置一个烤漆颜色。因为制作的是常见的暗红色烤漆，所以"漫反射"颜色为暗红色（红:64，绿:0，蓝:0），如图3-128所示。

图3-127

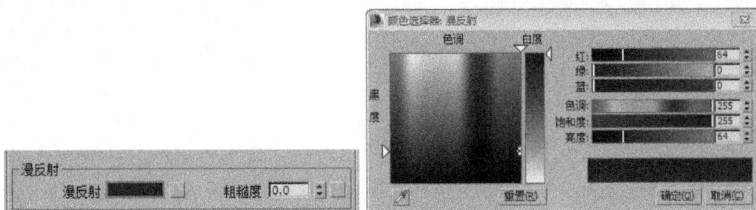

图3-128

02 设置材质的反射效果。设置"反射"颜色的"亮度"为133，然后勾选"菲涅耳反射"，接着设置"反射光泽度"和"高光光泽度"为0.8，如图3-129所示，材质效果如图3-130所示。因为烤漆材质是非常光滑的，所以没有凹凸属性。

03 将材质指定到测试场景中，测试效果如图3-131所示。

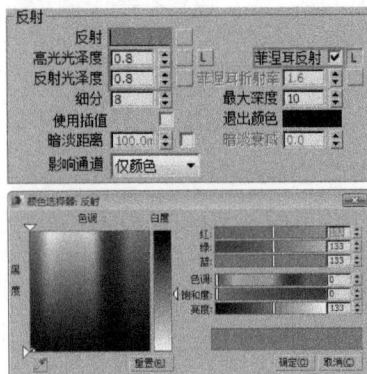

图3-129

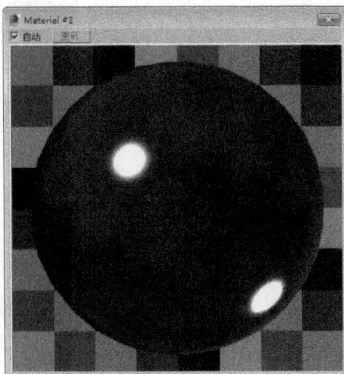

图3-130

图3-131

实战: 制作大理石材质

场景位置	无
实例位置	实例文件>CH03>实战: 制作大理石材质
视频名称	实战: 制作大理石材质.mp4
难易指数	★★☆☆☆
技术掌握	贴图模糊度、反射、高光、反射模糊、菲涅耳反射

大理石材质的测试效果如图3-132所示。

01 为"漫反射"加载一张大理石贴图，如图3-133所示。注意，同前面的木纹一样，可以考虑设置"模糊"为0.01。

图3-132　　　　　　　　　　　　　　　　　　　　　　　图3-133

02 设置反射效果。设置"反射"颜色的"亮度"为100，然后勾选"菲涅耳反射"，接着设置"高光光泽度"为0.8、"反射光泽度"为0.98，如图3-134所示，材质球效果如图3-135所示。因为大理石表面是光滑的，所以不考虑凹凸效果。

03 对材质球进行测试渲染，渲染效果如图3-136所示。

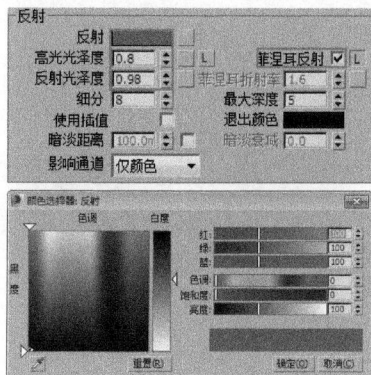

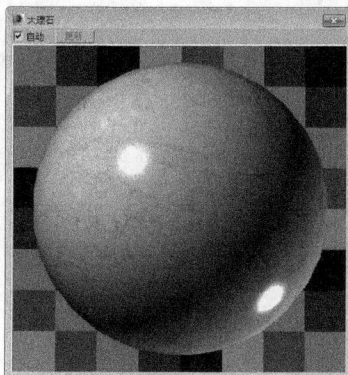

图3-134　　　　　　　　　　　图3-135　　　　　　　　　　　图3-136

实战：制作清玻璃材质

场景位置	无
实例位置	实例文件>CH03>实战：制作清玻璃材质
视频名称	实战：制作清玻璃材质.mp4
难易指数	★★★☆☆
技术掌握	反射、菲涅耳反射、折射、烟雾颜色、烟雾倍增

扫码看视频

清玻璃的测试效果如图3-137所示。

图3-137

01 对于玻璃材质，"漫反射"设置为纯白即可，因为玻璃不靠漫反射表现。设置"反射"颜色的"亮度"为180，然后勾选"菲涅耳反射"，其他参数保持默认即可，如图3-138所示。

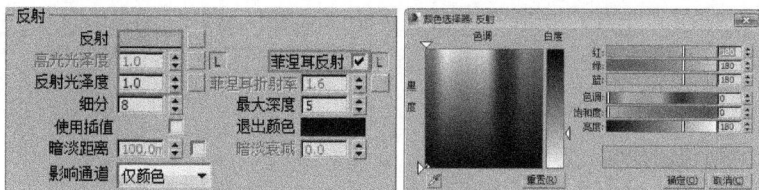

图3-138

02 玻璃的重点是折射。设置"折射"颜色的"亮度"为242，然后设置"光泽度"为1、"折射率"为1.5、"细分"为8，并勾选"影响阴影"，如图3-139所示。

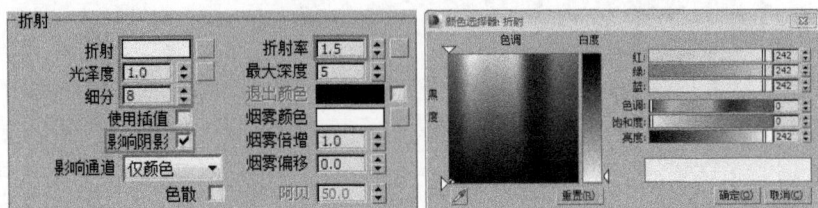

图3-139

03 设置"烟雾颜色"为浅绿色（红:221，绿:254，蓝:186）、"烟雾倍增"为0.01，如图3-140所示，材质球效果如图3-141所示。

04 对材质球进行测试渲染，效果如图3-142所示。

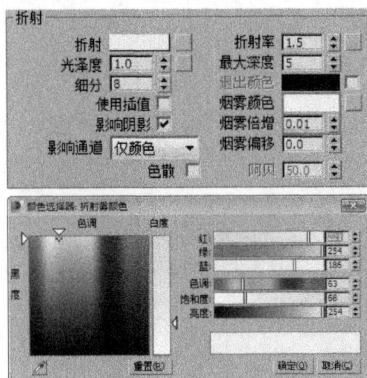

图3-140

图3-141

图3-142

第4章

灯光

灯光向来是初学者的难点，但所谓千变万化的灯光，其实是几个固定灯光的组合结果。现在，让我们一起走进室内设计的灯光世界，掌握打光的要领。

本章学习重点

▶ 室内常用的灯光类型

▶ 室内常用的打光方法

4.1 光度学

3ds Max中有"光度学"和"标准灯光"两种默认灯光，当加载了VRay渲染器后，会提供VRay灯光。目前，在室内效果图的灯光中，通常使用"光度学"和VRay两类灯光，下面介绍"光度学"灯光。

4.1.1 目标灯光与自由灯光

▶ 视频演示：060 目标灯光与自由灯光.mp4

扫码看视频

下面创建一个小场景来讲解灯光，因为渲染灯光效果是需要设置好VRay渲染参数的，所以本章的所有渲染测试过程都是在既定的VRay渲染参数下进行。如果大家跟着本书来练习，发现结果和书中不一样，可以参考渲染章节的内容设置相关渲染参数。小场景如图4-1所示。

按图4-2所示的方法进入"光度学"层级，本书只介绍"目标灯光"和"自由灯光"。

图4-1

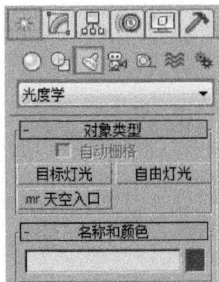
图4-2

单击"目标灯光"，然后在前视图中从上往下拖曳一个目标灯光，黄色的大圆球是灯光本体，下面的方框是目标点，如图4-3所示。切换到顶视图，将灯光本体和目标点都移动到靠墙体的位置，如图4-4所示。注意，目标点的位置并非光线的终点，它只是一个参考的方向点。

选中灯光的本体，进入"修改"面板，参数如图4-5所示。灯光的参数非常烦琐，但是本书会核心化处理。以笔者多年绘制效果图的经验，可以很负责任地告诉大家，没必要去学习每一个灯光参数，因为在灯光布置中，都是几个固定参数的搭配使用，注意控制具体参数值的效果即可。

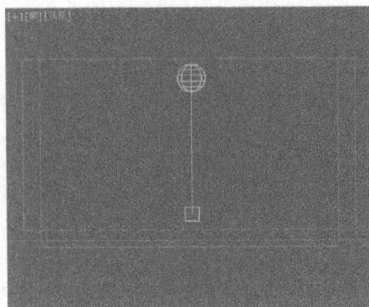
图4-3

图4-4

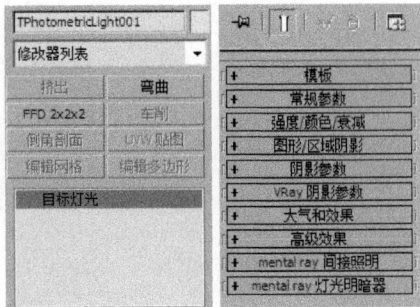
图4-5

1. 常规参数

"常规参数"卷展栏如图4-6所示。只有勾选了"启用"选项，灯光才会有效，大家可以将其理解为灯光的开关。"目标"选项主要用于激活目标点，如果勾选就是"目标灯光"，用户可以利用目标点自由操控灯光的目标方向；如果不勾选，就会变成"自由灯光"，即没有目标点。所以，目标灯光和自由灯光的差别就是有没有目标点，其余的参数几乎一模一样。

对于"阴影"，必须勾选"启用"，然后在下拉菜单中选择"VRay阴影"，其他的不用考虑。记住，使用VRay渲染器就必须选"VRay阴影"，如图4-7所示。

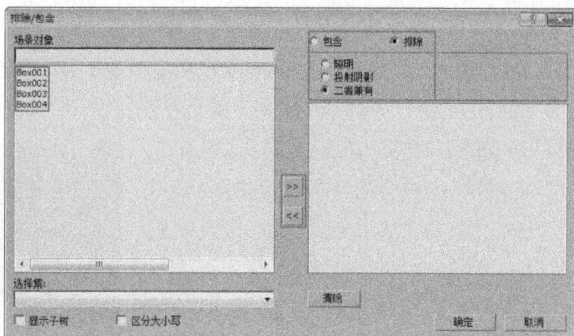

对于"排除"按钮 排除... ，一般用不到，我们仅用其来处理一些特殊情况。单击"排除"按钮 排除... ，打开"排除/包含"对话框，左边会显示场景中所有对象的名称，右边有"包含"和"排除"选项，如图4-8所示。理论上，室内灯光可以照射室内的所有对象（被对象挡住除外），且对象会产生阴影。如果想让灯光只照亮物体A，不照亮物体B，或者只需要物体A有阴影，不要物体B出现阴影，那么就会用到"包含/排除"选项。

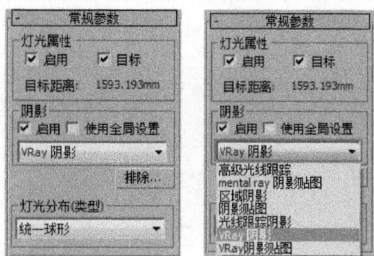

图4-6　　　　　图4-7　　　　　　　　　图4-8

2. 加载光度学文件

"灯光分布（类型）"有4种类型，如图4-9所示，其中"光度学Web"是必须选的。选择"光度学Web"后，会出现"分布（光度学Web）"卷展栏，单击"选择光度学文件"按钮 <选择光度学文件> ，如图4-10所示，系统会弹出窗口让用户选择光度学文件。

什么是光度学文件？即俗称的以.ies为后缀的光域网文件，这种文件在互联网上很容易找到，渲染出来的就是各种射灯的光效，如图4-11所示。注意，每个光域网文件的形态是固定的，因此，我们要准备很多不同类型的光域网文件以供设计使用。加载好光域网文件后，卷展栏会发生变化，如图4-12所示，光域网的效果样式会出现在面板中。

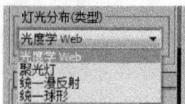

 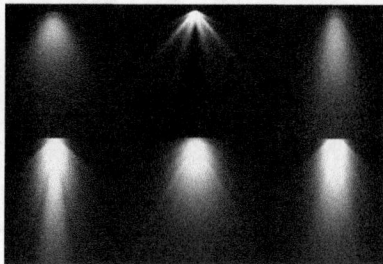 

图4-9　　　　　图4-10　　　　　　　图4-11　　　　　　　图4-12

3. 设置灯光颜色和强度

打开"强度/颜色/衰减"卷展栏，如图4-13所示。在该卷展栏中，可以设置灯光的颜色和强度。在"过滤颜色"处单击色块，可以设置灯光的颜色，然后选择"强度"为cd，"强度"大小需根据实际情况调节，这里设置为5000。

☑ 提示 --

有些读者可能会有一些问题，即"强度"设置得很大，但灯光仍然很暗。因为每个光域网文件不但形状是固定的，而且强度的函数值也是固定的，所以不同光域网的差别很大。在实际操作中，大家要不断地测试，以求得合理的参数值。

图4-13

对于"目标灯光"，大家掌握好前面介绍的参数即可，为了契合工作，本书以后把"目标灯光"称为光域网。另外，对于"高光反射"，其参数如图4-14所示，勾选后，该灯光可以产生高光，如果不希望灯光产生高光，可以不勾选。

现在渲染一下灯光效果，如图4-15所示。

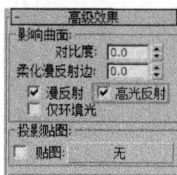 

图4-14　　　　　　　　图4-15

光域网（光度学文件）在室内效果图中占据着非常重要的地位。我们看到的设计图，只要有射灯、筒灯的地方，都会有光域网。甚至在没有射灯的地方也会有光域网，此时的光域网，是为了增加室内灯光的层次感，让效果图更加丰富。

以图4-16的场景为例，此时的光域网照射下面的茶壶，起到了直接照明的作用。再看图4-17的渲染效果，茶壶被照亮的同时，墙体还有很明显的明暗效果。因此，一张好图不仅要光亮通透，还要有强烈的明暗关系来体现空间的层次感，而光域网就起到这个作用。

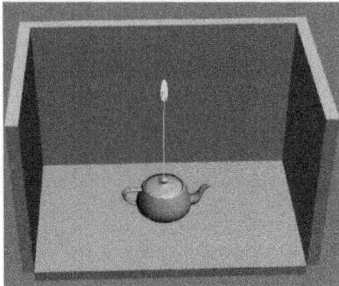

图4-16

图4-17

当光域网照射到某一个模型上面时，模型的受光处会变亮，没受光处不会变亮，这时模型本身的明暗效果就会呈现出来。总之，光域网可以让室内设计的明暗关系保持得很好。

另外，在使用光域网时，要注意光域网的位置和方向。现在复制两个光，位置如图4-18所示。这3个光域网距离墙体的远近关系是由远到近，渲染后的效果如图4-19所示。所以很明显地看出，光域网太近，效果会曝光；光域网太远，光效会弱化。因此，大家在打光时要不断调试，直到灯光处于合适位置。

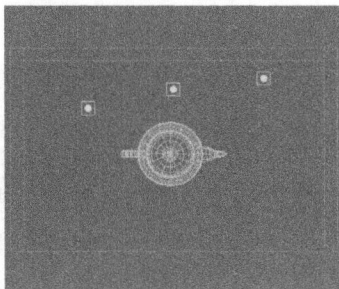

图4-18

图4-19

同样的场景，把角度拉近，渲染效果如图4-20所示。观察茶壶，这里出现了3个阴影，也就是说，每个光域网都会产生一个阴影。因此，要制作出多少层阴影，就要适当增加多少个光域网。不过，要注意控制好灯光强度和距离。另外，从图4-20中还可以看出，光域网与物体的距离也会影响阴影效果，相同的灯光强度下，不同的距离，其阴影强弱也不同。

图4-20

☑ 提示 ----------------------------------->

在创建"目标灯光"时，从正常视图观察，灯光位置毫无问题，如图4-21所示。如果将视图放大，可以很明显地发现，灯光已经"跑"到模型内部去了，如图4-22所示。

因此，在创建灯光时，一定要检查清楚！这是一个很容易犯的错误。如果灯光进入模型内部，是无法渲染出灯光效果的。

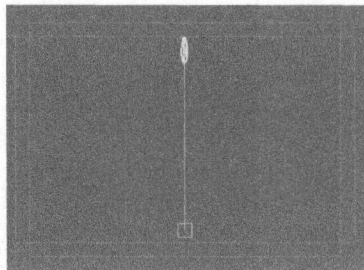

图4-21

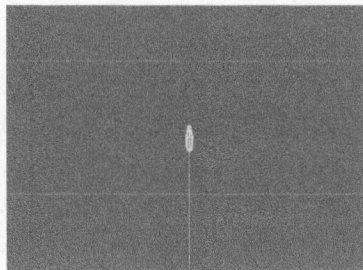

图4-22

4.2 VRay

VRay光源是室内设计中的重要灯光，目前，基本上所有的效果图设计都会使用VRay光源。注意，VRay光源一般都会搭配"光度学"灯光一起使用。

4.2.1 VRay灯光

▷ 视频演示：062 VRay 灯光 .mp4

"VRay灯光"是VRay渲染器提供的灯光，且在室内效果图中几乎取代了3ds Max默认的 **扫码看视频**"标准灯光"。以图4-23所示的方法激活"VRay灯光"，其参数面板如图4-24所示。"VRay灯光"的参数并不多，用法也非常简单。实际上，灯光重要的不是参数，而是如何搭配处理。下面介绍"VRay灯光"在室内效果图中的重要参数。

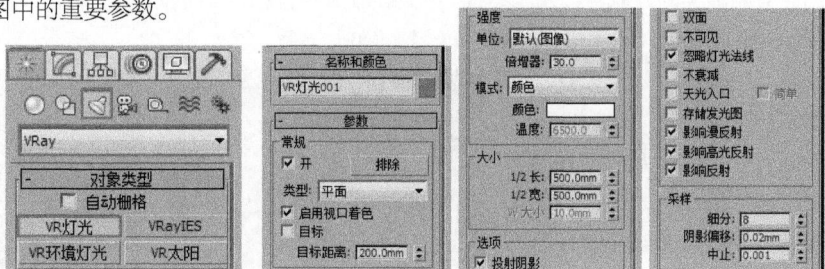

图4-23   图4-24

1. 常规

在"常规"选项组中，勾选"开"表示开灯，不勾选表示关灯，这与光域网相同；"排除"的使用方法和原理也与光域网相同。在"类型"后的下拉列表中，包含了"VRay灯光"的类型，如图4-25所示，其中常用的是"平面"光和"球体"光。

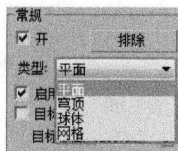

图4-25

2. 强度

"强度"选项组的参数主要用于调整灯光的强度、大小和颜色，如图4-26所示。其中，"倍增器"用于调整灯光的强度，"颜色"用于调整灯光的颜色，"大小"用于调整灯光的尺寸。注意，不同的灯光类型，其参数是不同的。

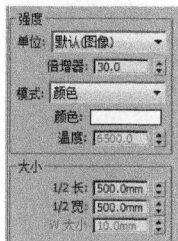

图4-26

3. 选项

"选项"选项组的参数主要用于控制灯光效果，参数如图4-27所示。图中勾选的参数就是常规选项，在设置时保持这样的设置即可；对于画框的3个选项，大家可根据具体情况决定是否勾选。

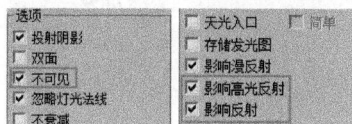

图4-27

4. 采样

"采样"选项组如图4-28所示，其中"细分"参数值越大，渲染质量越好。"细分"默认值为8，渲染小图时保持默认即可，渲染大图时可以根据实际情况提高。一般情况下，商业图主光可以设置"细分"为30，如果再提高参数值，渲染速度就会受到很大的影响。

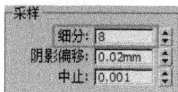

图4-28

5. VRay灯光的测试

下面来测试"VRay灯光"。在场景中创建一个平面光,如图4-29所示,灯光的"强度"参数如图4-30所示。

图4-29

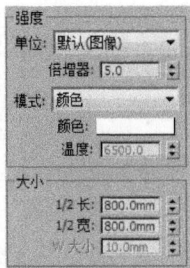

图4-30

上述场景的灯光渲染效果如图4-31所示。靠近"平面"光的墙体非常亮,随着灯光向左侧延伸,亮度逐渐变弱,尤其在光源附近,这种变化显得非常明显。因此,平面光在照明的同时,还能带来一定面积的灯光效果变化。想象一下,如果在窗外打一个平面光,是不是可以模拟窗外光进入窗户的照明效果?

继续观察茶壶的阴影,它与光域网的阴影效果完全不同。光域网的阴影显得非常厚实,而平面光的阴影是很虚的。因此,效果图应有的虚实部分就可以用"平面"光配合光域网做出来。记住,平面光可以整体照明,实现局部灯光的强弱变化,同时呈现全局的虚影。

如果取消"不可见"的勾选,效果如图4-32所示,灯光位置会出现一个发光片,这就是平面光的本体。在室内效果图中,建议大家勾选"不可见"选项,虽然是否勾选该选项,对灯光效果没有任何影响,但是如果没有勾选该选项,且摄影机在平面光后面,这个时候本体就会挡住摄影机,使摄影机无法拍摄画面。

图4-31

图4-32

对于"选项"选项组中的"影响高光反射"和"影响反射"参数,要测试它们的效果,前提条件是场景中的材质必须有反射和高光属性。因此,为墙体材质设置的反射和高光属性,此时先不勾选"影响高光反射"和"影响反射"选项,如图4-33所示,渲染后的效果如图4-34所示。

下面勾选"影响高光反射"选项,渲染效果如图4-35所示,对比图4-34的效果,图4-35中的光源附近多了一块特别亮的部分,这就是高光效果。继续勾选"影响反射"选项,渲染效果如图4-36所示,现在除了高光区域,墙体上还反射出了灯光片。因此,怎么勾选"影响高光反射"和"影响反射"两个参数,要根据场景需求来决定。

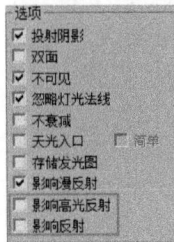

图4-33

图4-34

图4-35

图4-36

另外,"平面光"与光域网一样,灯光尺寸和到物体的距离对灯光效果也有一定的影响。在前面的场景中,增大"平面"光的尺寸,如图4-37所示,渲染效果如图4-38所示。可以很明显地发现,尺寸变大,曝光更严重。请大家用同样的方式测试距离、颜色、强度等因素对灯光效果的影响,以做到对这些参数了如指掌。

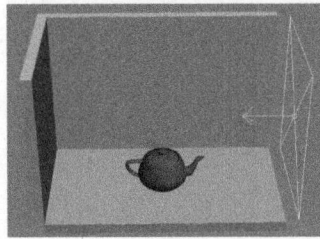

图4-37

图4-38

　　"VRay灯光"中的"球体"也是一种常用的灯光类型，俗称球光，参数如图4-39所示，其尺寸设置参数为"半径"，灯光形状如图4-40所示。

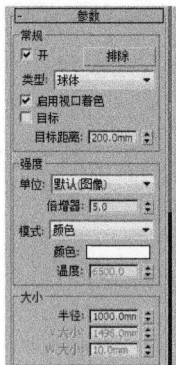

　　球光一般不会像"平面"光那样作为场景主光或照明光源，通常只用于制作特定灯光，如台灯、壁灯和吊灯等。如图4-41所示，这是将一个球光放到一个灯罩中，以此来模拟台灯效果。注意，球光的大小和强度是由容器（比如灯罩大小）决定的，灯罩的渲染效果如图4-42所示。

图4-39　　　　　　　图4-40　　　　　　　　　　图4-41　　　　　　　　　　图4-42

4.2.2 VRay太阳

▶ 视频演示：063 VRay 太阳 .mp4

扫码看视频

　　"VRay太阳"比较特殊，它可以单独完成一个场景的布光，也可以配合其他灯光一起使用。

　　图4-43所示的是一个有窗户的场景，此时可以使用"VRay太阳"来模拟阳光透过窗户照射室内的效果。另外，"VRay太阳"也可以作为户外日光来表现建筑场景，当然这涉及另一个领域了。

　　第1步：切换到顶视图，然后按图4-44所示的方法激活"VRay太阳"，接着在顶视图中拖曳出太阳光，其结构与"目标灯光"一样，如图4-45所示。

  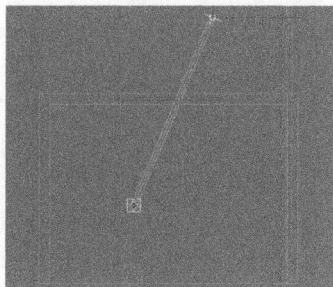

图4-43　　　　　　　　　图4-44　　　　　　　　图4-45

　　第2步：在创建过程中，系统会弹出一个对话框，询问是否自动添加一张VRay天空环境贴图，如图4-46所示。"VRay太阳"通常是配合"VRay天空"一起使用的，所以选择"是"。

　　第3步：调整太阳光的位置，如图4-47所示。注意，太阳光的位置对最终效果的影响非常大，因此，太阳光的位置需要通过不断测试来得到。同理，对于其他灯光的设置，也是需要不断测试、不断调整的。

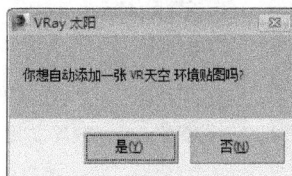 

图4-46　　　　　　　　　　　图4-47

第4步：按8键打开"环境和效果"对话框，如图4-48所示，在"环境贴图"贴图通道中有"VRay天空"，这是在创建太阳光的时候确认的，然后按M键打开"材质编辑器"，将"环境贴图"中的"VRay天空"拖曳到任一空白材质球上（以实例的形式），"VRay天空"在材质球中的参数如图4-49所示。

第5步：此时"VRay天空"的参数都是灰的，并没有被激活。勾选"指定太阳节点"激活参数，然后单击"太阳光"后的按钮，接着在视图中单击太阳光的本体，完成上述操作后的参数如图4-50所示。通过这种方法，就把天空和太阳关联起来了。

此时，在视图中选太阳光的本体，进入"修改"面板，"VRay太阳"的参数如图4-51所示。对比一下"VRay天空"和"VRay太阳"的参数，可以发现大部分参数是一样的。

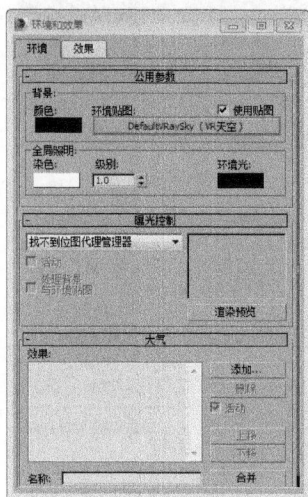

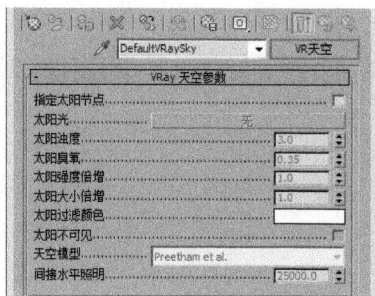

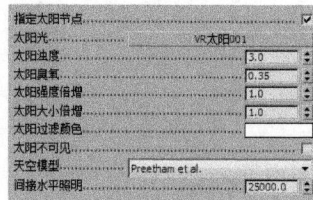

图4-48　　　　　　　　　　　图4-49　　　　　　　　　　　图4-50　　　　　　　图4-51

"浊度"在"VRay太阳"和"VRay天空"中都有，默认为3，范围为2~20，主要用于控制大气的浑浊度，数值越大，浑浊度就越高，光线就越泛黄；反之，光线就越偏蓝。在制作效果图时，该参数可以控制颜色冷暖和效果虚实，即数值越低，效果越冷，透光越清晰；数值越高，效果越暖，透光越模糊。

"强度倍增"用于控制灯光的强度大小，默认为1。在使用的时候，建议从0.01开始，因为这个参数很敏感，默认为1时，基本会使画面曝光严重。另外，"大小倍增"一般只在"VRay太阳"中有效果，因此，通常不会对"VRay天空"的"太阳强度倍增"进行设置。

"大小倍增"用于模拟太阳的体积大小，其作用是控制太阳光的阴影效果。

"过滤颜色"即太阳光的颜色，与灯光类型的颜色设置原理一样。

"阴影细分"主要控制太阳光的阴影效果。

下面进行一组测试。将"VRay天空"和"VRay太阳"的"浊度"都设置为2，也就是光效最冷的时候，然后将"VRay天空"和"VRay太阳"的"强度倍增"都设置为0.02，其他参数保持不变，效果如图4-52所示。

将"VRay太阳"的"浊度"改为10，而"VRay天空"的保持不变，渲染效果如图4-53所示，太阳光明显变得浑浊，光线也变得昏暗。

图4-52　　　　　　　　　　　　　　　　　　　　　图4-53

继续将"VRay天空"的"浊度"设置为10，其渲染效果如图4-54所示，此时天空变浑浊了，整个空间都昏暗了。

下面测试"VRay太阳"的"大小倍增"。设置"VRay太阳"的"大小倍增"为10，渲染效果如图4-55所

示。此时的阴影边缘被虚化，也就
是变得更加柔和。另外，所以很明
显地发现，阴影上有噪点，这是因
为"阴影细分"太小（默认为3）。
在实际工作中，建议将"阴影细
分"设置为30~50，因为太阳光为主
光的场景，阴影的品质很重要。

图4-54

图4-55

4.3 室内打光技巧

对于室内打光来说，重要的不是软件参数，而是打光的方法和原理。只有掌握了打光的方法和原理，才能做
出各种优质的效果。

4.3.1 室内打光的常用灯光

前面介绍了室内效果图中的常用灯光。除了"VRay太阳"和"VRay天空"只用于有进光口的场景和建筑场景
外，室内效果图中一般只会用到光域网、平面光和球光。

光域网：一般用于模拟射灯、筒灯、壁灯等会产生光域网形状的灯。

平面光：一般用于制作主光源、补光、辅助光、灯带和灯槽等真实发光对象，如电视、显示屏等。

球光：一般用于模拟台灯、吊灯、蜡烛等球形发光体。

4.3.2 室内场景的打光思路

▣ 视频演示：064 室内场景的打光思路.mp4

扫码看视频

想要做出好的灯光效果，必须理解打光原理，而不是去照搬别人的方法。注意，打光没有
固定的法则，都是根据场景的具体情况具体处理。

在处理室内灯光时，首先将室内空间中真实存在的灯光创建好，然后创建辅助光和补光。这种方法虽然不能
做出很好的灯光效果，但是能帮助大家快速学习打光技术。

以图4-56的场景为例，根据场景先将真实的光源找出来，即吊顶的灯槽、筒灯和台灯，这是我们前期要创建
的灯光对象。

第1步：制作灯槽。选中吊顶的模型，按快捷键Alt+Q将其孤立起来，然后根据灯槽宽度创建平面光，并使用
"实例"的形式复制出多个，接着把所有平面光放在灯槽中排成一圈，如图4-57所示。注意，平面光的方向是由
下往上的，如图4-58所示，灯光参数如图4-59所示。

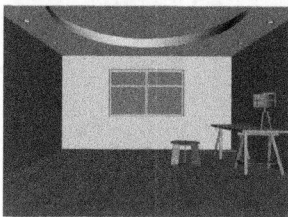

图4-56

图4-57

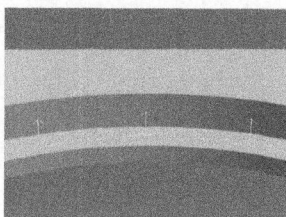

图4-58

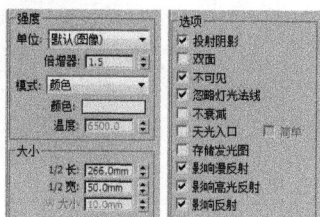

图4-59

第2步：创建筒灯。在前视图中创建一个"目标灯光"，然后加载光域网文件，观察场景中的筒灯数量，然后复制相同数量的"目标灯光"，并将其分别放置在筒灯下面，如图4-60所示。注意，此处灯光的颜色与平面光一样，"强度"为2000。

第3步：制作台灯。将场景中的台灯单独显示，创建一个球光，保持其颜色和平面光一样，然后设置"半径"为40mm、"强度"为20，接着将其放到灯罩中，如图4-61所示。注意，球光的大小要根据灯罩的大小调整。

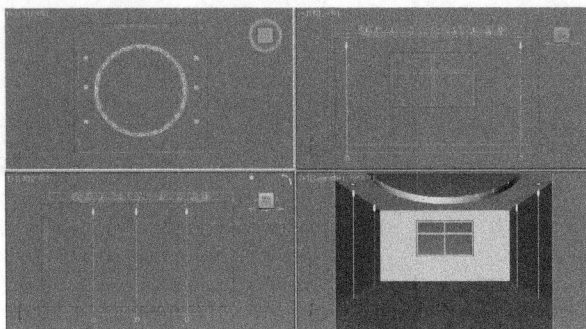

图4-60

图4-61

第4步：此时，已经将室内所有真实的灯光全都打开了，然后渲染效果，如图4-62所示，此时的画面很暗，因为此时并没有创建主光和辅助光。接下来要做的就是修正场景中的灯光，包括灯光到墙体的距离、灯光的大小和曝光度等。注意，这时候大家应该用测试参数来渲染（渲染草图），即以速度为主，具体方法在第6章介绍。

第5步：观察测试效果，桌子由两个光域网直接照射，光域网在场景内不仅表现了灯光的外观效果，照亮了对象，还能产生厚实的阴影。细心的读者已经发现，凳子没有足够的阴影，不仅如此，明暗对比也不够明显。因此，复制一个光域网在凳子上面，如图4-63所示。

第6步：进行第2次渲染，效果如图4-64所示，此时凳子的明暗效果也表现了出来。同理，在其他室内效果图中，只要暗阴影对比不足的，无论有多少对象，都可以使用该方法来处理。

图4-62

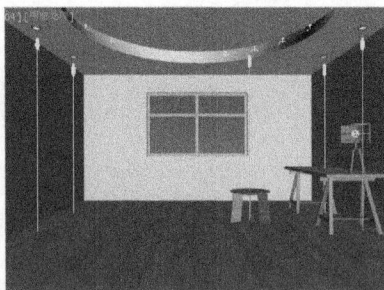

图4-63

图4-64

第7步：当明暗关系和阴影关系处理好以后，就可以创建主光和辅助光了，本场景只有摄影机处的窗户有进光口。创建一个平面光，如图4-65所示，参数如图4-66所示，这里可以设置"颜色"为冷色，与室内的暖光形成冷暖对比。

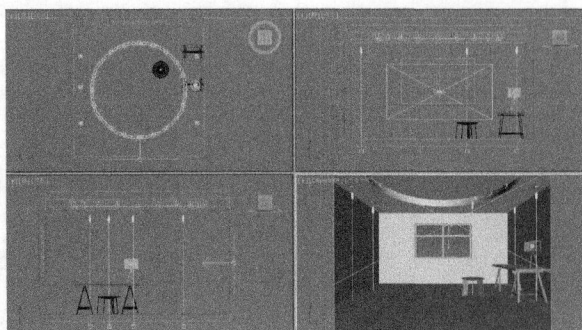

图4-65

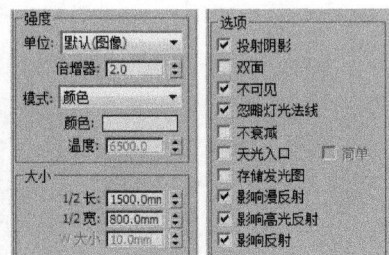

图4-66

第8步：进行测试渲染，渲染效果如图4-67所示。本场景是平面光作为主光，负责全局照明，使场景产生全局虚影。之所以在图中不容易发现全局虚影，是因为平面光的虚影效果本身就不明显。

第9步：当设置好主光后，要注意观察主光对前面打好的光效是否有太大的影响，如曝光。因为添加新灯光（特别是面积大的光）后，其他的光效是会受到影响的。此时，还可以在窗户外补上一个平面光作为辅助光，

尺寸大小与窗户一样，颜色同主光一样。这个辅助光的目的是表现灯光的流动效果，感受灯光的进光方向，加强冷色调，形成渐变效果，使空间生动，效果如图4-68所示。

图4-67　　　　　　　　　　　　　　图4-68

观察图4-68中窗户处的光效，这就是灯光的冷调流动效果。在灯带的暖光陪衬下，冷暖对比的效果非常明显。不仅如此，地板的反射效果和辅助光的高光反射效果在地板上也体现得淋漓尽致，使整个空间的冷调得到了极大的提高。

至此，本场景的布光基本完成，大部分室内场景都可以按这种方式处理，即先布置真实灯光，再调整，然后设置主光，最后处理补光。在这个过程中，大家要重点把握和理解以下几点。

第1点：注意灯光的颜色控制、冷暖对比的把握、室内灯和面光的冷暖搭配。

第2点：确定光域网该出现的地方，控制好灯光与墙的距离、灯光的形状，保证灯光在模型上能形成明暗、阴影，确定地板出现的光圈效果能呈现地板局部的明暗效果。

第3点：明确主光用于照明，辅助光用来做灯光流动效果的目的。当然，并不是每张图都需要这样，要根据具体场景而定，但有窗户的场景基本都可以采用上述方法。

实战：半封闭空间打光思路

场景位置	场景文件>CH04>01.max
实例位置	实例文件>CH04>实战：半封闭空间打光思路
视频名称	实战：半封闭空间打光思路.mp4
难易指数	★★★☆☆
技术掌握	室内空间的打光方法，模型空缺处的进光方法

扫码看视频

半封闭空间的灯光效果如图4-69所示。

01 打开学习资源中的"场景文件>CH04>01.max"文件，如图4-70所示。该场景有空缺的墙，可以将该场景理解为带窗户的空间或摄影机外侧没有建模的空间。该场景的摄影机视图如图4-71所示。

 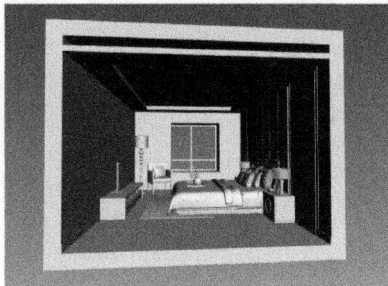 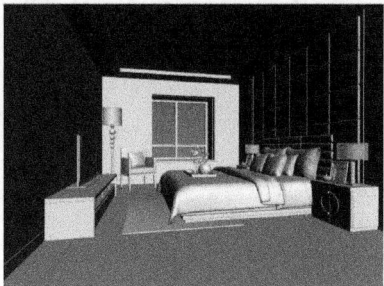

图4-69　　　　　　　　　　图4-70　　　　　　　　　　图4-71

02 无论是什么空间，都要打开场景中存在的灯光，本例有灯带、台灯、筒灯和电视机，开启后如图4-72所示。现在室内的光影基本成型，灯具的光一般都用暖调，电视机的灯光用冷调，以此形成冷暖对比效果。

图4-72

☑ 提示 ⋯⋯⋯⋯⋯⋯⋯⋯⋯⋯⋯⋯⋯⋯⋯⋯⋯ 〉

本章的实战主要是介绍不同空间的打光思路，大家在这里不需要过分追求具体的打光参数和操作。对于打光操作和参数设置，在最后3章都会详细介绍。在本章中，大家一定要了解和领悟这些思路。注意，前期打光尽量把灯光压暗，不要直接调亮，这样更方便调整和做后期。

03 创建半封闭空间的主光。在窗户外面创建一个面积跟窗户大小差不多的平面光，作为冷调光源，效果如图4-73所示。现在可以看到窗外透光进来的效果，窗户处有进光的流动感，冷调也得到了极大提高。

04 在摄影机处创建一个面积较大的平面光作为主光，将颜色设置为偏暖调，使其与窗外进来的冷光形成冲击，且照亮整个场景。注意，灯光的强度不要太大，效果如图4-74所示。

☑ 提示 ⋯⋯⋯⋯⋯⋯⋯⋯⋯⋯⋯ 〉

这里用的是白模打光，目的是让大家更好地看清灯光效果。

图4-73

图4-74

05 观察场景，查漏补缺，检查哪些地方过于平淡，如场景是否有明暗关系，是否有光影效果，灯光的强度和颜色是否需要进行修正等。目前，场景的光域网效果不足，在床头背景墙的筒灯处可以创建3个"目标灯光"，让它们在床的靠背软包上形成效果。同时，在床模型没有亮面的位置处，用"目标灯光"补一下光，然后提高灯带的强度，最终灯光效果如图4-75所示，灯光分布如图4-76所示。

图4-75

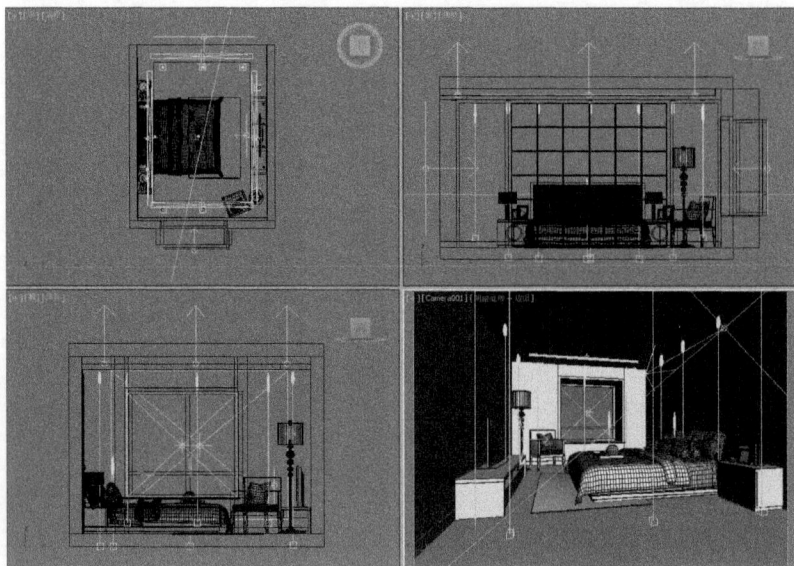

图4-76

实战： 封闭空间打光思路

场景位置	场景文件>CH04>02.max
实例位置	实例文件>CH04>实战：封闭空间打光思路
视频名称	实战：封闭空间打光思路.mp4
难易指数	★★★☆☆
技术掌握	室内场景的打光方法，封闭空间的主光创建方法

扫码看视频

封闭空间的打光效果如图4-77所示。

01 打开学习资源中的"场景文件>CH04>02.max"文件，如图4-78所示。这是一个封闭空间，室内没有任何进光口。

图4-77

图4-78

☑ 提示 --->

本场景与上一个场景的不同点在于，本场景将上一个场景未封口的墙给封住了。

02 创建室内灯具的灯光，如图4-79所示。相对于半封闭空间，该空间在同样的灯光下，亮度要高一些。

图4-79

☑ 提示 --->

这里大家要明白一个原理，即全局照明。当灯光照射到场景的模型时，会进行反弹，反弹灯光会附带模型的颜色属性。也就是说，在封闭空间，可理解为灯光只在室内反射，不会反射到室外，因此不会有灯光损失。所以，相对于半封闭空间，同样的室内灯光，全封闭空间的亮度要大一些。

03 创建主光。因为室内灯光基本都是暖调，冷调并没有得到表现，所以需要做出冷调光源。在摄影机处创建一个冷调面光，用于表现全局的灯光流向，效果如图4-80所示，灯光分布如图4-81所示。

图4-80

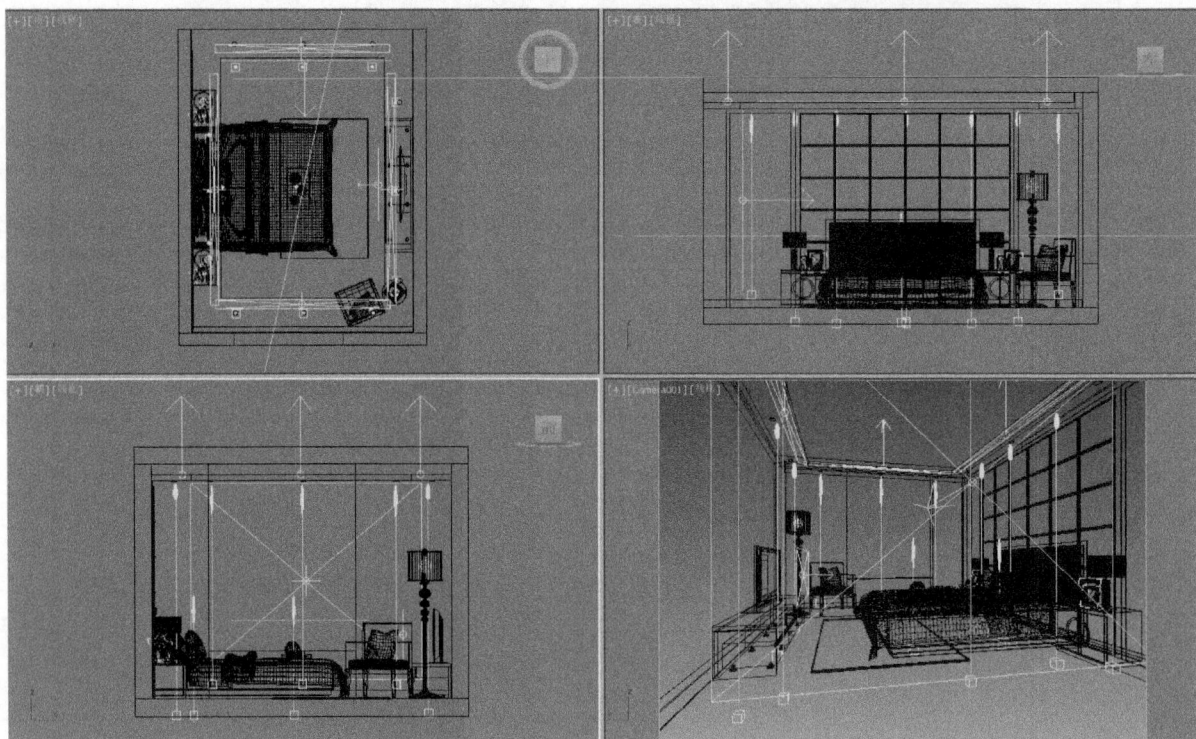

图4-81

第 **5** 章

摄影机

摄影机是构图的起点，是整张图效果好坏的奠基石。掌握好摄影机，就能把控空间，抓住视觉，让效果图尽在掌握之中。

本章学习重点

▲ 掌握摄影机的用法

▲ 理解构图的重要性

5.1 摄影机的基本用法

摄影机参数不多，其用法也比较简单。用户通过摄影机的设置，可以初步定好渲染画面。

5.1.1 标准摄影机

▶ 视频演示：065 标准摄影机 .mp4

扫 码 看 视 频

　　"标准"摄影机是3ds Max自带的普通摄影机，安装了VRay渲染器后，就可以使用"VRay物理摄影机"。对于这两种摄影机，建议使用"标准"摄影机，因为"VRay物理摄影机"的参数比"标准"摄影机要复杂，另外，"VRay物理摄影机"的效果其实可以通过Photoshop处理得到。本书使用的是操作更简便的"标准"摄影机。

　　如图5-1所示，这个空间场景的长度是8000mm，宽度是5000mm，高度是2800mm。下面以该场景为例进行摄影机的操作演示。

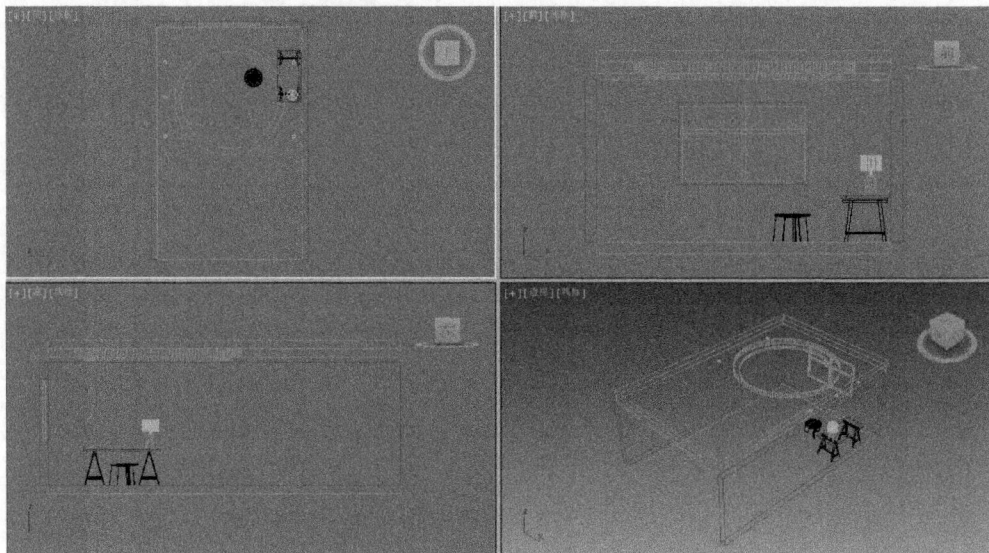

图5-1

　　第1步：使用图5-2所示的方法在顶视图中创建一个"标准"摄影机，同样使用拖曳创建的方法，先确定摄影机本体位置，再拖曳目标点，摄影机位置如图5-3所示，左视图位置如图5-4所示。可以看出，在顶视图中创建的摄影机，默认是在地平面上的，这跟创建模型是一样的。

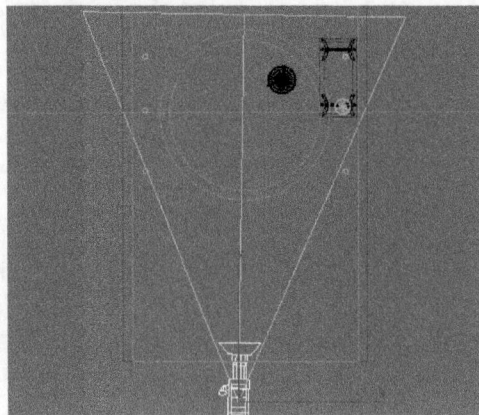

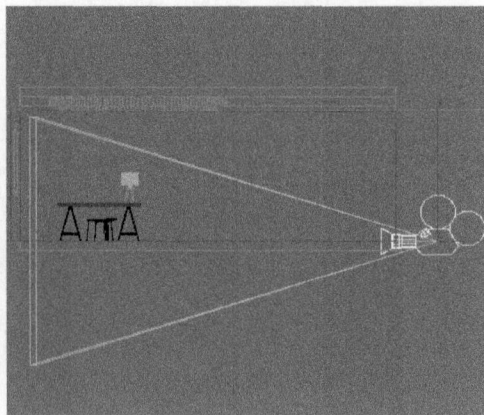

图5-2　　　　　　　　　　　　　　　图5-3　　　　　　　　　　　　　　　　　　　图5-4

第2步：切换到左视图，选中摄影机和摄影机的目标点，将其向上移动到合适的位置，如图5-5所示。

第3步：按快捷键Shift+F激活安全框。只要安全框被激活，视图中看到的图像比例就是最终的渲染比例，否则视图效果和渲染效果的差异会非常大。按C键切换到摄影机视图，如图5-6所示。

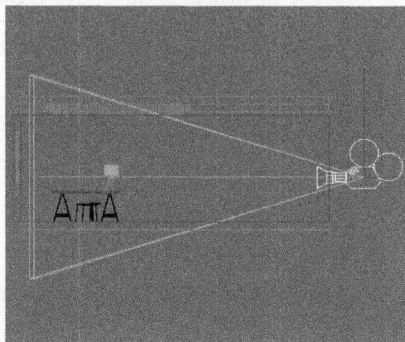

图5-5

图5-6

第4步：切换到顶视图，从摄影机的创建位置来看，摄影机离对象很远，为什么在摄影机视图中感觉对象离得很近呢？这就是"视野"的问题，也是摄影机需要调整的核心参数。选中摄影机，进入"修改"面板，如图5-7所示，默认"视野"为45度，其拍摄范围如图5-8所示。

提示

摄影机两端的线框范围就是拍摄范围，在这个范围内的对象，都可以被摄影机拍摄。图中标示出的红圈，即摄影机拍摄范围与墙体的交接点，过了这个点，墙体内的才能拍摄。对于墙体外的对象，即便在摄影机范围内，也拍摄不到，这与现实生活是一样的，即视野被实体挡住了。因此，我们要表现的对象必须出现在拍摄范围内，才能被拍摄到。如果空间场景已经确定，我们就要根据对象来确认摄影机的拍摄范围。

图5-7

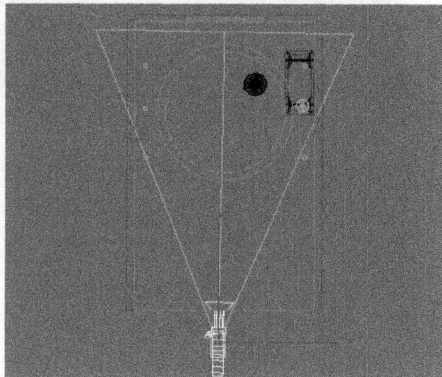

图5-8

第5步：对于一般的室内设计，笔者建议"视野"设置范围为68~84。如果低于这个范围，空间感会大打折扣；如果高于这个范围，拍摄效果会出现畸变，也就是俗称的"对象变形"。对于小面积的场景，"视野"可以设置得小一点，反之则大一点。现在设置"视野"为68，如图5-9所示。

第6步：按C键切换到摄影机视图，效果如图5-10所示。从中可以看出45度"视野"是拍摄不到所有筒灯的，而68度"视野"则可以。

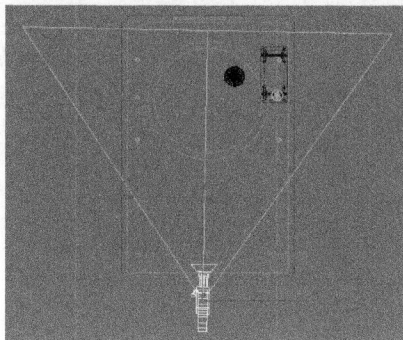

图5-9

图5-10

5.1.2 摄影机平行拍摄和斜线拍摄

▶ 视频演示：066 摄影机平行拍摄和斜线拍摄.mp4

扫码看视频

前面打摄影机的方法是平行拍摄，即摄影机和目标点在同一个平面上，也就是摄影机是水平拍摄对象的。摄影机的高度是我们随意调的，但摄影机的高度对整个图的画面感有很大的影响。下面介绍平行拍摄的小技巧。

在拍摄位置的选取上，初学者很容易选人眼的高度，模拟人站在场景中用眼睛观察对象，那么此时的摄影机高度差不多为1650mm，摄影机视图效果（人视图）如图5-11所示。

下面把摄影机的高度调整到900mm，效果如图5-12所示，这是业内俗称的狗视图。通常打摄影机时，都会先把狗视图设置出来，然后再根据具体情况调整。

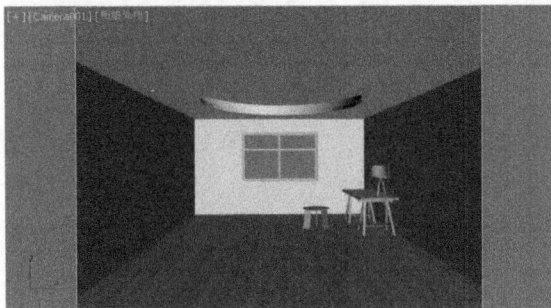
图5-11

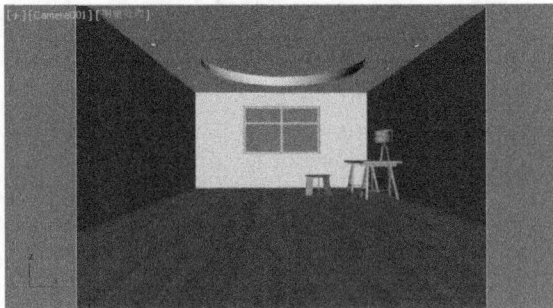
图5-12

观察并对比人视图和狗视图，人视图的天花板给人的感觉很压抑，仿佛天花板要压下来一样，而且地板很斜，使整个空间感觉在往后压缩。相反，狗视图却没有这种情况，即在打摄影机的时候，可以考虑将摄影机压低，至于压多少，可以根据具体情况而定。

下面介绍斜线拍摄。斜线拍摄的效果简单来说就是俯视和仰视效果。在室内效果图中，大部分场景都是采用仰视视角去拍摄的，而俯视视角的情况很少出现。如果场景空间的纵向表现比较丰富，如多层酒店的大厅，这个时候就需要向上对大堂进行拍摄，仰视视角（斜线拍摄）无疑就是一个不错的选择。斜线打法的摄影机位置如图5-13所示。

现在从摄影机视角去观察，效果如图5-14所示。可以发现场景变形了，这是透视的效果，即客观效果是对的，但是不能满足人体感官，因此我们需要在3ds Max中将视角效果调整到符合人体感官的效果。

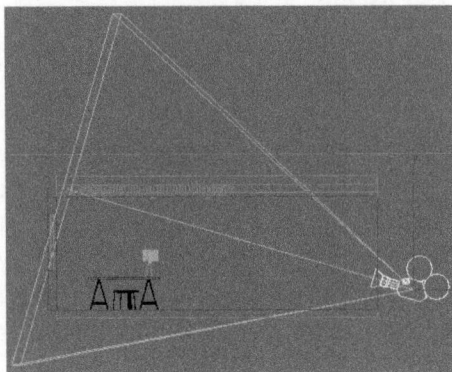
图5-13

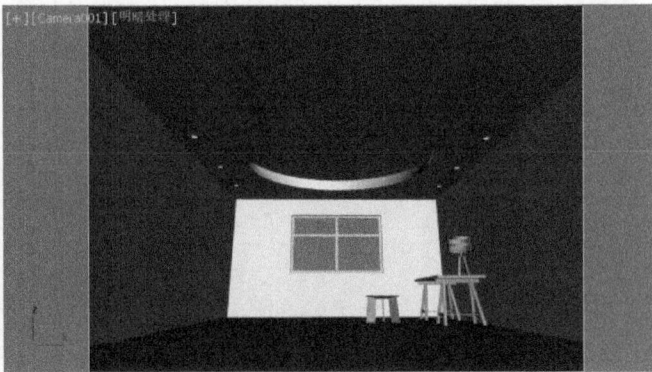
图5-14

在视图中选中摄影机，然后单击鼠标右键，选择"应用摄影机校正修改器"命令，如图5-15所示，系统会自动进行摄影机校正，如图5-16所示，倾斜的墙体马上变得竖直了。

通常，摄影机校正是让系统自行计算。如果用户想自己校正，可以选择摄影机，切换到"修改"面板，如图5-17所示，通过"数量"和"方向"调整校正效果。

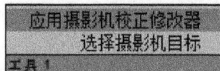

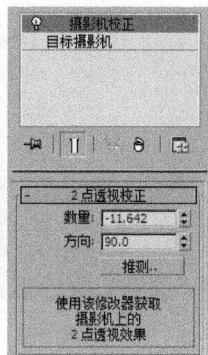

图5-15　　　　　　　　　　　　图5-16　　　　　　　　　　　　图5-17

5.2 画面构图比例

画面构图比例是新手入门就必须清楚的知识，因为在绘制效果图时，不能单纯地使用默认的画面比例，要根据不同场景和不同表现重点合理地设置画面构图比例。

5.2.1 画面比例设定的重要性

▶ 视频演示：067 画面比例设定的重要性.mp4

扫码看视频

最常见的画面纵横比例为1.333，大部分的图形都适用该比例，这也是3ds Max默认的图像比例。大家不要小看图像比例，图像比例与场景的空间感是相互关联的，一个好的图像比例，对场景的空间效果绝对有非常大的提升。下面以5.1.2节中的场景为例介绍画面比例设置方法。

第1步：按F10键打开"渲染设置"面板，切换到"公用"选项卡，"输出大小"就是调整图像比例的地方，如图5-18所示。

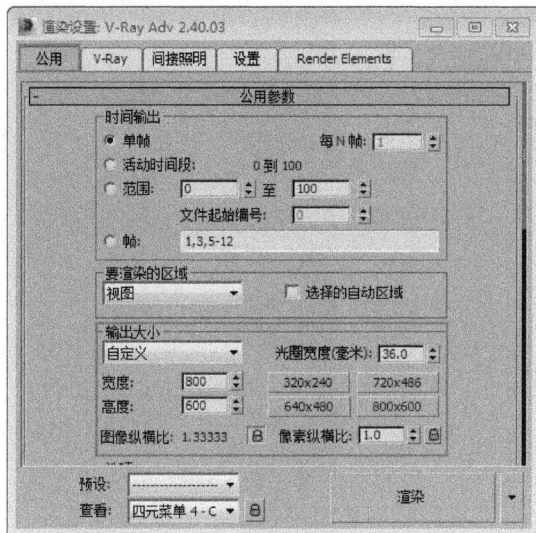

图5-18

第2步：现在默认的"图像纵横比"为1.333，效果如图5-19所示。下面将其改为1.1，效果如图5-20所示，继续将其改为1.5，效果如图5-21所示。

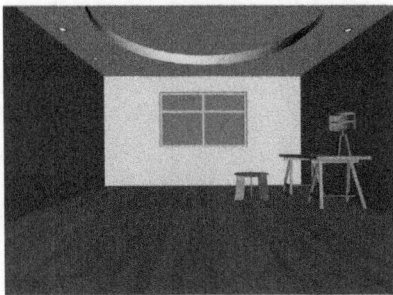
图5-19

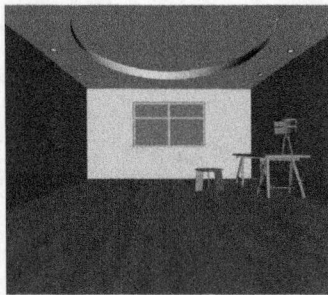
图5-20

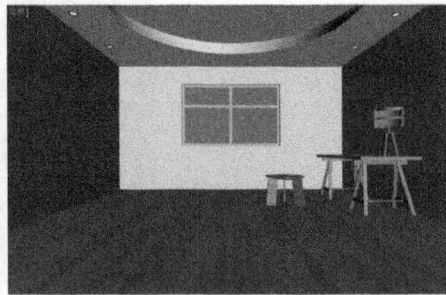
图5-21

对比上面3张图可以发现，图像比例为1.1的空间高度高了不少，图像比例为1.5的空间宽度大了不少。这说明巧用图形比例，可以产生一些视觉感知，并以此来控制空间感。举个例子，如果客户的房子层高不够高，担心渲染图压抑，那么在作图的时候，我们就可以让纵横比小一点，刻意地把纵向空间感变强。

5.2.2 常见的画面比例

对于效果图的画面比例，没有固定的值供大家参考。因为不同的场景，其空间不同，用户需求也不同，所以画面比例要根据实际情况去定。下面介绍画面比例的设置规律和经验。

对于普通家装来说，建议图像比例以1.333为基础来调整。假如要重点表现层高，即吊顶为核心，其他对象是不重要的，此时可以将比例缩小，0.9~1.2是比较合理的；假如要重点表现电视墙、沙发背景墙等造型对象，可以把比例变大，1.4~1.6是比较合理的，较宽的比例能容纳更多对象，且空间的大气感也能体现出来。

对于工装，如电梯间、过道和中庭等，都是以小比例为主，这样可以让空间显高；至于展厅、广场、商店等大型场景，可以以大比例为主，体现空间的大气和宽广。

对于图像比例控制，书中也只能言尽于此，这种东西只能意会，很难言传，是需要去积累经验的，也就是说，大家千万不能死记硬背，一定要根据实际情况来调节。

5.3 摄影机的隐藏属性

摄影机除了调整画面的功能，还有一些工作上不能忽略的小知识，下面进行具体介绍。

5.3.1 摄影机的遮挡物

▶ 视频演示：068 摄影机的遮挡物 .mp4

扫码看视频

在正常情况下，摄影机前面的物体都是可见的。如果摄影机被放在墙体里面，或者说物体里，那么想象一下，此时的摄影机看到的是对象内部，而对象外面则被挡住。这也是初学者渲染摄影机视图时画面一片漆黑的原因。当然，也可能是摄影机在平面光后面，平面光未勾选"不可见"。

以图5-22为例，此时的摄影机在长方体后面，即长方体挡住了摄影机，其拍摄效果如图5-23所示。要怎么去处理呢？肯定不会考虑将长方体移开，因为在室内设计中，对象一旦被摆放好，即设计完成，就不会轻易去动对象的位置。

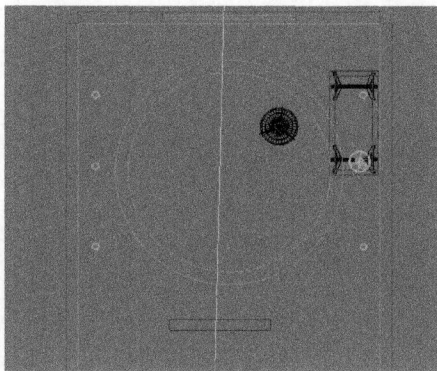
图5-22

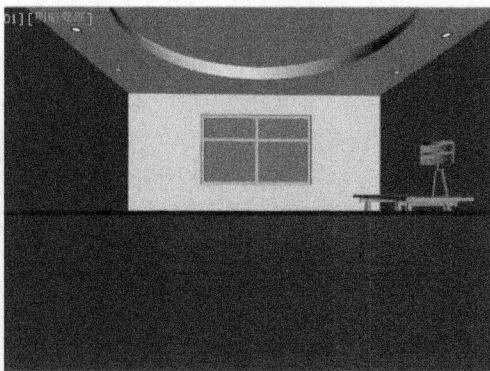
图5-23

可以选中摄影机，在"修改"面板中找到"剪切平面"选项组，然后勾选"手动剪切"，接着设置"近距剪切"为1200mm、"远距剪切"为6800mm，如图5-24所示。此时，摄影机会出现两条红线，一条是近距，另一条是远距，如图5-25所示，两条红线之间的对象即摄影机可以完全拍摄到的，红线之外的对象是摄影机无法拍摄到的，摄影机视图如图5-26所示。

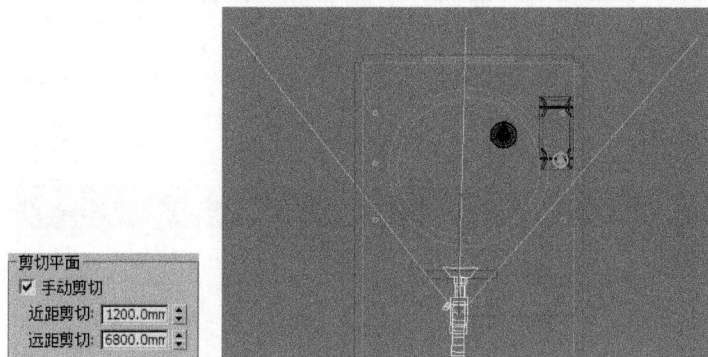

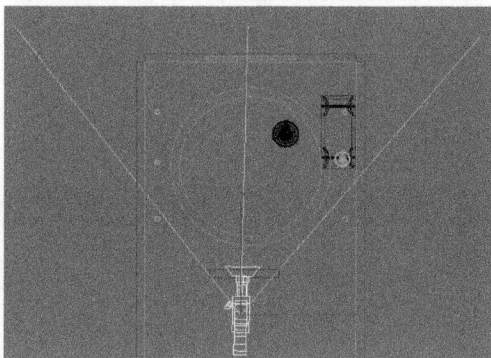

图5-24   图5-25   图5-26

5.3.2 摄影机里面的发光体

▶ 视频演示：069 摄影机里面的发光体 .mp4

扫码看视频

当我们使用自发光去表现灯槽时，如图5-27所示，在灯槽里面会指定"VRay灯光材质"的模型，渲染效果如图5-28所示。

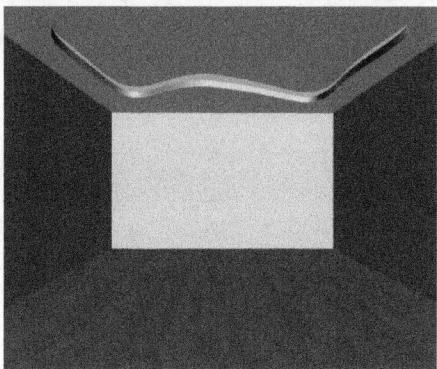
图5-27

图5-28

通过渲染效果，可以发现自发光模型的本身也能看到，如果让它留下，绝对会影响灯槽的正常效果。那怎样才能保证在有灯光效果的前提下，取消模型的显示效果呢？

选中发光物体，单击鼠标右键，然后选择"对象属性"命令，如图5-29所示，打开"对象属性"对话框，并切换到"常规"选项卡，取消勾选"对摄影机可见"选项，如图5-30所示，重新渲染，效果如图5-31所示。

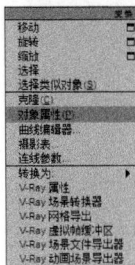

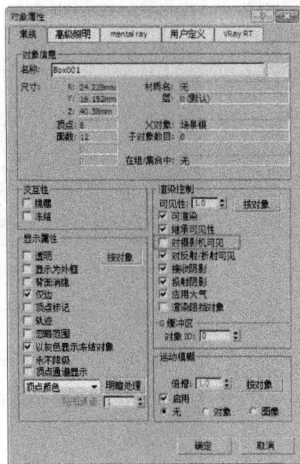

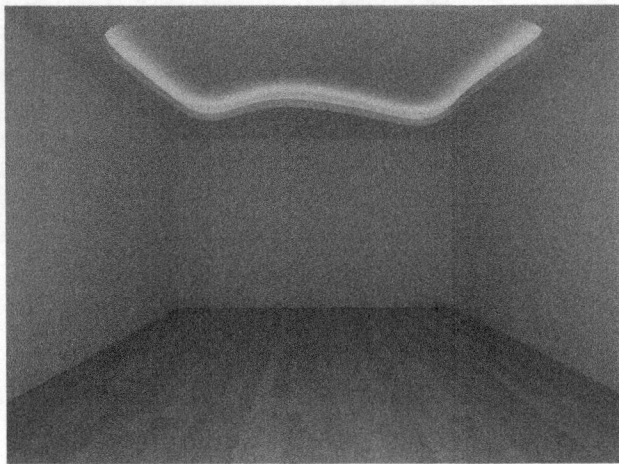

| 图5-29 | 图5-30 | 图5-31 |

此时的效果相对自然了不少，灯光效果被保留了，且灯光模型已经不可见。这是通过摄影机的拍摄可见性来进行设置的，同类情况均适用。

5.3.3 摄影机的背面

到此，大家也许会有个疑问，即我们要把看到的对象都做出来，那么在摄影机背面，那些看不到的对象该怎么处理呢？大家会说看不到就不做了，即摄影机背后什么都没有，是漆黑一片的空间。这时候我们要思考一个情况：如果场景里面的墙体是带反射的，甚至有镜子，那么也会反射到漆黑的一片，如图5-32所示。

这就会直接影响到效果图的客观性。因此，在完成设置后，一定要去补一些摄影机背后的简单对象，如墙体和环境等。

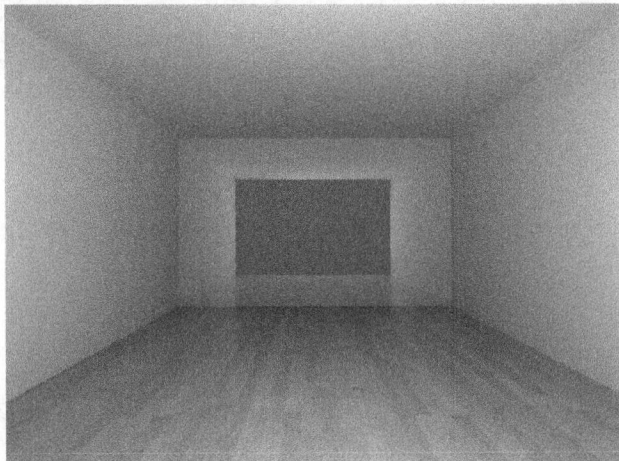

图5-32

实战：创建室内摄影机

场景位置	场景文件>CH05>01.max
实例位置	实例文件>CH05>实战：创建室内摄影机
视频名称	实战：创建室内摄影机.mp4
难易指数	★★★☆☆
技术掌握	摄影机视野和高度的把握，利用摄影机捕抓空间的重点

下面以一个室内场景为例来介绍如何创建室内摄影机和如何打好角度，本例的摄影机视角效果如图5-33所示。

01 打开学习资源中的"场景文件>CH05>01.max"文件,如图5-34所示。这是一个常见的室内客厅场景,首先我们要观察整体模型,从整体场景里面寻找一些线索来确认摄影机的角度。注意,这些线索要围绕客户的角度去找,切忌以自己的美术知识去找,毕竟设计是服务于客户的。从该场景可以找到4个线索:电视背景墙有造型,沙发背景没有造型,吊顶没有造型,空间并不是纯正方形。

02 当没有具体的思路时,可以考虑先做一个对称构图,也就是将摄影机打在场景的正中央,这是一种适用于大多数场景的思路。在顶视图中创建一个"目标"摄影机,将其放在客厅的中心,如图5-35所示。

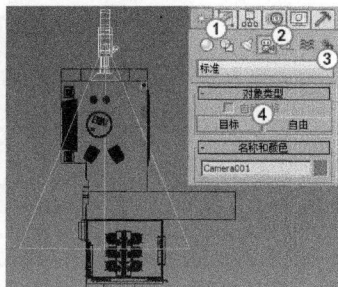

| 图5-33 | 图5-34 | 图5-35 |

03 进入"修改"面板,对摄影机的参数进行设置,这里把"视野"设置为78度,如图5-36所示。

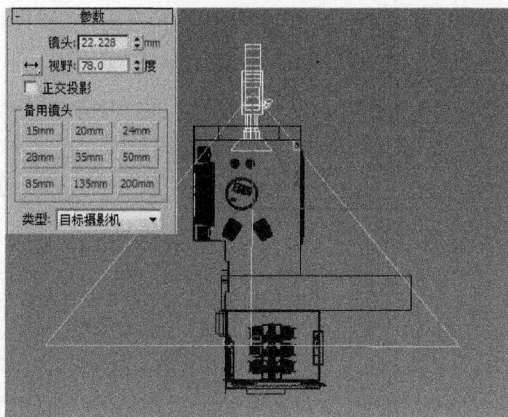

图5-36

📋 提示 ---

因为摄影机左右的线的外面是不可视的,所以需要把场景中要展示的对象都包含在两条之内,尤其不能让对象出现残缺的情况。根据实际情况,这里可以考虑将摄影机往后移动一点距离,让左右两边的线把整个场景中的对象包含在内,如图5-37所示。

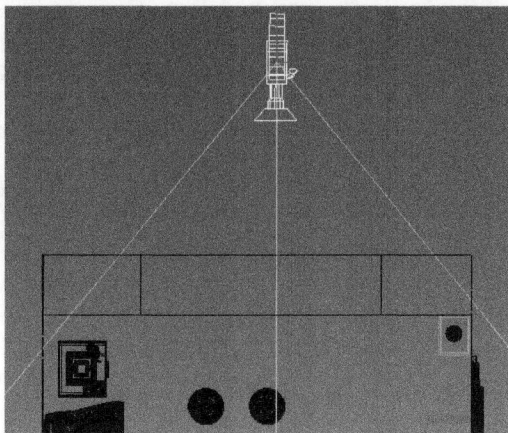

图5-37

04 把摄影机移动到z轴大致900mm的高度，也就是我们所说的"狗视图"，然后按C键切换到摄影机视图，并激活安全框，现在摄影机的构图比例为默认的1.33333，如图5-38所示。

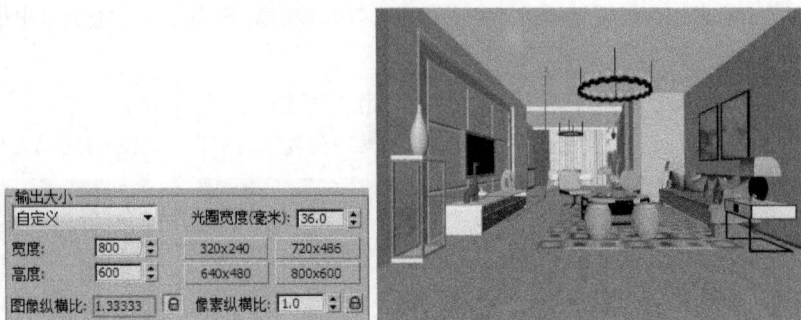

图5-38

📝 提示 --

很显然，对称构图并不适合这个案例，下面根据前面的4个线索来思考一下电视背景墙和沙发背景墙的占比应该怎么分配。从整幅图的效果来说，目前的拍摄角度是没有什么问题的，但是如果站在客户的角度来分析，没造型的地方就不是客户想看的，也就是说，有造型的地方必须重点表现。因此，在构图的时候，应该放大场景重点和照顾空间的主题，线索1和线索2表明了应该以电视背景墙为重点，线索4表明了本场景不适合在中轴线上直接创建摄影机。

05 切换到顶视图，把摄影机和目标点调整到如图5-39所示的位置，即倾斜着拍摄电视背景墙。注意，摄影机的两条线还是应该包含所有对象。按C键切换到摄影机视图，视图效果如图5-40所示。

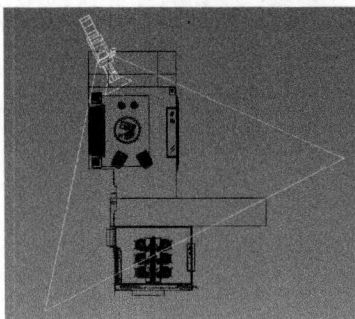

图5-39

图5-40

06 此时摄影机的拍摄角度基本确定，下面只需要进行细微优化即可。本场景的吊顶没有造型，所以可以把构图比例调整一下，让吊顶少表现一点，让左右两边多表现一点，以此增宽画幅，同时也能让电视背景墙得到进一步的表现。将"图像纵横比"设置为1.5，如图5-41所示。

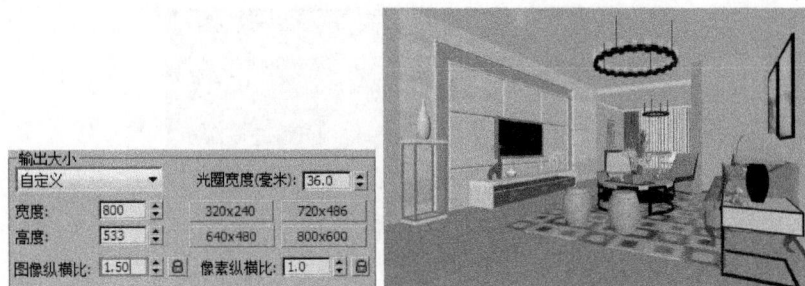

图5-41

📝 提示 --

这是一个典型的摄影机构图思路，大家切记要根据客户的实际情况来灵活构图，一切以客户视角为准。

第 **6** 章

渲染

渲染是在完成模型、材质、灯光和构图后，通过 VRay 渲染器来生成最终图像的工作。本章主要介绍如何把握这个过程的渲染质量与速度。

本章学习重点

▶ 掌握 VRay 渲染器的用法

▶ 理解渲染速度与质量取舍

6.1 渲染认知

渲染是效果图的最后一个环节，即在完成模型、材质、构图和灯光后，需要用渲染器来生成最终图像。

6.1.1 默认渲染与VRay渲染

默认渲染指使用3ds Max自带的扫描线渲染，VRay渲染指使用VRay渲染器渲染。其实，渲染器不只有VRay，只是VRay渲染器是经过了市场的洗礼脱颖而出的渲染器。

6.1.2 渲染前必须知道的事情

对于渲染，大家不要单纯地追求高参数和高质量。虽说参数越高质量越高，但前提是颜色、风格、空间等搭配也要合理，否则，高质量的参数也渲染不出漂亮的效果。另外，商业效果图追求的不仅仅是质量，还要满足速度与质量的平衡点，即在有限的时间内渲染出满足商业需求的效果图。另外，本书使用的是VRay 2.40，这是一个比较经典的版本，大系列属于VRay 2.0。

6.2 VRay渲染器详解

VRay渲染器看似复杂，但调整思路都是定向的，不需要大家去掌握所有参数，只需要灵活搭配、灵活设置即可。

6.2.1 渲染器面板参数总述

▶ 视频演示：070 渲染器面板参数总述.mp4

按F10键打开"渲染设置"对话框，如图6-1所示。VRay渲染器的所有参数都在这里，大家可能感觉参数很多，但是真正用于渲染的参数和原理都是固定的，一般只需要掌握核心的参数和方法即可。

扫码看视频

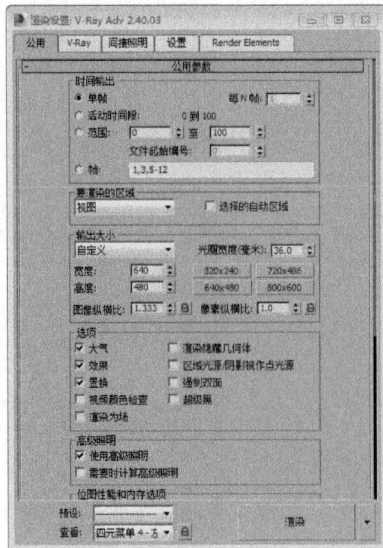

图6-1

6.2.2 渲染区域和输出大小

在"公用"选项卡下，用户可以在"公用参数"卷展栏中设置渲染的区域和输出大小，如图6-2所示。"输出大小"的用法在前面已经讲过，即用来控制图像比例，这里不再赘述。

"要渲染的区域"的下拉菜单如图6-3所示，系统默认的"视图"模式主要用于渲染整个安全框内的所有内容。下面主要介绍另外两种特殊模式，即"区域"模式和"裁剪"模式。

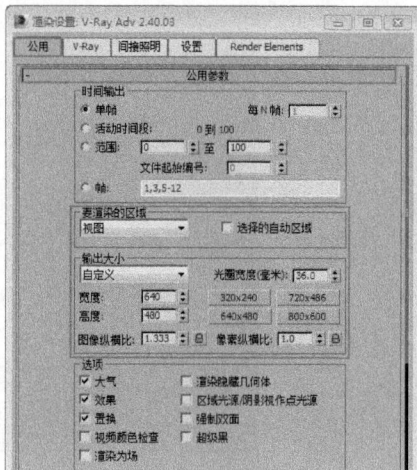

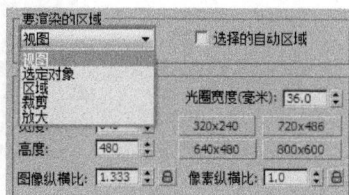

图6-2   图6-3

以图6-4所示的渲染场景为例，假如客户想用立方体替换茶壶，大家可能会换个模型重新渲染，但整张图重新渲染过于浪费时间。这时可以使用"区域"，视图中会出现选框，如图6-5所示，用户可以自由调整选框的位置、大小，然后再次渲染，系统就只会渲染选框的部分，这样就大大节省了渲染时间。

📝 提示 - >

这种方法只适用于一些特定情况，即换一些小对象或只有小面积的对象改动。如果对象过大，例如，换一个大沙发，渲染的效果绝对是有问题的，换掉的模型会影响对象周围的灯光原色和反射颜色等。因此，如果要更换场景内的大对象，只能重新渲染全图。

图6-4   图6-5

"裁剪"模式同样会出现图6-5所示的选框，下面以图6-6所示的场景为例来说明其功能。此时的摄影机已经确定，在视图下方可以看到地板的边缘和3ds Max的视图背景，这部分内容渲染出来的是黑色的，可以直接使用"裁剪"模式的选框将渲染内容框选出来，如图6-7所示。设置好选框范围后，系统只会渲染选框内的对象。

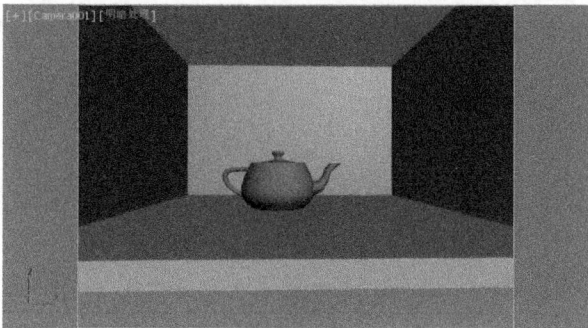

图6-6   图6-7

6.2.3 渲染输出自动保存

▶ 视频演示：072 渲染输出自动保存 .mp4

扫码看视频

部分用户在渲染完后，喜欢使用渲染窗口的"保存"按钮🖫来保存图像，如图6-8所示。这种操作适用于草图，对于大图，不建议这样操作，因为渲染大图的时间很长，有可能人已经离开，计算机仍在进行渲染工作。诸如这种人不在计算机面前的情况，如果图渲染好了，计算机因不明原因故障或断电，渲染的图是没有进行保存的，也就意味着前面的工作都白做了。

渲染输出自动保存是出大图必需的一步。在"渲染输出"中勾选"保存文件"选项，如图6-9所示，然后单击"文件"按钮来设置保存路径。这样系统会自动保存渲染图，设计师也可以放心离开计算机去干其他事情。

图6-8

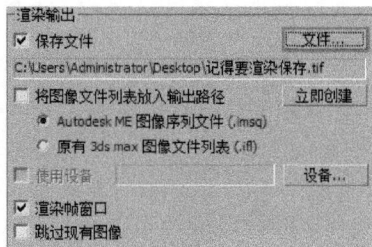

图6-9

6.2.4 帧缓冲区

▶ 视频演示：073 帧缓冲区 .mp4

扫码看视频

"帧缓冲区"是VRay的渲染窗口，在VRay选项卡下，可以找到"帧缓冲区"卷展栏，如图6-10所示。

在未做任何设置的情况下，3ds Max使用的是自身的默认渲染窗口。勾选"启用内置帧缓冲区"后，系统才会使用VRay的渲染窗口，如图6-11所示。

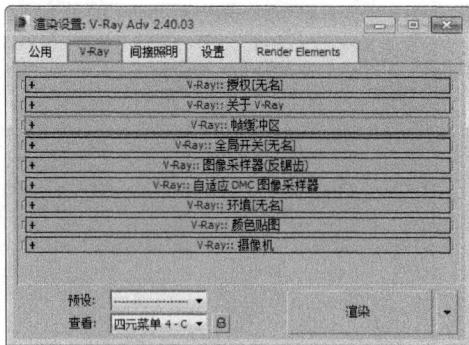

图6-10

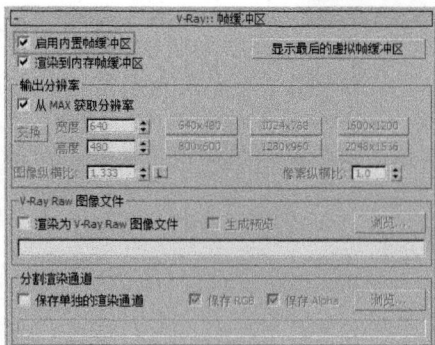

图6-11

至于使用哪个渲染窗口，业内没有严格规定，大家可以根据自己的操作习惯决定。3ds Max默认的渲染窗口如图6-12所示，"VRay帧缓冲区"窗口如图6-13所示。

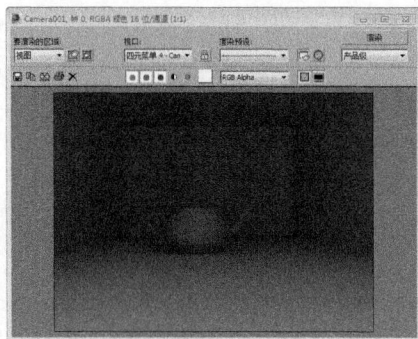

图6-12

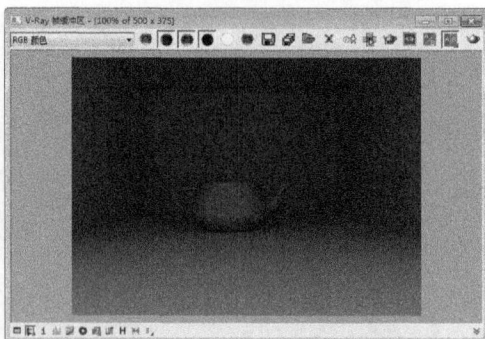

图6-13

6.2.5 全局开关

视频演示：074 全局开关 .mp4

如图6-14所示，"全局开关"卷展栏中的参数主要用于控制整体渲染。

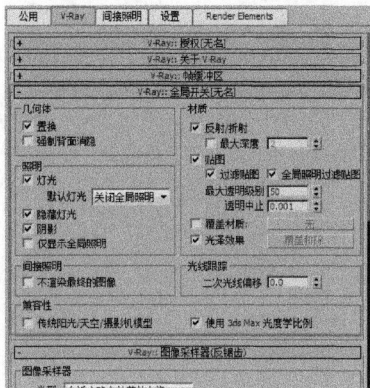

图6-14

重要参数介绍

照明："隐藏灯光"默认是勾选的，建议不勾选。如果不勾选，场景中隐藏的灯光就会失效，因此，在测试灯光的时候，直接隐藏掉不需要的灯光即可，避免取消勾选每个灯光的开关。

材质："反射/折射"中的"最大深度"是没勾选的，如果勾选，"材质编辑器"中所有材质的"最大深度"都会失效，并以此处数据为准。因此，在实际工作中，如果导入了很多网络材质，但又不想逐一去检查"最大深度"，那么在此处设置即可。

覆盖材质：如果勾选该选项，可以用指定的材质来代替场景的所有材质。该参数常用于渲染白模，具体用法会在后面进行讲解。

间接照明：其中的"不渲染最终的图像"默认是不勾选的，因为VRay渲染器的原理是先渲染灯光信息，再渲染最终的图像，如果勾选了该选项，系统只渲染灯光信息，不渲染最终图像。

6.2.6 图像采样器（反锯齿）

视频演示：075 图像采样器（反锯齿）.mp4

"图像采样器（反锯齿）"卷展栏如图6-15所示，这是VRay渲染器中的一个重要部分。当我们把图片放大后，可以看到很多小色块，"图像采样器（反锯齿）"能控制这些色块，从而控制最终出图的质量。如果没有"图像采样器（反锯齿）"，图像看起来就像是马赛克堆砌出来的一样。

卷展栏中"图像采样器"下的"类型"和"抗锯齿过滤器"后的下拉菜单有供我们选择的搭配方式，后面的草图参数和大图参数中会进行详解。

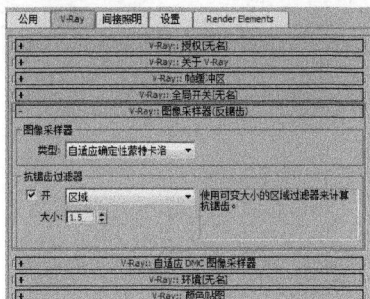

图6-15

6.2.7 环境

▶ 视频演示：076 环境 .mp4

扫码看视频

"环境"卷展栏如图6-16所示，主要用于开启天光。在进行室内设计时，建议不要开启该功能，因为整个空间开启天光后，灯光的层次感会变弱。天光跟打的光不一样，天光的原理是"有洞的地方就会进光"，而且光的强度是没有变化的，所以天光其实是起全局照明的作用。如果要表现场景的明暗效果，这里的天光将会起到阻碍作用。

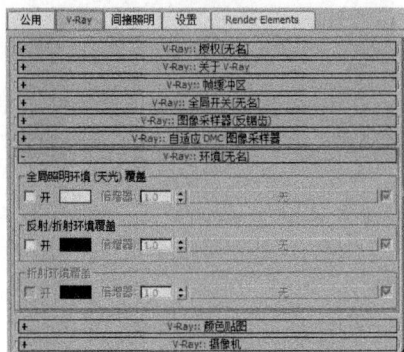

图6-16

6.2.8 颜色贴图

▶ 视频演示：077 颜色贴图 .mp4

"颜色贴图"是VRay渲染器中的重要部分，主要用于控制全图的曝光效果，如图6-17所示。默认情况下，曝光的"类型"为"线性倍增"，用户可以打开下拉菜单，选择不同的曝光方式，如图6-18所示。

扫码看视频

在诸多"类型"中，建议大家只考虑使用"线性倍增"和"指数"，因为这两个已经足够我们表现大量商业效果图了。下面用一个场景来进行对比，同样的灯光和材质，"线性倍增"的效果如图6-19所示，"指数"的效果如图6-20所示。

图6-17

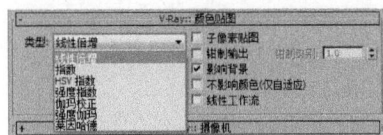

图6-18

图6-19

图6-20

对比一下，"线性倍增"的效果颜色更鲜艳，曝光更充足；"指数"的效果颜色较灰暗，灯光也偏柔和。如果大家对灯光控制比较熟练，可以直接使用"线性倍增"做出色彩华丽的图；如果对灯光把握不准，可以考虑直接使用"指数"，这样可以放心打光，不用担心曝光的问题。

因此，对于"颜色贴图"的使用，主要取决于大家的取舍趋向。这里推荐使用"指数"，因为它的使用要求不高，能让我们在作图过程中放心地不断尝试各种灯光。至于图灰暗的问题，完全可以使用Photoshop来解决，因为大部分效果图需要使用Photoshop来处理，所以不用担心3ds Max渲染出来的图不完美或不够亮。如果在3ds Max中渲染的图曝光严重，Photoshop是很难补救的；反之，如果渲染图是灰暗的，则很容易处理。

6.2.9 间接照明（GI）

▣ 视频演示：078 间接照明（GI）.mp4

扫码看视频

"间接照明（GI）"是VRay渲染器的核心。注意，如果没有开启"间接照明（GI）"，就等于没有用VRay渲染器。这也是很多初学者安装了VRay渲染器，但是渲染效果是黑的或者颜色不对的原因。

请用户一定要勾选"开"来开启"间接照明（GI）"，然后在"首次反弹"和"二次反弹"中分别设置"全局照明引擎"为"发光图"和"灯光缓存"，如图6-21所示。

当选择了"发光图"和"灯光缓存"后，下面就会出现"发光图"和"灯光缓存"卷展栏，它们就是我们常说的"光子图"。VRay渲染器会先用这两个引擎来计算出灯光的信息，然后才会渲染图像。"发光图"和"灯光缓存"的参数如图6-22和图6-23所示。

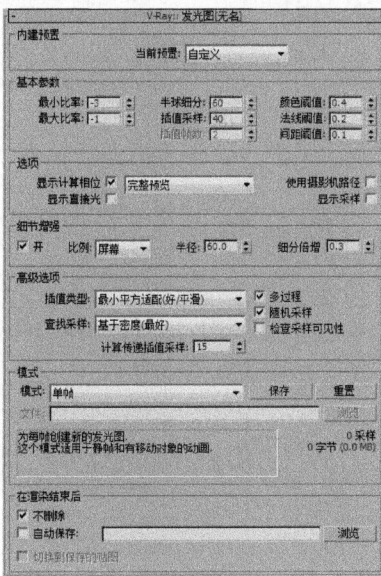

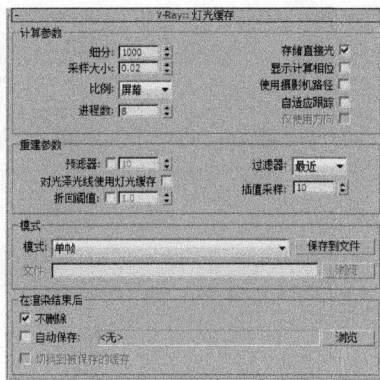

图6-21　　　　　　　　　　图6-22　　　　　　　　　　图6-23

这两个卷展栏的参数主要用于控制灯光的细腻度、画面的干净程度和画面斑点等，具体设置方法在后面进行讲解。

6.2.10 DMC采样器

▣ 视频演示：079 DMC 采样器 .mp4

扫码看视频

"DMC采样器"卷展栏如图6-24所示，也用于控制灯光的细腻度，尤其是当光靠近墙体时，反射出来的光会有一颗一颗的感觉。

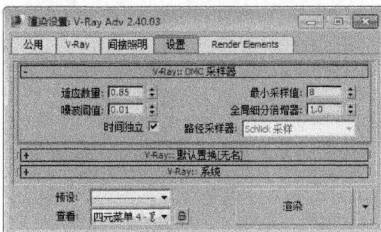

图6-24

6.2.11 系统

▣ 视频演示：080 系统 .mp4

扫码看视频

"系统"卷展栏如图6-25所示，主要用于设置一些杂项，有以下3点。

第1点："渲染区域分割"可以调整渲染框的大小和走向。

第2点："帧标记"记录渲染时间、帧数等信息，并出现在渲染图的下方。

第3点："VRay日志"记录渲染的错误信息，并显示在信息窗口。

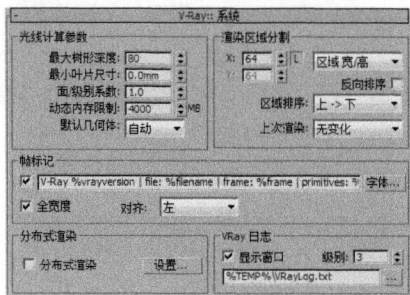

图6-25

6.3 草图和大图的渲染参数

渲染草图是为了快速看效果，并根据客户的要求来快速改动，渲染效果较差，但重在快速；渲染大图则需要提高参数，将高品质的图像提交给客户，渲染效果细腻，但渲染速度较慢。

6.3.1 草图参数

▣ 视频演示：081 草图参数 .mp4

在室内设计中，当场景处理好后，设计师会先渲染草图，然后不断地修改，直到效果满意，才会渲染大图。因此，在进行草图测试的时候，为了快速看到大致效果，都不会过分地追求 扫码看视频 渲染质量。通常在这个阶段，设计师会在能大体看清效果的前提下，将渲染参数设置得比较低。

下面介绍具体设置方法。

第1步：设置"图像采样器（反锯齿）"的"类型"为"固定"，这是质量最差但速度最快的方式；至于"抗锯齿过滤器"，可以直接不开，如图6-26所示。

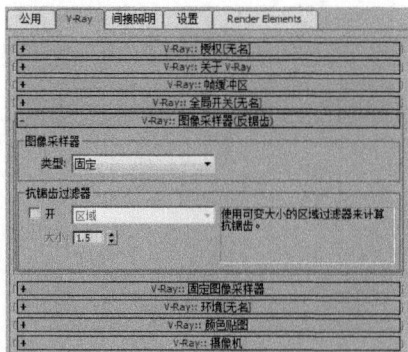

图6-26

第2步：设置"发光图"。将"当前预置"设置为"非常低"，然后设置"半球细分"和"插值采样"均为20，最后勾选"显示计算相位"，方便观察渲染光子图的过程，如图6-27所示。

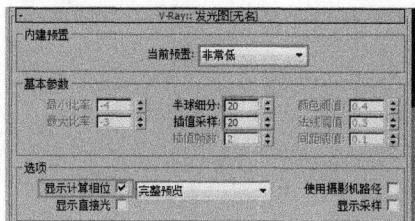

图6-27

📝 提示

"当前预置"可以直接指定已经设定好的质量参数。"半球细分"和"插值采样"越高，质量越好，速度就越慢，对于草图来说，20就足够了。

第3步：设置"灯光缓存"。因为"细分"越大，质量越好，速度越慢，所以对于草图来说，建议设置"细分"为100，同样勾选"显示计算相位"选项，如图6-28所示。

第4步：设置"DMC采样器"。"适应数量"默认为0.85，这里建议设置为1，因为其数值越小，质量越好，但速度越慢；"最小采样值"默认为8，建议设置为6，因为数值越大，质量越好，但速度越慢，如图6-29所示。

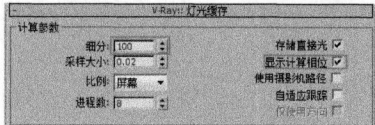

图6-28

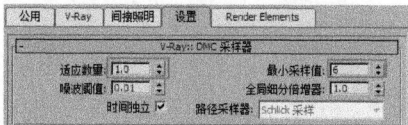

图6-29

6.3.2 商业大图和高质量成品图参数

📹 视频演示：082 商业大图和高质量成品图参数 .mp4

扫码看视频

对于渲染来说，参数是可以无限增加的，时间相对也是无限消耗的。在做商业效果图时，必须平衡速度与质量，兼顾计算机的配置高低和商业项目的时间周期去合理地确定速度和质量。下面介绍具体设置方法。

第1步：设置"图像采样器（反锯齿）"，如图6-30所示。

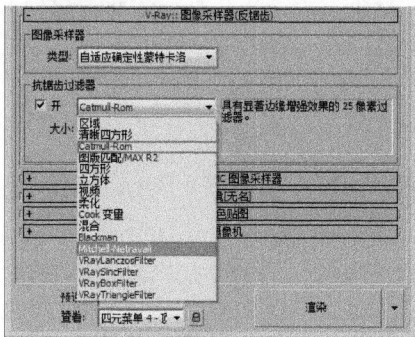

图6-30

📝 提示

这里我们设置"类型"为"自适应确定性蒙特卡洛"，这是比较常用的。注意，不同版本的VRay，其翻译有所不同，大家记住选名字最长的就行。

对于"抗锯齿过滤器"，在渲染大图时一定要勾选。在这么多的过滤器中，建议选择Catmull-Rom或Mitchell-Netravali（简称C和M）。这两种过滤器足够我们去处理商业效果图，C渲染出来的边缘尖锐清晰，M渲染出来的边缘较为柔和。因此，大家在选择时，只需要考虑模型的边缘是需要尖锐清晰还是柔和即可。举个例子，如果渲染卧室，要表现睡觉入眠的那种柔和感，就应该用M。注意，这两种方式均适用于商业图和高品质图。

第2步：设置"发光图"。将"当前预置"设置为"中"，如果计算机非常好，可以尝试一下"高"，然后设置"半球细分"为60、"插值采样"为40。虽然这里的数值越高，质量越好，但速度也越慢，考虑商业需求，这两个数据即可。最后勾选"显示计算相位"选项，并在"细节增强"选项组下勾选"开"，如图6-31所示。

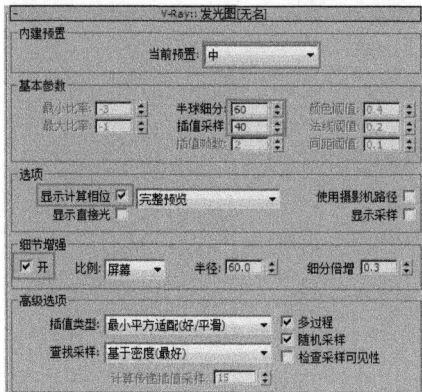

图6-31

📝 提示

至于高质量成品图，大家可以设置"当前预置"为"高"，将"半球细分"控制在100及以上，然后设置"插值采样"为80及以上（计算机配置越高，数值可以越高，得到的质量可以无上限，但要付出很多的时间，因此不推荐计算机配置不好的朋友这么做）。其他设置与商业大图一样即可。

第3步：设置"灯光缓存"。将"细分"设置为1200，"细分"越大，质量越好，但速度也越慢，商业图取值1200即可；保持"采样大小"为默认值0.02，其值越小，质量越高，速度便越慢；至于"进程数"，大家根据计算机CPU线程数设置即可；勾选"显示计算相位"和"预滤器"选项，如图6-32所示。

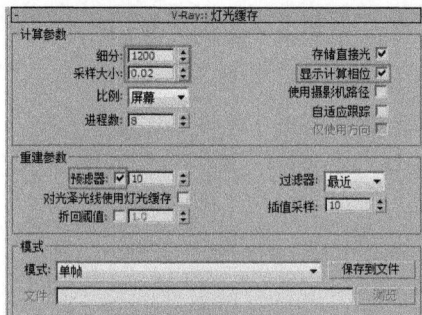

图6-32

📝 提示

至于高质量成品图，"细分"可以控制在2000及以上（越高越好，无上限），"采样大小"控制在0.01及以下（越小越好，无下限），其他参数与商业大图保持一致即可。

第4步：设置"DMC采样器"。对于商业大图来讲，"适应数量"设置为0.8即可，该值越小，质量越高，速度越慢；"最小采样值"设置为16，数值越大，质量越高，速度越慢；"噪波阈值"设置为0.005，数值越小，质量越高，速度越慢，如图6-33所示。

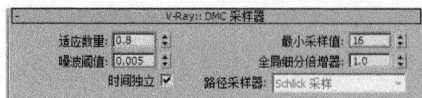

图6-33

📝 提示

至于高质量成品图，"适应数量"可以控制在0.6及以下（越低越好，无下限），"最小采样值"控制在32及以上（越大越好，无上限），"噪波阈值"控制在0.001及以下（越低越好，无下限），其他参数与商业大图保持一致即可。

第 **7** 章

半封闭空间表现

通过前面的学习，大家不仅对室内效果图有了初步的了解，还掌握了通过 3ds Max 绘制室内效果图的核心技术要点。本章将讲解真实工作中的完整案例。

在第 1 个案例中，本章会详细地介绍具体操作；在后续的案例中，一些简单重复的步骤将不会给出细致的讲解，而是以简洁的方式描述出来。

本章学习重点

▶ 掌握室内空间的建模方法

▶ 掌握半封闭空间的布光方法

▶ 掌握半封闭空间的表现思路

场景位置	场景文件>CH07>01.max，01.dwg
实例位置	实例文件>CH07>现代客厅表现.max
视频名称	现代客厅表现.mp4
难易指数	★★☆☆☆
技术掌握	读取单子基本信息、现代客厅的建模/材质/灯光/后期

扫码看视频

7.1.1 获取信息

　　首先，我们要明白自己是什么角色，是效果图表现师，还是室内设计师。如果是效果图表现师，面对的客户就是设计师和装饰公司等；如果是室内设计师，客户就是业主。这两者在画图之前提供的信息是完全不一样的。

　　作为效果图表现师，要拿到所有的图纸，包括CAD平面图、天花图、立面图、参考图、现场照片和设计师手绘图等。通常，真实的单子都不会有这么全的图纸，CAD平面图是最常规的一种，剩下的就是一些参考效果图，更有甚者，连CAD平面图都没有，直接手绘两条线（公司在签单之前不会出太多施工图纸，签单后才会出，而效果图是要在签单前给客户的）。所以，作为一个效果图表现师，三维空间感必须要强。对于图纸没有表达的地方，如沙发、背景墙没有任何图纸信息，那么必须向客户明确是我们自由发挥还是他们找参考给我们，或者做其他处理。剩下的就是确定视角，效果图表现是按张数来算费用的，通常为了效率，场景中看不到的对象是不绘制的，所以必须问清楚客户需要哪个角度的效果。

　　作为室内设计师，我们要直接面对业主。平面图、尺寸等都是我们自己来处理，我们要向客户确认的信息就是客户喜欢什么。通常，业主都会选好一些参考图，我们要从客户给的参考图和谈话内容中读取他们的意图。例如，从与客户的交谈中得知客户的职业，然后根据客户提供的参考图来判断客户能接受的浮动价格差，这样就可以在预算中做一些相应的操作。只有成功地读取客户的刚需、爱好和心理接受范围等信息，才能够真正地做好室内设计。对于这部分非新手入行内容，这里就不详细阐述了，如果有读者需要了解这方面的内容，可以查阅相关图书。

01 打开学习资源中的"场景文件>CH07>01.dwg"文件,这是本例的CAD平面图,如图7-1所示。

02 打开相应的参考图,如图7-2和图7-3所示。

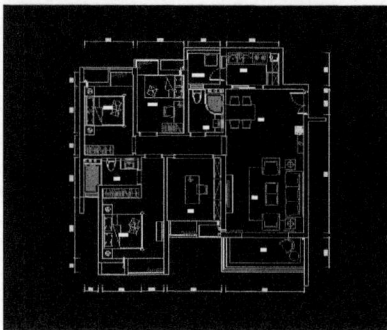

图7-1

图7-2

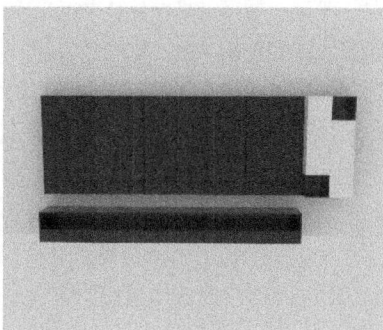

图7-3

上述就是本例的所有资料,现在我们来简单地模拟一下效果图的真实单子。

客户:"我要做一张客厅的效果图,这是CAD平面图(见图7-1),空间层高2800mm,天花造型要这种(见图7-2),电视背景墙要这款(见图7-3),家具摆设要现代风格的,不需要太多花纹,一定要是简约的造型,不要墙纸,只需要白色乳胶漆就行,我就想看看从客厅到阳台的效果。"

从客户的要求中,我们大概了解到情况后,应该先提取一些要点。

第1点:电视背景墙要跟参考图做一样的,客户说明了"要那款",我们就要画一模一样的,如果遇到CAD尺寸跟参考图的比例差太远,就自行按CAD的尺寸进行适当修改。

第2点:天花也是要一样的。注意客户的一些话语,如"要""参照"等,可以反映出来哪些要做一样,哪些可以不做一样。另外,要知道客户看重这个场景哪个位置,从而让我们有一个清晰的构图方向。

第3点:客户说墙体"只需要"白色乳胶漆,因此在做墙体时,只需要白色乳胶漆材质即可。

第4点:对于软装部分,客户说"不需要"太多花纹,"一定要"简约造型,我们可以参考一下图7-2所示的软装搭配设计,尽量找接近的模型。

第5点:既然客户说好了视角,那么在视角中看到的地方都要建模,看不到的地方就不需要建模。在工作中,我们要讲究效率,不做无用功。

7.1.2 整理CAD平面

把复杂对象简单化是我们工作中必须要做到的。在一个工程文件中,一大堆没用的图块,不仅占用计算机资源,导致计算机卡顿,还会妨碍作图过程中对模型的观察,从而影响效率。当然,如果整个图只由自己独立完成,这还可以接受;如果是整个团队工作,别人要跟进你的图,我们不将图整理简化,将会影响整个团队的工作效率。请大家务必重视这点。

下面开始整理简化CAD平面图,对于线条图形,直接删除没用的部分,只保留有用的部分。

01 在AutoCAD中全选打开的CAD平面图,然后按快捷键Ctrl+C进行复制,如图7-4所示。

📋 提示 - >

全选中对象后,CAD图形会以虚线显示。

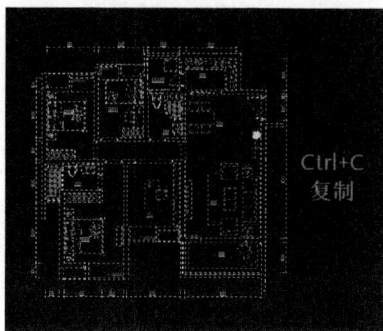

图7-4

02 按快捷键Ctrl+V粘贴并得到新的CAD平面图纸，如图7-5所示。这样做可以保持原CAD不改动，用复制出来的平面图进行简化。如果直接在原CAD平面图上修改简化，在删了很多东西后，我们都会习惯性地按快捷键Ctrl+S进行保存，这就会让原CAD图纸消失，从而失去初始文件。

03 在新复制出来的CAD图上，把一切没用的线条删掉，包括外框、标注尺寸、文字和填充图案等（这些是必须删的），然后将无用的空间删掉，因为我们只做客厅，其他空间可以直接删掉，如图7-6所示。

04 很多人在简化到这一步时，就会将图纸导入3ds Max，但这里推荐"极简"模式，即花少许时间把CAD图纸简化到最少的线条，这样可以提高效率。将摄影机拍摄角度中看不到的对象都删掉，通过前面确定的从客厅向阳台拍摄，可知飘窗和厕所是无法看到的，因此直接删掉即可，然后将家具图块多余的线条删掉，如衣柜里面的衣架、床图块中的造型线条等。另外，对于其他结构线条，只留下能帮我们在效果图中确定位置和尺寸的线条，其他的一概不要。删除线条后的效果如图7-7所示。

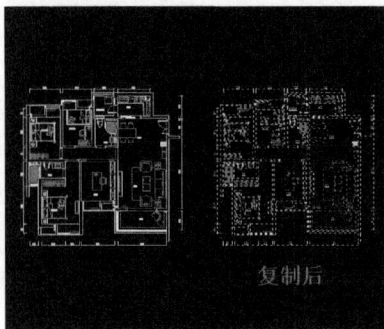
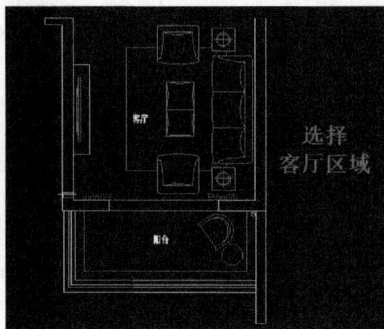
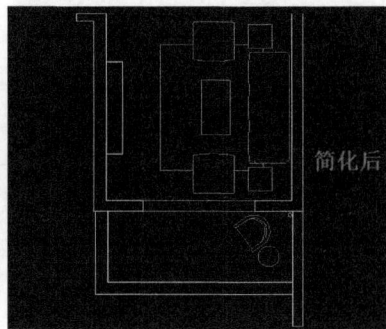

图7-5   图7-6   图7-7

☑ 提示 --

    在整个图块中，希望单独删除掉某些部分的时候，可以选中图块，按X键将其炸开，然后删除不需要的部分。

05 选中图块，按W键把图块打成块保存起来备用，然后在"写块"对话框中设置"插入单位"为毫米，使其与3ds Max中的系统单位统一，接着选择保存路径，最后单击"确定"按钮，如图7-8所示。

☑ 提示 --

    在选择保存路径时，系统会弹出"浏览图形文件"对话框，在设置"文件类型"时，保存的CAD版本一定要比3ds Max的版本低或者相等。例如，使用的是3ds Max 2014，那么CAD版本必须为2014及以下的版本，否则是无法导入的，如图7-9所示。

    另外，保存的CAD图块必须为中文标准名字，不要养成不改文件名的习惯，或者随意命名为111、222等。

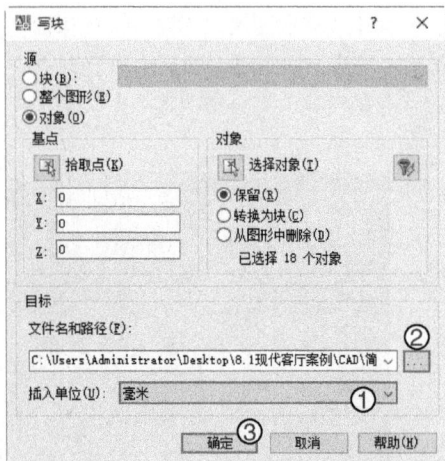

图7-8   图7-9

7.1.3 创建模型

本节介绍整个客厅的建模过程，请掌握多边形建模技术和常规的二维线挤出方法。

1. 导入CAD

01 打开3ds Max，按如图7-10所示的操作导入CAD文件，在对话框中检查导入单位是否为"毫米"，如图7-11所示。

> ✅ 提示 ---------------------------------
>
> 　导入CAD图纸后，在任一视图中按快捷键Alt+W显示最大化视图，然后按T键切换到顶视图，此时视图显示的就是CAD平面图。但是，CAD图一般都不会出现在3ds Max的世界原点，因此必须把CAD图归位到3ds Max的世界原点，以方便后续操作。

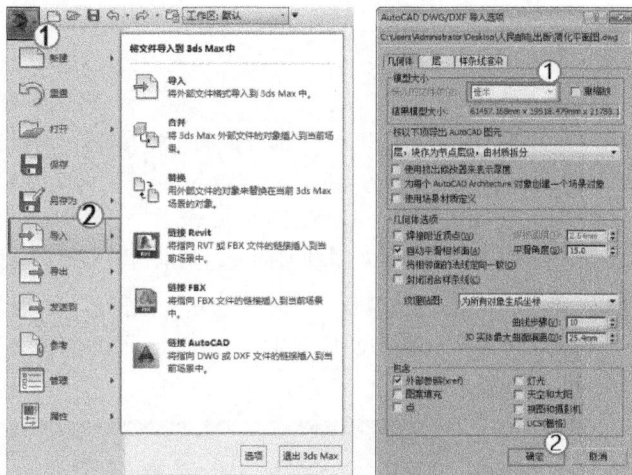
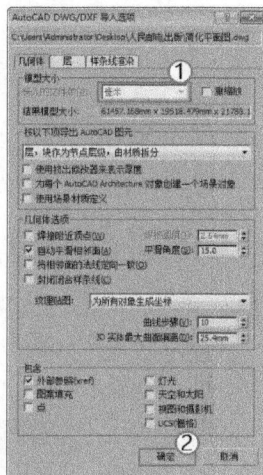

图7-10　　　　　　　　　　　图7-11

02 按快捷键Ctrl+A全选对象，确保导进来的所有图块都被选上，然后执行"组>组"命令，把所有图块都打组，以方便操作，如图7-12所示。

03 在"修改"面板中把组的颜色和名称设置好，如图7-13所示。为了方便区分3ds Max模型的线条颜色，这里建议大家把图块颜色设置为黑色，如图7-14所示。

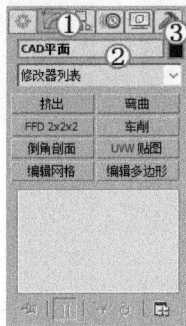
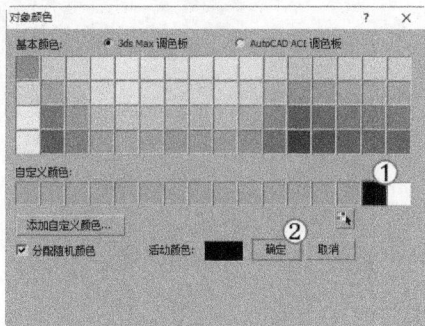

图7-12　　　　　　图7-13　　　　　　　　图7-14

04 选择平面图，在"选择并移动"工具⊕上单击鼠标右键，然后设置"绝对：世界"的坐标值均为0，也就是把平面图设置到世界原点位置，如图7-15所示，接着按Z键最大化显示平面图，如图7-16所示，最后按G键去掉栅格，方便操作和观察对象。

05 选中CAD平面，单击鼠标右键，然后选择"冻结当前选择"，如图7-17所示。将平面图冻结后，就不用担心作图过程中会选错。另外，虽然冻结了对象，但是不会影响建模时的捕捉操作。

图7-15

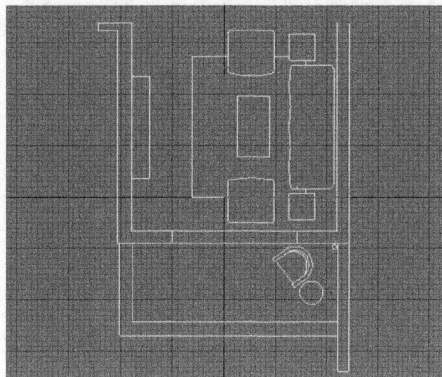

图7-16

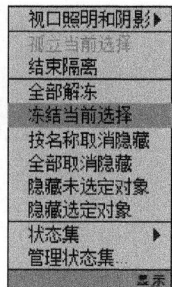

图7-17

2. 建模循序

下面要弄清楚建模的顺序，很多人建模很随性，喜欢建哪个部分就建哪个部分，这是一个很不好的习惯。在室内设计中，正确的建模顺序应该是先创建主要的复杂背景，再创建基本墙体。原因如下。

第1点：方便确认摄影机的角度，具体技巧会在后面的内容中进行介绍。

第2点：如果先把所有墙体都做出来，在做复杂造型时，场景中已经有了很多线条，画面会非常混乱，不方便操作。

3. 电视背景柜建模

下面开始建第1个模型——电视背景墙。毫无疑问，在这个案例中，电视背景墙是客户关心的部分，同时也是建模相对复杂的部分，因此应优先创建。观察参考图2.tif（学习资源中），下面先来厘清思路。

第1点：需要把这个背景墙对应到CAD尺寸中，注意比例大小的把控。

第2点：背景墙主要由柜体拼接而成，内部包含灯槽，因此建议用多边形建模来创建。

01 切换到顶视图，按S键激活"捕捉开关"按钮 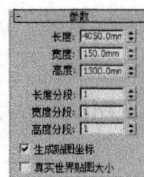，然后捕捉顶点绘制一个长方体作为参照物，这个参照物可以用来确定背景墙的造型尺寸，如图7-18所示。长方体的"长度"为4050mm、"宽度"为150mm、"高度"为1300mm，如图7-19所示。

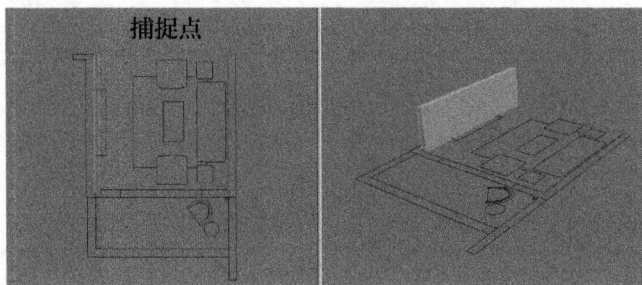

图7-18　　　　　　　　　　　　　　　图7-19

📝提示 -->>

大家在作图时完全可以只用一个最大化视图，这里是为了让大家看清楚才用了两个视图。另外，建模过程中，切记多使用线框和明暗处理模式来切换观察模型效果。

02 观察参考图中电视背景墙的外框造型，在柜内暗藏灯的，我们可以拆开来做。先做外板，切换到顶视图，激活捕捉，然后描线，将外板的外线描出来，如图7-20所示。

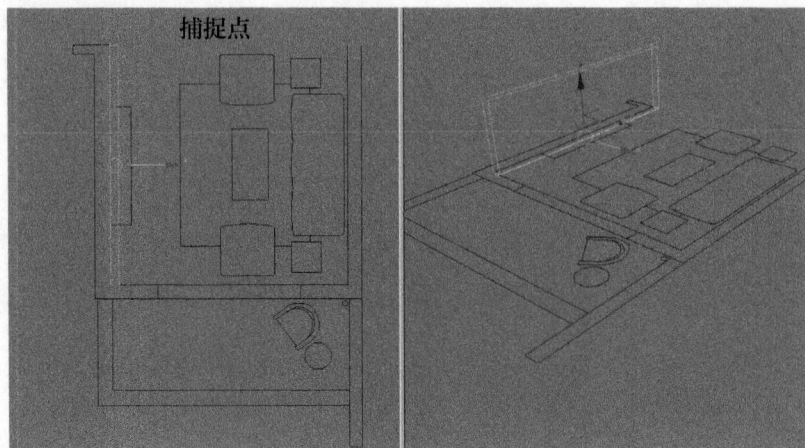

图7-20

03 选择外线，切换到"修改"面板，然后进入"样条线"级别，如图7-21所示，接着选中整条外线，如图7-22所示，控制其"轮廓"为－20mm，如图7-23所示，效果如图7-24所示。

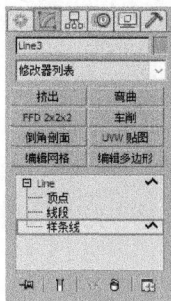

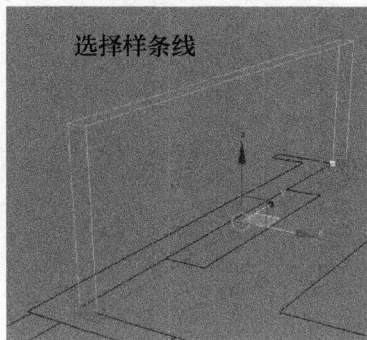

选择样条线

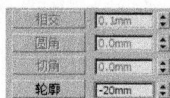

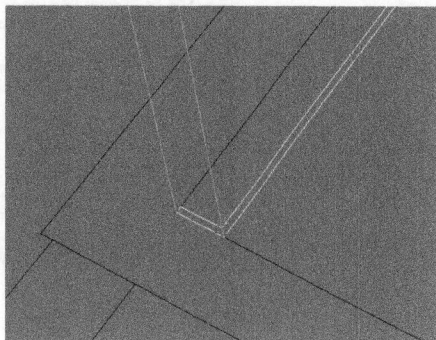

图7-21 图7-22 图7-23 图7-24

04 为样条线加载"挤出"修改器，如图7-25所示。

05 现在场景中已经有了三维模型，之前的参照物可以直接删掉，如图7-26所示。

06 将挤出的对象转换为可编辑多边形，如图7-27所示，为后续造型制作做准备。

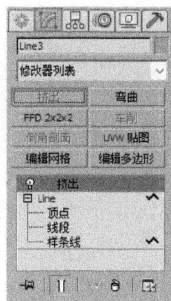

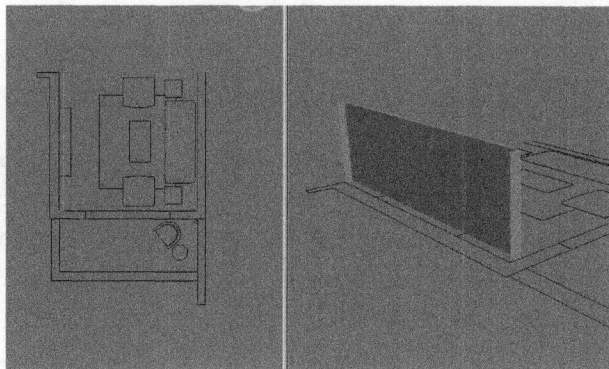

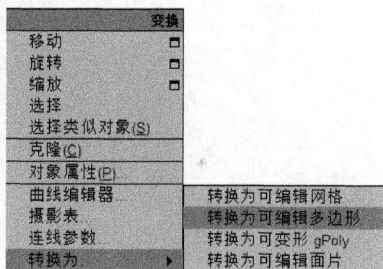

图7-25 图7-26 图7-27

📝 提示 ......

根据创建的长方体高度，这里可以设置"挤出–高度"为1300mm。

07 观察图7-3所示的背景墙，它有两条凹槽，下面开始制作。进入多边形的"边"层级，如图7-28所示，然后选中如图7-29所示的两条边。

08 对边进行"连接" 连接 □ 处理，如图7-30所示，然后设置"连接边"为2，生成两条新的边，这就是缝隙所在的线，如图7-31所示。

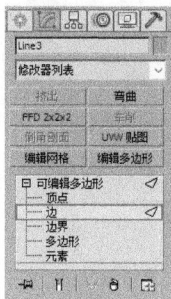

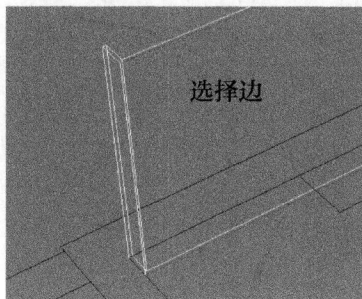

选择边

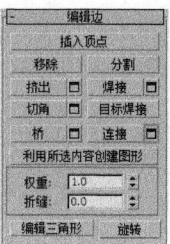

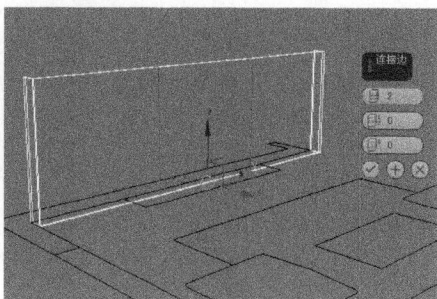

图7-28 图7-29 图7-30 图7-31

09 选中两条线，进入"修改"面板，使用"挤出"工具 挤出 □进行处理，如图7-32所示，然后设置"高度"为－10mm、"宽度"为10mm，如图7-33所示，效果如图7-34所示。

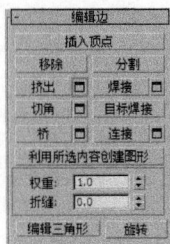

图7-32　　　　　　　　　　　　　　图7-33　　　　　　　　　　　　　　　　　图7-34

☑ 提示 -->

这里的宽度没有必要按照施工进行设置，因为在效果图中随着角度变化，缝隙的清晰程度也会发生变化，所以将缝隙设置得大一点是为了表现出缝隙效果。

10 继续完成柜子的内部结构。为什么需要内部结构呢？因为要模拟真实的施工，墙体应该反射出暗藏灯带效果。在顶视图中，捕捉顶点绘制一个长方体，如图7-35所示。这里长方体的"长度"为4010mm，"宽度"为130mm，"高度"为1200mm。

11 切换到前视图，将新建的长方体向上移动50mm的距离，使背景的上方和下方都留出灯槽位置，如图7-36所示。

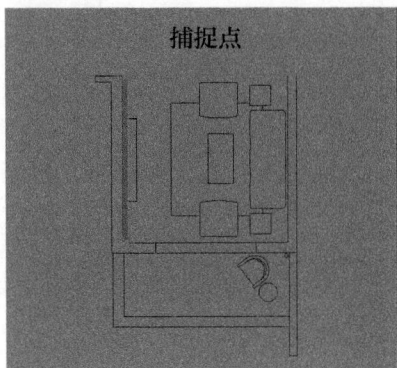

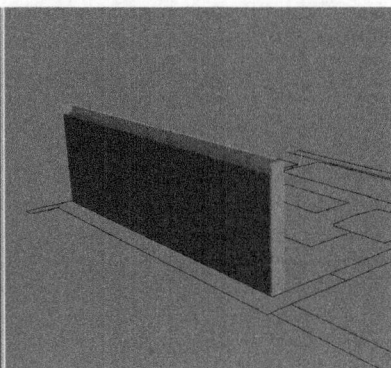

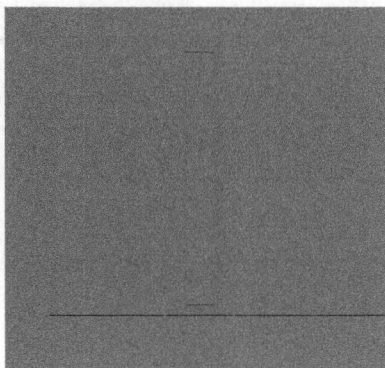

图7-35　　　　　　　　　　　　　　　　　　　　　　　　　　　　　图7-36

12 参考图7-3所示的右边装饰凸柜，绘制一个参照物用来确定装饰凸柜的造型尺寸。在顶视图中，捕捉顶点绘制一个长方体，如图7-37所示。长方体的"长度"为600mm，"宽度"为200mm，"高度"为1300mm。

☑ 提示 --------------------->

这是一个典型的"拆分与组合"的思维建模，不要试图使用多边形建模就把整个模型做出来。因为这样的模型，如果用多边形建模一次性做出来，其布线非常麻烦，同时也会对材质指定造成不便，所以建议大家把柜结构拆开，然后用二维线把每个柜结构的单独造型做出来。

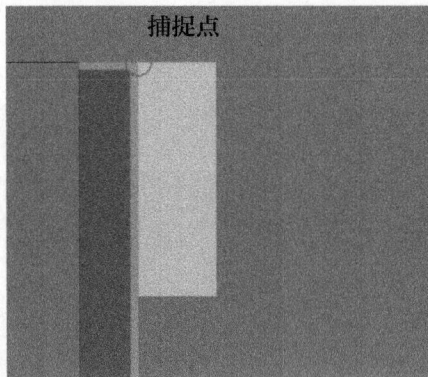

图7-37

13 切换到左视图，捕捉顶点绘制一个矩形，如图7-38所示，这里矩形的尺寸可以设置为300mm×300mm，如图7-39所示，然后将矩形转换为可编辑样条线，如图7-40所示。

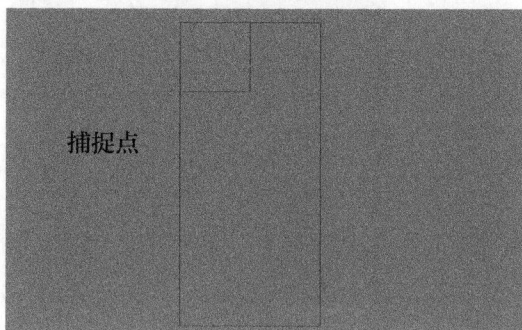

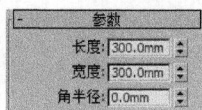

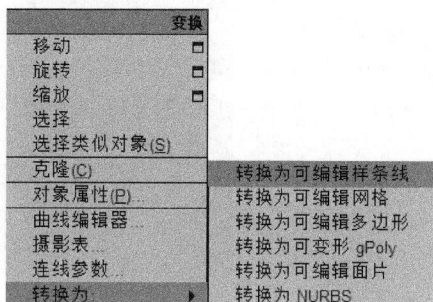

图7-38   图7-39   图7-40

14 按3键进入"样条线"级别，选中整个样条线，然后设置"轮廓"为20mm，如图7-41所示，效果如图7-42所示。

15 为样条线加载"挤出"命令，为其挤出一定深度，如图7-43所示。这里可以将深度控制在200mm左右。

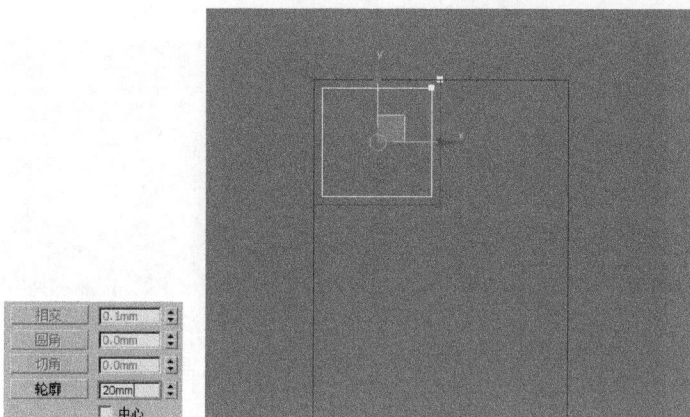

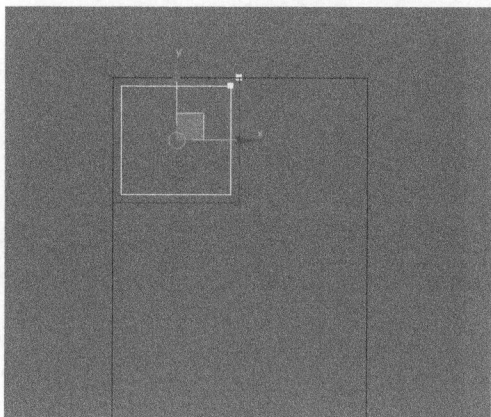

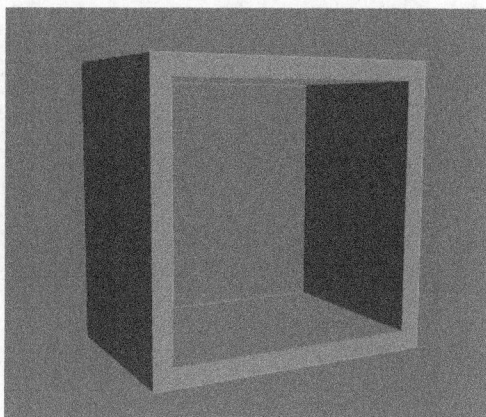

图7-41   图7-42   图7-43

16 因为上下对角各需要一个凸柜，所以选中前面创建的矩形对象，然后按住Shift键将其移动到对角，接着设置"对象"为"实例"，并单击"确定"按钮[确定]，如图7-44所示，效果如图7-45所示。

17 捕捉顶点绘制出凸柜的中间部分，绘制出柜体的样条线，然后为其加载一个"数量"为200mm的"挤出"修改器，效果如图7-46所示，柜体的单独效果如图7-47所示。

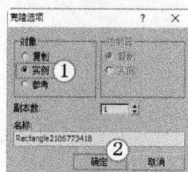

图7-44

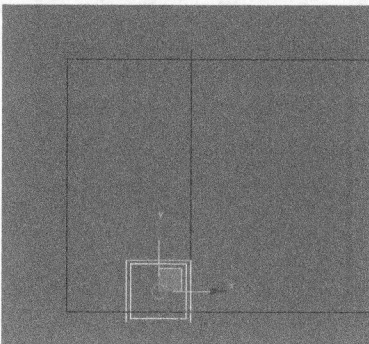

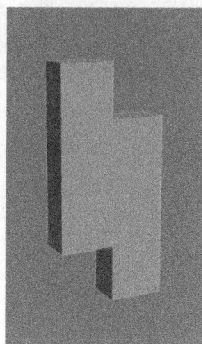

图7-45   图7-46   图7-47

18 继续做柜子的缝隙。选中前面创建的柜体模型，然后将其转换为可编辑多边形，接着在"顶点"层级选择如图7-48所示的顶点，并单击"连接"按钮 连接 ，如图7-49所示，连接后的效果如图7-50所示。

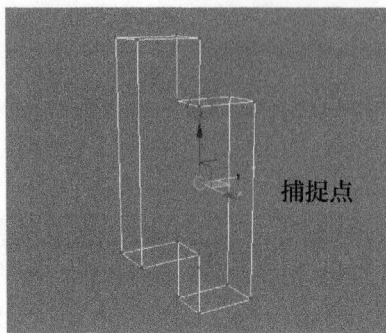

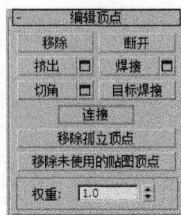

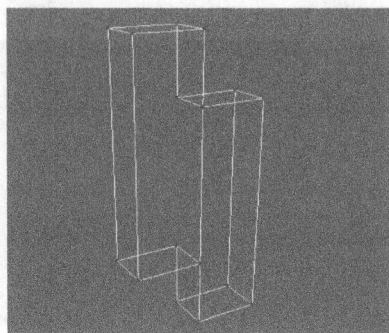

图7-48　　　　　　　　　　图7-49　　　　　　　　　　图7-50

19 进入"边"层级，选择新生成的线，如图7-51所示，然后对其进行"挤出"操作，设置"高度"为−10mm，"宽度"为10mm，如图7-52所示。

☑ 提示 ---------------------->

将之前的参照物（长方体）删掉，然后检查凸柜的造型结构是否完整，如图7-53所示。

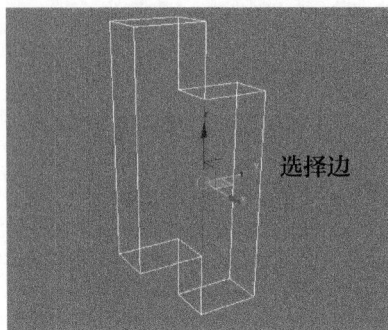

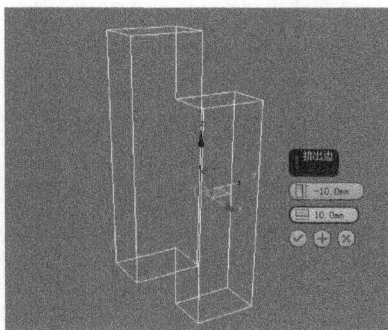

图7-51　　　　　　　　　　图7-52　　　　　　　　　　图7-53

20 选择整个背景柜体，如图7-54所示，因为背景柜为挂墙式，所以需要将其离地挂墙，切换到前视图，将整个背景向上移动600mm，如图7-55所示。

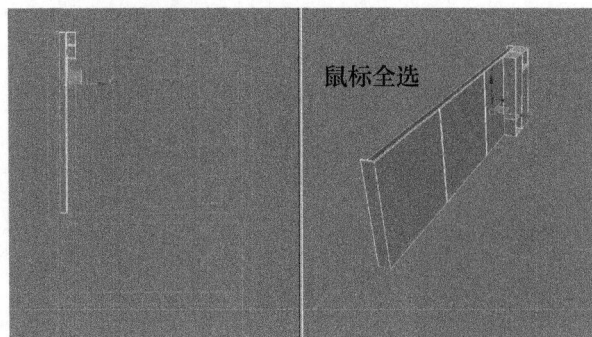

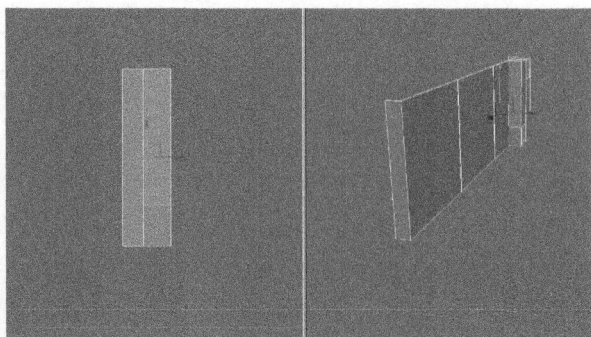

图7-54　　　　　　　　　　　　　　　图7-55

21 通过观察，发现做好凸柜后，外板的缝隙不是三等份，非常影响美观，如图7-56所示。因此，进入"顶点"层级，选择缝隙对应的顶点，将其移动到合适位置，如图7-57所示。这里可以通过选择多边形的顶点级别，把缝隙的所有顶点选中来进行移动。

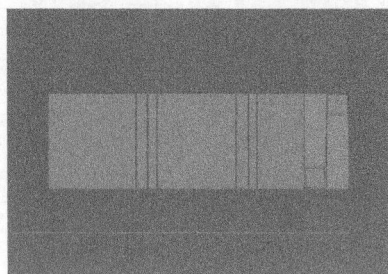

图7-56　　　　　　　　　　图7-57

22 接下来制作电视柜。根据客户提供的资料，切换到顶视图，绘制一个长方体作为参考物，如图7-58所示，效果如图7-59所示。这里长方体的"长度"为3450mm，"宽度"为350mm，"高度"为400mm。

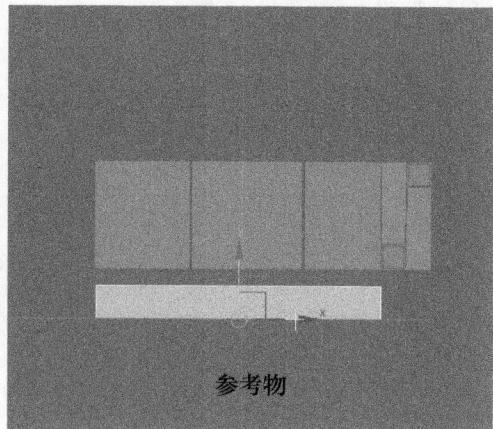

图7-58 图7-59

23 切换到右视图，捕捉参照物的顶点绘制一个矩形，如图7-60所示，然后将其转换为可编辑样条线，接着在"样条线"层级下选中整个样条线，为其设置"轮廓"为20mm，如图7-61所示，效果如图7-62所示。

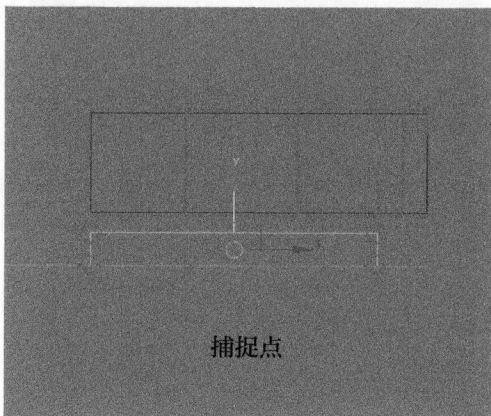

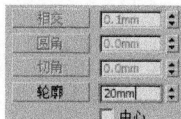

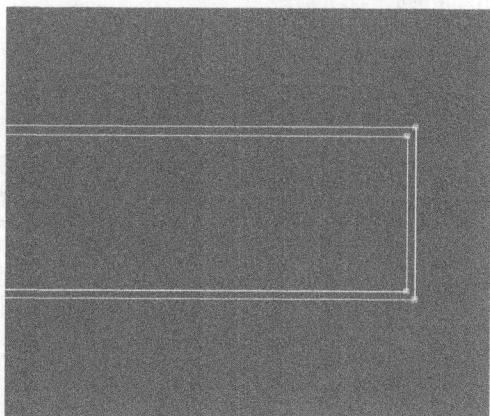

图7-60 图7-61 图7-62

24 为上述样条线加载一个"挤出"修改器，设置"数量"为400mm，然后删除参照物，效果如图7-63所示。

25 切换到左视图，将挤出的模型作为参考，捕捉顶点绘制一个长方体，如图7-64所示，长方体的尺寸和分段如图7-65所示。

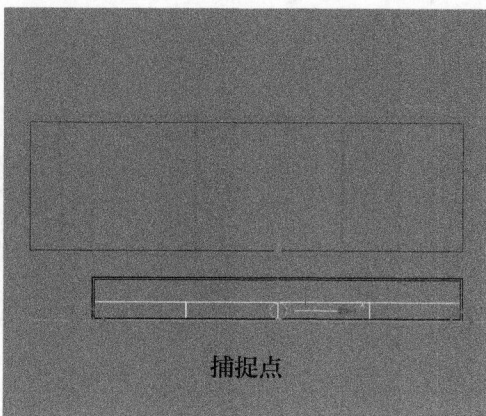

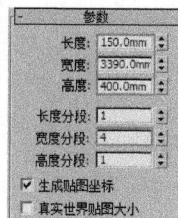

图7-63 图7-64 图7-65

26 选择新建的长方体，将其转换为可编辑多边形，然后在"多边形"层级中选择如图7-66所示的面，接着使用"插入"工具 插入 □对其进行处理，如图7-67所示，参数如图7-68所示。注意，这里的"插入类型"是"按多边形"，目的是让每个面单独变化。

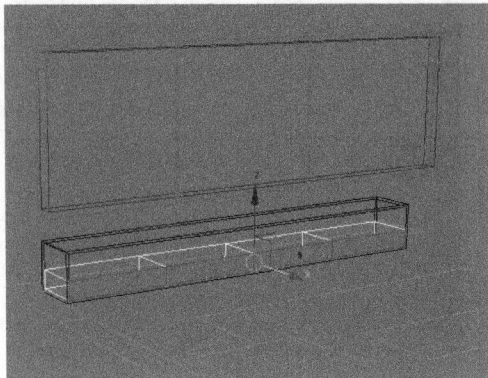

图7-66

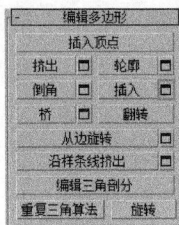

图7-67

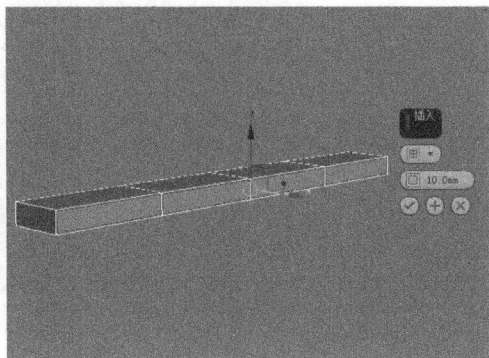

图7-68

27 保持选择上一步中的面，然后使用"挤出"工具 挤出 □进行处理，如图7-69所示，接着设置"高度"为10mm，如图7-70所示。

28 现在，电视柜还缺一块背板，绘制一个长方体补上即可，整个电视背景效果如图7-71所示。

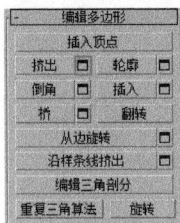

图7-69

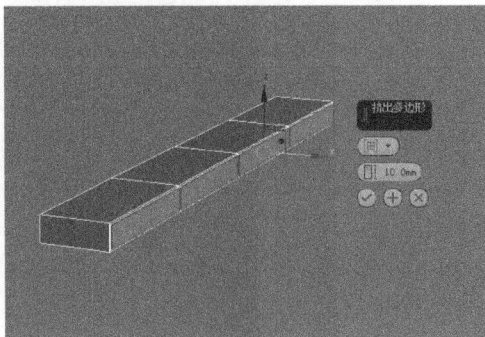

图7-70

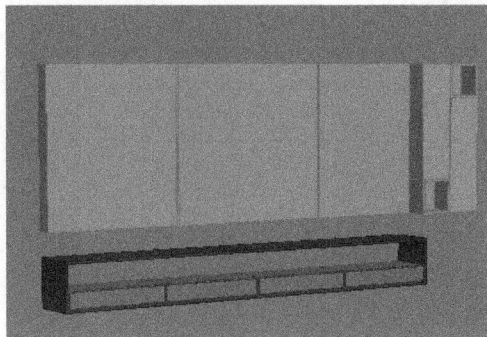

图7-71

4. 可见墙体建模

为什么说是可见墙体建模，而不是墙体建模呢？记住，千万不要做无用功，绝对看不到的地方，完全不需要浪费时间去建模。

在顶视图中观察平面，因为拍摄视角已经确定为从门到阳台，所以窗户处是不需要建模的，只需要创建设计范围内的对象。做墙体时最好是以材质来区分，不同材质的墙体，使用不同的模型，方便材质指定和后续修改。

另外，大多数情况下，可以考虑不做阳台模型，因为在导入窗帘模型后，视野范围内通常是看不到阳台效果的。

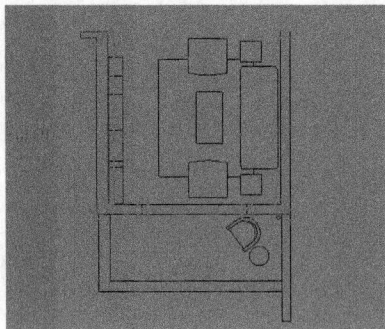

图7-72

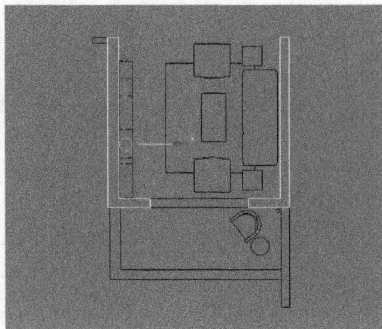

图7-73

01 切换到顶视图，捕捉如图7-72所示的顶点来绘制墙体的线，绘制的样条线如图7-73所示。

02 为上述墙体线加载"挤出"修改器，效果如图7-74所示。这里可以设置"数量"为2800mm，即现实中的层高。

03 创建踢脚线。一般来说，复杂的踢脚线会使用"倒角剖面"来创建，不过因为本场景的踢脚线比较简单，所以可以直接使用样条线挤出来创建。切换到顶视图，捕捉顶点绘制踢脚线范围，如图7-75所示，效果如图7-76所示。

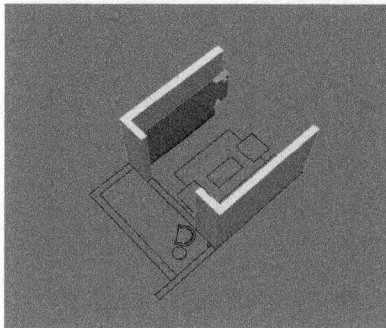
图7-74

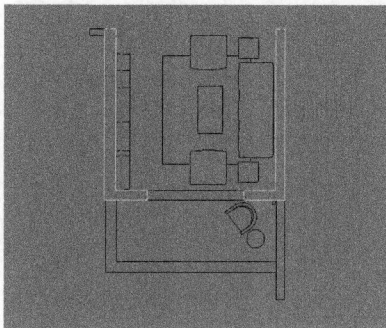
图7-75

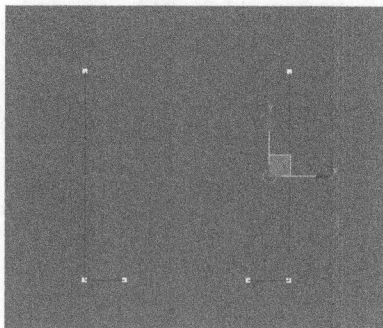
图7-76

04 选中线条，为其设置一个10mm的"轮廓"，效果如图7-77所示，即踢脚线的厚度为10mm，然后为样条线加载一个"数量"为100mm的"挤出"修改器，效果如图7-78所示。

05 现在门洞上面还是空的，缺少一个过梁，因此绘制一个长方体放上去，如图7-79所示。

图7-77

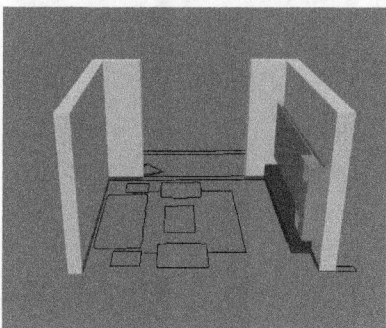
图7-78

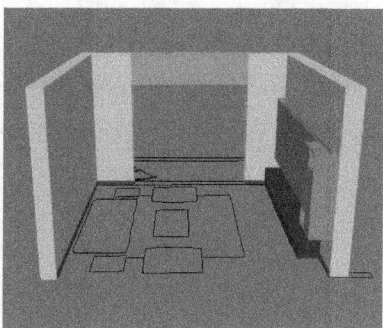
图7-79

5. 天花和地板建模

继续观察客户的参考图，天花的创建同样遵循"拆分与组合"的思维，即分为下层、灯槽层和顶层。

01 创建最下层。在顶视图中，捕捉如图7-80所示的顶点绘制矩形，然后将其转换为可编辑样条线，接着在"样条线"层级设置一个200mm的"轮廓"，效果如图7-81所示。

02 现在不要为矩形加载"挤出"修改器，因为现在的矩形还不是我们想要的样子，通过修改矩形的顶点位置，将其修改为如图7-82所示的结构，窄的两边是预留的灯槽位置。

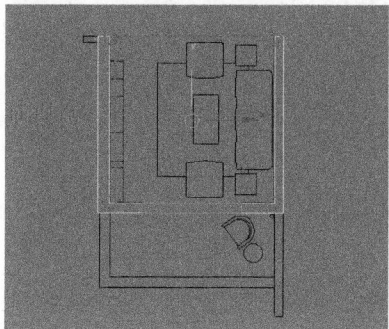
图7-80

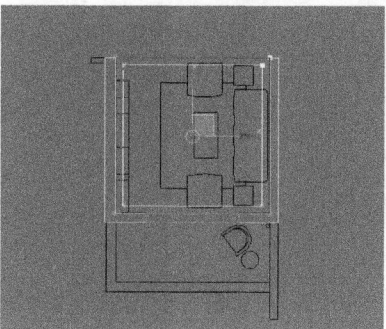
图7-81

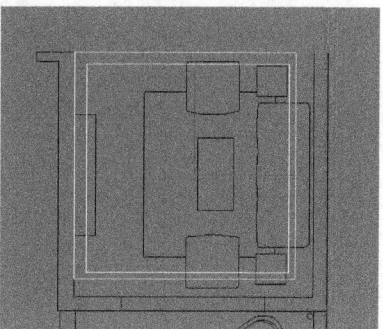
图7-82

03 给矩形加载一个"数量"为200mm的"挤出"修改器,将吊顶的最下层制作出来,然后将其移动到适当的高度,如图7-83所示。

04 制作灯槽层。捕捉顶点描线,如图7-84所示,然后设置100mm的"轮廓"效果,如图7-85所示。

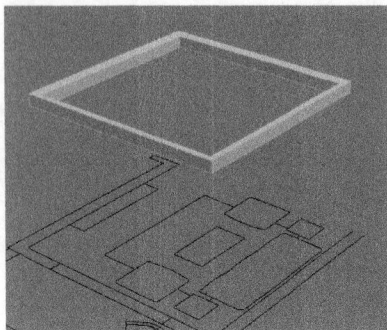
图7-83

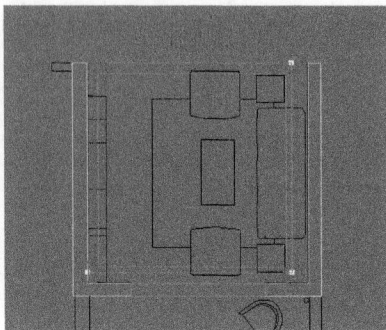
图7-84

图7-85

05 为样条线加载一个"高度"为20mm的"挤出"修改器,然后将其移动到如图7-86所示的位置。这样做的目的就是留空位供打光使用。

06 绘制一个长方体,填补在最上面,然后再绘制一个长方体,放在地面作为地板,效果如图7-87所示。

图7-86

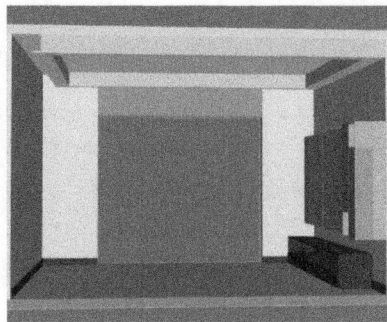
图7-87

7.1.4 打摄影机角度

创建好主体框架后,剩下的对象可以通过导入模型来完成,如门、筒灯、吊灯、电视机和装饰品等。有人喜欢布置好场景后再打摄影机,但建议大家在完成摄影机可拍摄的模型后就打摄影机,因为这个时候可以从摄影机视角知道哪些模型需要导入,可以避免模型全导进来,加大计算机的负荷。

01 用图7-88所示的方法激活"目标"摄影机,然后在顶视图中创建一盏摄影机,因为要求从客厅看到阳台,因此摄影机的位置在客厅,目标点的位置在阳台,如图7-89所示。

02 前面讲过,摄影机的"视野"一般控制在68~84。这个空间并不大,因此设置"视野"为68,如图7-90所示,然后按C键切换到摄影机视图,如图7-91所示。

☑ 提示 ------->

因为摄影机在顶视图创建,所以创建位置在地平面,即摄影机高度为0。

图7-88

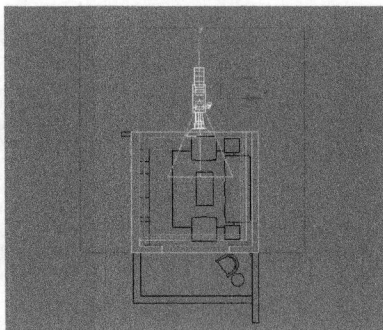
图7-89

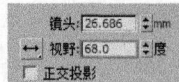
图7-90

图7-91

03 切换到顶视图，将摄影机和目标点调节好，即控制好摄影机的两条边线，如图7-92所示。

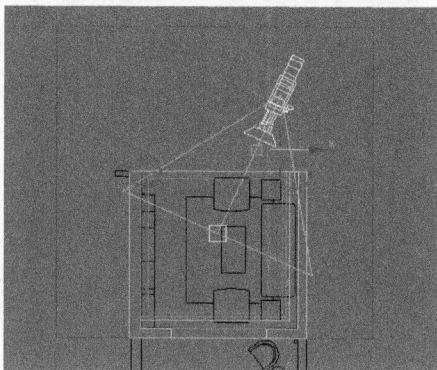

图7-92

提示

两条边线就是拍摄范围，因为电视背景墙是主体，要突出表现，所以摄影机方向应该偏向电视背景墙。

04 现在摄影机在地平面，选中摄影机和目标点，把它们向上移动900mm（即调成狗视图），摄影机视图如图7-93所示。

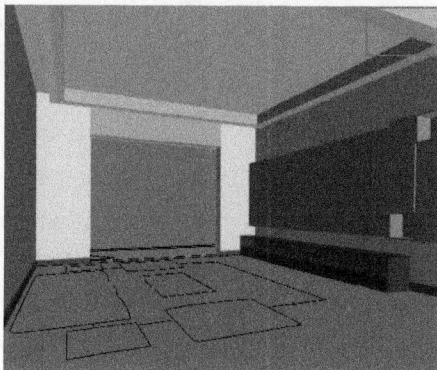

图7-93

提示

狗视图适用于很多场景，正常情况下，设计师会将摄影机视角调成狗视图，然后根据实际情况进行微调。

05 观察图7-93所示的效果，吊顶有视觉上的缺陷。因此，可以修改吊顶模型，即将模型往摄影机这边延伸，如图7-94所示。至此，摄影机就处理好了，然后根据拍摄视野补齐剩下的模型即可。

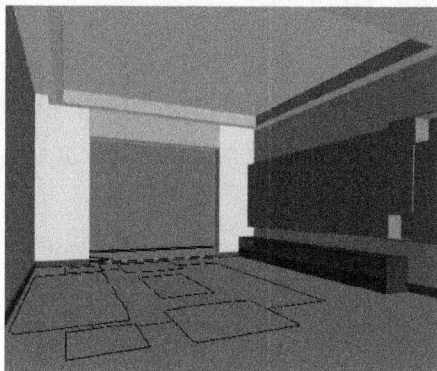

图7-94

提示

这里的地板也做了同样的修正，大家在作图时要灵活改变模型，一切以摄影机视图看到的效果为准。

7.1.5 制作材质

本节主要介绍材质。在处理材质时，不要导入家具后再指定，因为家具模型本身就带有材质，导入后只需要修改一下即可。注意，整理好自己的家具模型库是非常重要的。另外，在做材质的时候，需要尽量做到与参考图一样，因此能找到一样的贴图再好不过，如果实在找不到，就一定要使用效果非常接近的贴图。

1. 天花和墙体材质

选中天花和墙体，然后单击鼠标右键，选择"隐藏未选定对象"，把天花和墙体单独显示出来，效果如图7-95所示。因为墙体和天花都是白色，所以设置"漫反射"为纯白色即可，如图7-96所示，材质指定效果如图7-97所示。

图7-95

图7-96

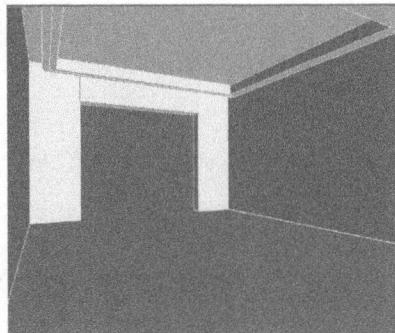

图7-97

2. 地板材质

地板主要是瓷砖材质，它有2个重要属性。一个是"漫反射"，需要设置一个适合本场景的贴图；另一个是"反射"，因为瓷砖有反射属性，所以控制好反射力度，才能体现质感。

01 为"漫反射"加载一张地砖的贴图，如图7-98所示。注意，这张贴图是自带黑边的，因此不需要用到"平铺"贴图。

02 为"反射"加载"衰减"贴图，然后设置"高光光泽度"为0.9、"反射光泽度"为0.9，如图7-99所示。这里没有固定要给多少值才对的说法，只有通过不断调试，才能得到最好的效果。

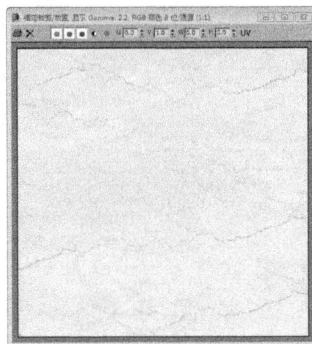

图7-98

03 进入"反射"通道，因为"衰减"默认是黑到白，所以将其修改为黑到蓝的衰减，然后设置"衰减类型"为Fresnel，如图7-100所示，蓝色的颜色值如图7-101所示。这样做可以让地板反射出冷调，通常很多暖色材质可以用这个方法来做冷暖效果。

04 为地板模型加载"UVW贴图"修改器，设置"长方体"为600mm×600mm×600mm，材质效果如图7-102所示。

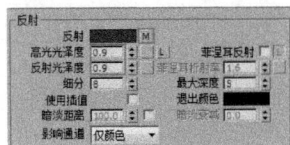

图7-99

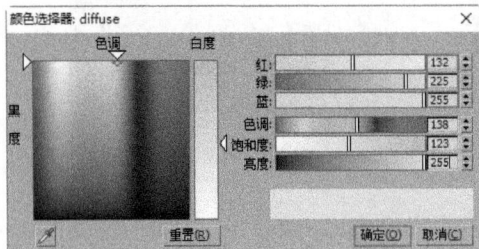

图7-100

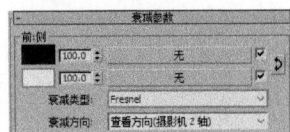

图7-101

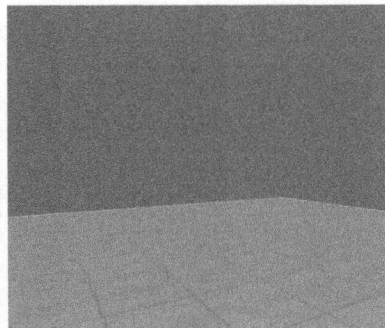

图7-102

3. 踢脚线黑镜钢材质

常用的踢脚线有白漆踢脚线、黑镜钢踢脚线、木纹踢脚线和大理石踢脚线等，根据客户的参考图风格，这里使用黑镜钢材质。

设置"漫反射"为黑色，然后为"反射"加载"衰减"贴图，接着设置"高光光泽度"为0.8、"反射光泽度"为0.8，如图7-103所示，最后用与地板相同的方法设置"衰减"参数，如图7-104所示。材质指定效果如图7-105所示。

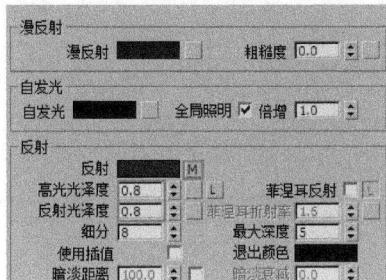

图7-103

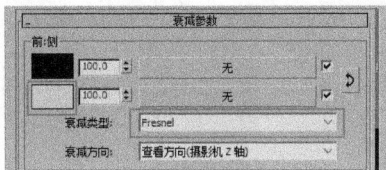

图7-104

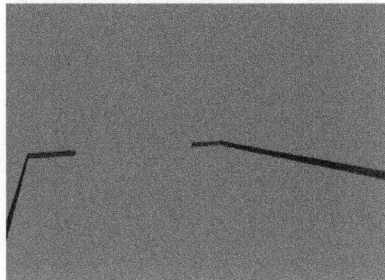

图7-105

4. 电视背景柜材质

在做电视背景柜材质前，要清楚整个电视背景柜由多少种材质组合而成。根据参考图，可知有黑色木饰面和白色漆两种材质。其中，黑色木饰面在本例中有轻微凹凸感，且有少许的光泽感和反光感。

01 先做黑色木饰面。为"漫反射"加载一张黑色木纹贴图，如图7-106所示，然后在"位图"层级中设置"模糊"为0.01，如图7-107所示。

提示 ----------------->

"模糊"越低，图片越清晰。

图7-106

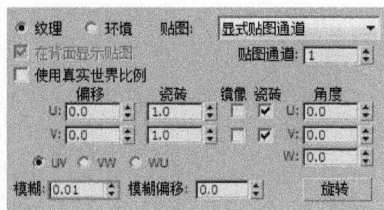

图7-107

02 为"反射"加载"衰减"贴图，然后设置"高光光泽度"为0.85、"反射光泽度"为0.9，如图7-108所示，让木饰面有一点模糊感，并保持光亮感，接着用前面的方法设置"衰减"参数，如图7-109所示。

03 展开"贴图"卷展栏，将"漫反射"的贴图拖曳到"凹凸"通道，复制一张贴图作为"凹凸"贴图，然后设置"凹凸"为30，如图7-110所示，让木纹带一点凹凸感。

04 将材质指定给黑色木饰面模型，然后为模型加载"UVW贴图"修改器并调整好纹路，效果如图7-111所示。

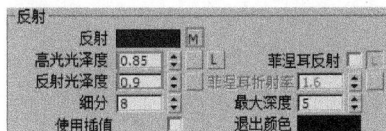

图7-108

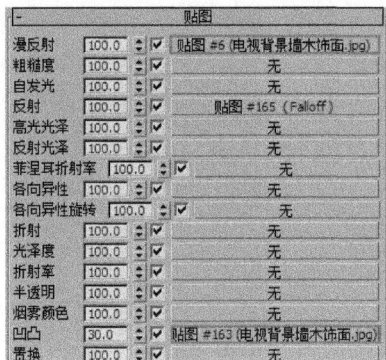

图7-109

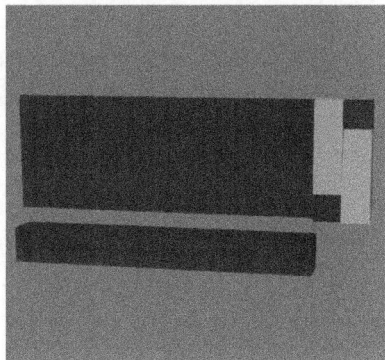

图7-110

图7-111

05 下面做白色漆材质。设置"漫反射"为纯白色，然后为"反射"加载"衰减"贴图，接着设置"高光光泽度"为0.8、"反射光泽度"为0.8，如图7-112所示，最后用前面的方法设置"衰减"参数，如图7-113所示。

06 将材质指定给相应的模型，整个电视背景柜的效果如图7-114所示。

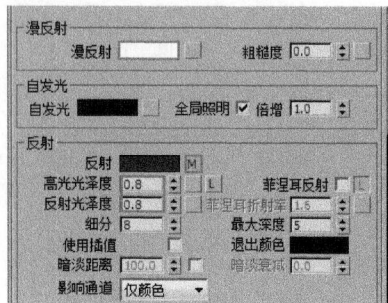

图7-112

图7-113

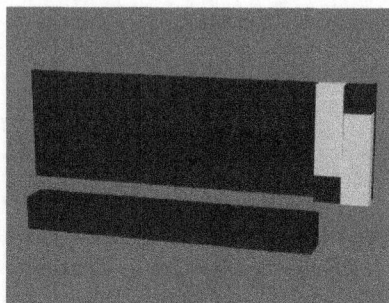

图7-114

7.1.6 导入家具模型并检查材质

下面导入家具模型并检查其材质。先普及一下模型库的知识，作图必备的库有贴图素材库和模型库。贴图素材库是各类贴图，如木材、石材和壁纸等；模型库是各类家具的3ds Max模型。注意，在导入模型时，低版本的模型可以导入高版本的3ds Max，而高版本的模型无法导入低版本的3ds Max。

在整理模型库时，建议大家分为单体模型和组合模型两类。单体模型通常是单个对象，如灯具、装饰品和单体沙发等，单体模型可以供我们自由组合，这类模型一定要全面；组合模型就是成套的模型，如组合沙发、成套茶几和吊灯组合等，这类对象通常都是指定好材质的。组合模型库需要整理一些百搭的、常用的，建议每种风格都收集几套实用的，足以应付平时的工作，切记定时更新即可。

在资源文件中，准备好本例的一些模型，现在就来导入这些模型，导入模型有以下两种方法。

第1种：单击软件左上方的应用图标，然后执行"导入>合并"命令，如图7-115所示。

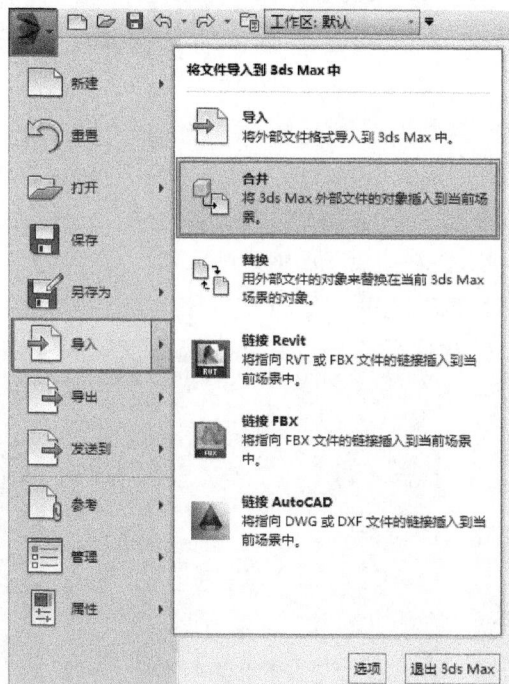

图7-115

第2种：直接打开模型所在的文件夹，选择要导入的单体模型，然后拖曳到3ds Max的视图区域，此时在弹出的对话框中选择"合并文件"即可，如图7-116所示。

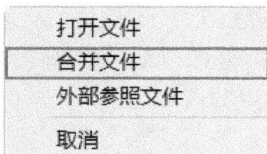

现在将需要的模型都导入进来，包括窗帘、沙发、电视、装饰品和筒灯等，导入后的效果如图7-117所示。大家在作图的时候，尽量多发挥想象，不要怕犯错误，可以把不同类型的模型都导入进来组合一下，感受设计的魅力所在。

图7-116

一般来说，我们下载或者购买的模型都是指定好材质的，因此只需要检查材质是否合理，并不需要重新做材质。检查材质的流程如下：先把要检查的对象单独显示出来，以凳子为例，按M键打开"材质编辑器"，任意选择一个材质球，然后单击吸管，如图7-118所示，接着单击视图中的对象，如图7-119所示，这样当前选择对象的材质就会被吸取出来；完成材质检查后，剩下的就是检查材质贴图是否丢失，材质细分是否合适，材质最大深度是否太大等问题。建议大家要养成检查导入模型的好习惯。

图7-117

图7-118

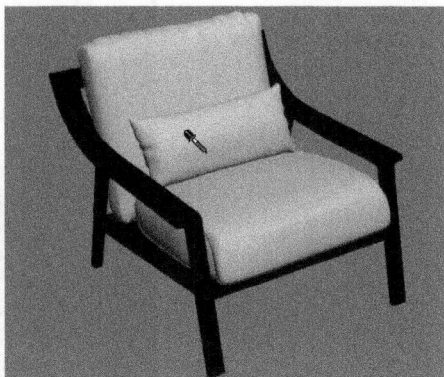

图7-119

📝 提示 ------

通常导入一个模型就检查一个，不建议等全部模型都导入后再去检查。

7.1.7 打灯光

灯光的打法不是固定的，要根据不同的场景给予区别对待。打光时，要确定场景气氛，即确定白天还是晚上，温馨还是庄严等。另外，打灯光不是一次就可以成功的，通常需要经过多次调整，才能打一组灯光。在这个过程中，需要不停地渲染测试，来回修改，直到客户满意，才会渲染最终的效果图。

下面开始打光。观察场景中的真实灯具，包括台灯、筒灯、灯槽和顶灯，首先要模拟这些灯具，即场景中有的灯光要在第一时间将它们打好。

1. 台灯

01 室内的灯一般都会做暖调，建议台灯直接使用米黄的光。创建一个"VRay灯光"，然后设置"类型"为"球体"、"倍增器"为60、"半径"为35，具体参数如图7-120所示，颜色如图7-121所示。

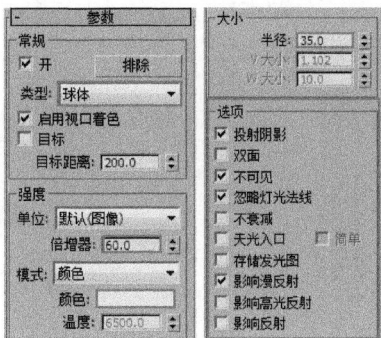

图7-120

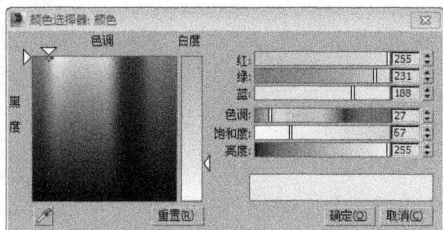

图7-121

02 把上一步创建的灯放到台灯的灯罩中，灯光位置如图7-122和图7-123所示。因为场景中有两盏台灯，所以需要复制一个灯光到另一盏台灯中。

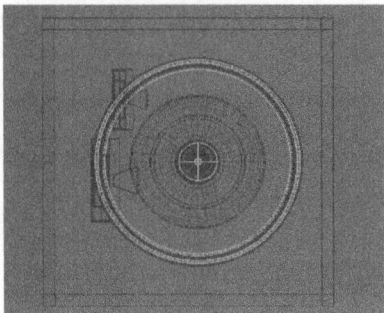

图7-122

图7-123

2. 天花灯槽

创建两个"VRay灯光"，设置"类型"为"平面"、"倍增器"为1.5，控制"颜色"与台灯的"颜色"一致，以免出现色彩凌乱的灯光，然后控制"尺寸"与灯槽大小吻合即可，具体参数如图7-124所示，接着把灯光放置在灯槽内，位置和方向如图7-125和图7-126所示。

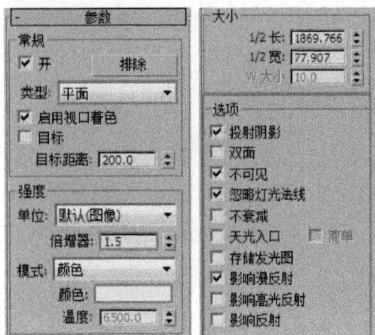

图7-124

图7-125

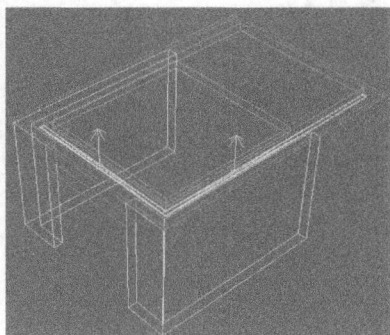

图7-126

3. 电视背景墙灯槽

复制一个天花灯槽光，将其放在电视背景墙的灯槽中，然后根据电视墙的尺寸大小进行调整，位置和方向如图7-127和图7-128所示。

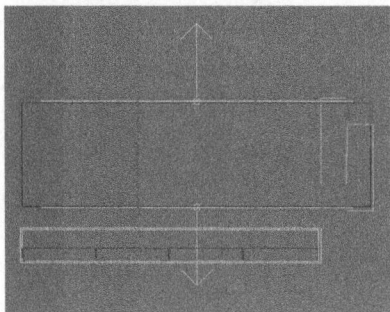

图7-127

图7-128

4. 筒灯

01 筒灯即业内所说的光域网。创建一个"光度学"的"目标灯光"，具体参数如图7-129~图7-131所示，其中，"颜色"仍然和台灯保持一致。其实，光域网的设置比较简单，就是加载好确定的光域网文件，调整"颜色"和"强度"即可。

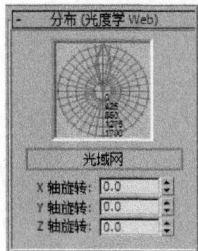

图7-129

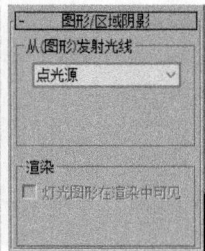

图7-130

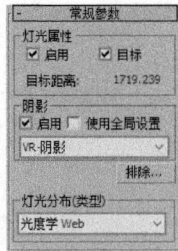

图7-131

02 把光域网复制到场景中的筒灯下，位置和方向如图7-132和图7-133所示。

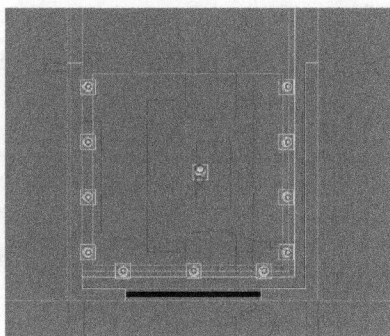
图7-132

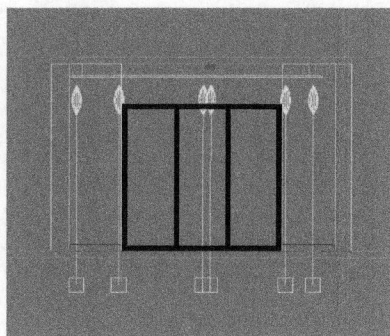
图7-133

03 为了让墙体呈现出更好的光域网效果，对靠近墙体两侧的光域网进行调整，拖动目标点到合适的位置，形成斜角照射效果，如图7-134和图7-135所示。

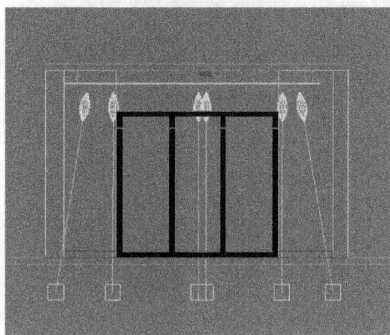
图7-134

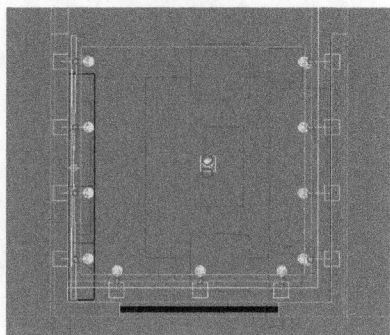
图7-135

5. 补充的光域网

补充的光域网是一个打光的小技巧，在前面的章节中介绍过，当光域网照射到模型上时，可以产生明暗阴影。因此，如果场景中的筒灯刚好照射在模型上面，明暗阴影效果自然会出来，但大部分场景不会这么巧，也就需要我们刻意地去创建这种光域网来增加明暗阴影效果。

01 复制光域网，只要模型上没有灯光的，我们都可以复制光域网过去，包括凳子、茶几和沙发，如图7-136所示。注意，除了模型上面，也要在一些空位补上光域网。如果大家把握不好补在哪，可以渲染一次草图，看哪里特别暗，且没有明暗关系，就可以在哪里补上。

02 把补的光域网往下移动一点，让它们更接近模型，如图7-137所示，这样的灯光效果会更强。但要注意，不是每个光域网都离模型很近，而要根据实际情况来调，摄影机视图的灯光分布效果如图7-138所示。

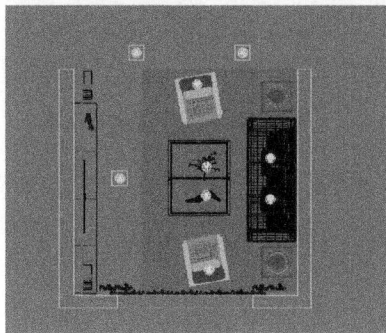
图7-136

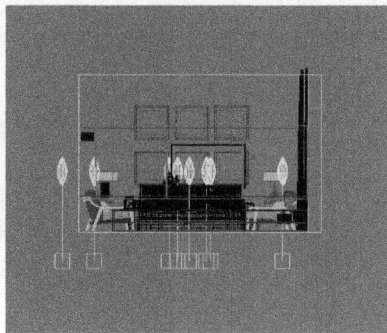
图7-137

图7-138

6. 主光

因为这个空间不大，所以两个地方可以做主光，即窗外和摄影机的位置。这里选择在窗外创建平面光作为主光，通常有窗户的场景都可以在窗外打一个冷调的面光，与室内的暖调光形成冷暖对比。

01 创建一个"VRay灯光"，设置"类型"为"平面"，具体参数设置如图7-139所示，冷调颜色如图7-140所示。

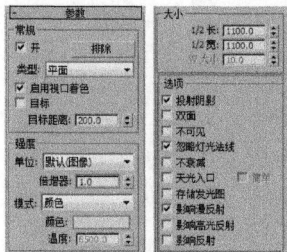 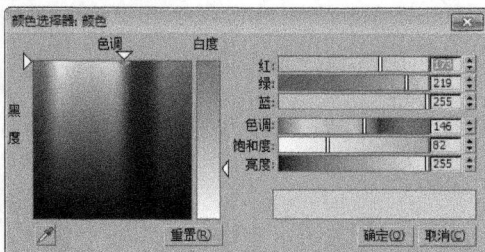

📝 **提示** ----------------

这里没有勾选"不可见"选项，因为要模拟窗外天光透过窗帘的感觉，所以要使光的本体可见。如果大家在做一些没有窗帘或者说能看到外景的场景，就要勾选灯光的"不可见"选项了。

02 将平面光放置在窗户处，位置和方向如图7-141和图7-142所示。注意，灯光的大小与窗户大小要保持一致，大家可以自行测试平面光的远近和大小对效果的影响。

图7-139　　　　　图7-140

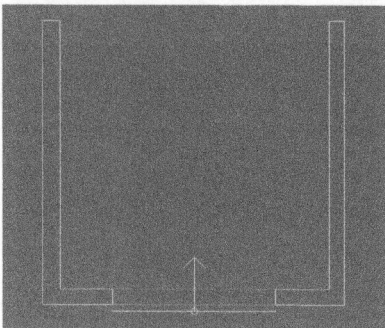 

图7-141　　　　　图7-142

7.1.8 渲染测试草图并修改

　　下面用测试参数来渲染草图，这是一个不断测试和修改的过程。在这个过程中，主要是看灯光、材质有没有达到预期的效果。如果测试效果没问题，就可以考虑发给客户，让客户确定是否需要调整，客户确认后才会进行大图渲染。大家可以根据上一章介绍的测试参数进行主要设置，然后再细微调整即可。

01 为了小空间不出现压抑感，可以考虑让层高看上去高一点，设置"图像纵横比"为1.2，如图7-143所示。

02 设置"颜色贴图"为"线性倍增"，然后保持其他参数不变，如图7-144所示。其他参数可以根据草图效果来决定是否修改。

📝 **提示** ----------------

为了更好地进行说明，这里设置的"宽度"是1000，这是比较大的。通常在工作中，为了渲染效率，设置为500即可。

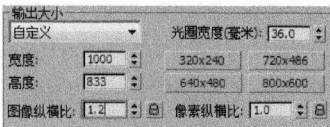 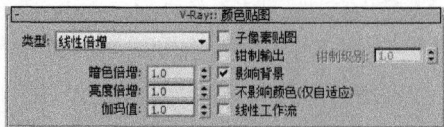

图7-143　　　　　图7-144

03 按F9键渲染，草图如图7-145所示。

📝 **提示** ----------------

大多数草图的特点是脏、黑、不清晰和锯齿明显，这都是正常的。渲染草图的目的是观察其明暗、冷暖和灯光氛围是否到位，至于整体亮度偏暗，只要不是太严重就不用在意。3ds Max渲染出来的图都偏暗，这个问题可以在Photoshop中进行处理。注意，在Photoshop中把暗图变亮是很容易的，把亮图（曝光）变暗就比较麻烦了。

图7-145

04 现在需要修改冷调部分。本场景是以窗外环境为主光，但是从草图效果来看，窗外进来的冷光好像比较弱，甚至没有进光的感觉。因此，复制一个窗外光，将其放到屋子里面，如图7-146所示，这样做可以让冷调得到非常大的补充，窗户处的天花也有很明显的进光效果，如图7-147所示。

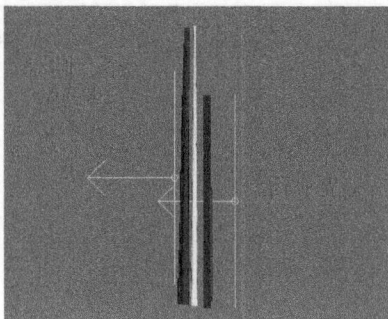

图7-146

图7-147

7.1.9 渲染大图

草图确认无误后，即可把渲染参数设置为成品图的参数。注意，在设置参数的时候，不要忘记设置自动保存。设置好渲染参数后，切记将材质和灯光的"细分"适当提高。

01 将材质和灯光的"细分"都提高到50，并设置渲染的"宽度"为2000，效果如图7-148所示。

02 下面需要渲染一张AO图，主要用于后期处理，它可以解决模型与模型的交界处发虚和明暗不足的问题。勾选"覆盖材质"，如图7-149所示，然后将一个空白材质球拖曳到"覆盖材质"上，设置材质球为"VRay灯光材质"，接着为材质加载一张"VRay污垢"贴图，并设置强度为2，如图7-150所示，最后设置"VRay污垢"贴图的参数，如图7-151所示。

图7-148

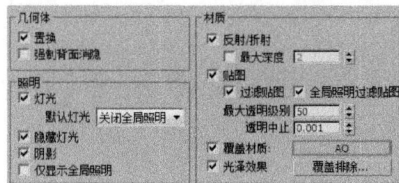

图7-149

图7-150

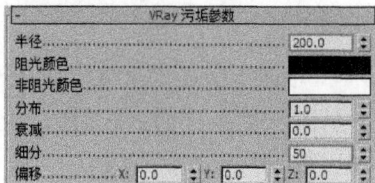

图7-151

03 保持渲染参数不变，按F9键渲染摄影机视图，效果如图7-152所示。这就是AO图，模型与模型之间的交界位置会以黑色表现出来。

图7-152

7.1.10 后期

在商业效果图中，后期处理的工作内容并不多，主要解决渲染图颜色不足的问题。当然，如果是做高质量的表现图，在后期处理阶段，还是可以调整很多细节的。

01 打开Photoshop，把大图和AO图打开，如图7-153所示。

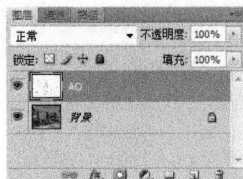

图7-153

📝 提示 --->

在Photoshop中，可以按住Shift键把一张图拖到另一张上，它们会自动对齐。

02 单击AO图前面的"眼睛"，隐藏该图层，然后选择"背景"图层，按快捷键Ctrl+J复制一个图层，并双击复制出来的图层名字，将其命名为"大图"，如图7-154所示。

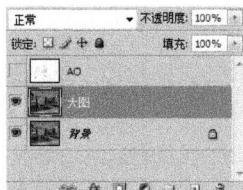

图7-154

📝 提示 --->

复制"背景"图层是做后期的好习惯。如果不这样做，在处理的过程中不小心保存了，原图就没了。切记永远不要改变原图。

03 选中"大图"图层，执行"图像>调整"命令，下拉菜单会弹出很多调整选项，如图7-155所示。

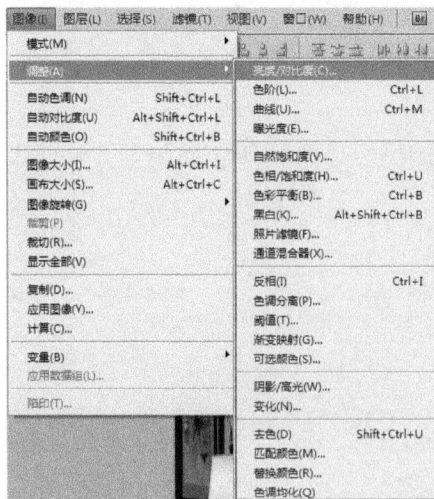

图7-155

📝 提示 --->

一般室内的后期就是在这里调整，我们要做的就是观察做出来的大图亮度够不够，颜色到位没有，对比度适合不适合等。

04 下面要处理图像的层次感、对比度、色彩的饱和度以及整体亮度，对"色阶""亮度/对比度""自然饱和度"和"曲线"进行调整，可以参考如图7-156~图7-159所示的参数进行调整。

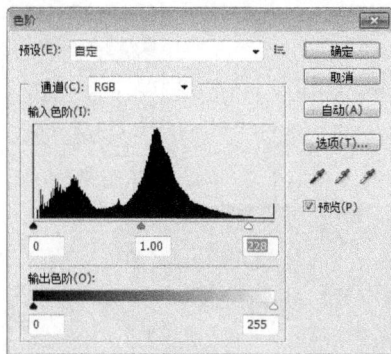

图7-156

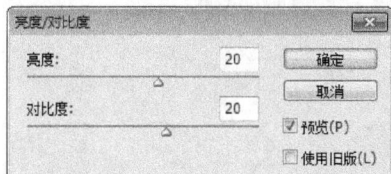

图7-158

提示

调整完的效果如图7-160所示，整体的色感和光感已经不错了。其实，这些调整并没有明确的标准，大家要多去尝试并积累经验。下面大家继续观察，是否发现模型与模型的交接位发虚，这就需要使用AO图来处理。

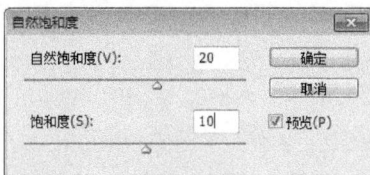

图7-157

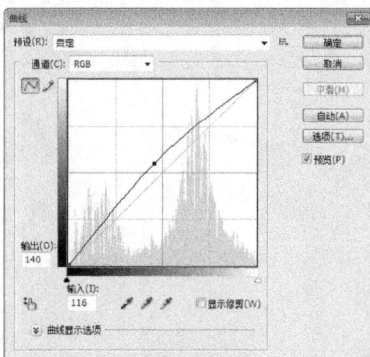

图7-159

图7-160

05 激活AO图层，然后设置图层模式为"正片叠底"、"不透明度"为50%，如图7-161所示。最终效果如图7-162所示。

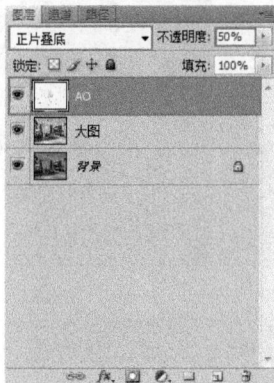

图7-161

图7-162

提示

下面对比一下有AO图处理和没有AO图处理的效果，没有AO处理的效果如图7-163所示，有AO处理的效果如图7-164所示。观察吊顶与天花之间，可以发现暗部亮度有明显提高。注意，只要是模型之间的交接位，AO图就能提高其明暗关系。

图7-163

图7-164

场景位置	场景文件>CH07>02.max，02.dwg
实例位置	实例文件>CH07>中式书房表现.max
视频名称	中式书房表现.mp4
难易指数	★★★☆☆
技术掌握	读取单子基本信息、中式书房的建模/材质/灯光/后期

扫码看视频

7.2.1 获取信息

01 打开学习资源中的"场景文件>CH07>02.dwg"文件，如图7-165所示，这是书房空间的平面图。

02 打开对应的参考图，如图7-166和图7-167所示。

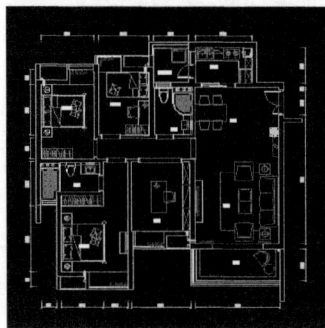

图7-165

图7-166

图7-167

这是本例的所有资料，现在模拟一下真实情景。

客户："我需要做一张中式书房的效果图，这有CAD平面图，书房的层高为2800mm。书柜就用参考图这款；

天花造型可以在参考图的基础上加点中式元素，但不能太复杂，也不要过于单调；墙体在刷白的前提下可以加点中式元素，软装也用中式风格。可以用从门口到窗户的视角出一张效果图。"

根据客户的描述，可以提取出以下要点。

第1点：书柜要与参考图中的一样，客户说明了"就用参考图这款"。

第2点：天花造型可以添加一些中式元素。

第3点：墙体以刷白为前提，添加适当的中式元素来点缀。

总的来说，除了书柜，对于其他地方，设计师都可以自由发挥，但要控制好度，根据参考图进行微改即可。

7.2.2 整理 CAD平面

用前面的方法将CAD平面图进行最大限度的简化。将书房部分复制一份，如图7-168所示，然后把不需要的线条删掉，简化后的效果如图7-169所示。

所谓"简化"，即保留的平面图能用来作为参照建模即可。简化后，选中CAD平面图，然后按W键，将其打块并保存。注意，这里的单位必须是mm（毫米）。

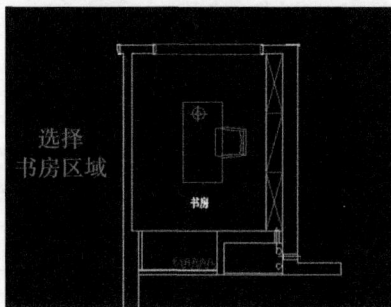

图7-168

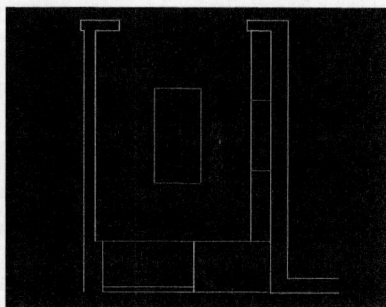

图7-169

7.2.3 创建模型

本节介绍整个书房的建模过程，书柜的模型相对复杂，其他部分相对简单，通过二维线挤出即可完成。

1. 导入CAD

01 打开3ds Max，使用"导入"命令将CAD平面图导入3ds Max，"导入选项"如图7-170所示。注意，一定要确认单位是否为"毫米"。

02 按快捷键Alt+W最大化显示视图，然后按T键切换到顶视图，接着按快捷键Ctrl+A全选平面图并打组，最后将平面图移动到世界原点，如图7-171所示。

03 把平面图改成自己习惯的颜色，然后单击鼠标右键，选择"冻结当前选择"选项，接着按G键隐藏栅格，如图7-172所示。

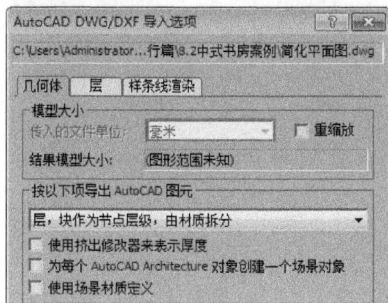

图7-170

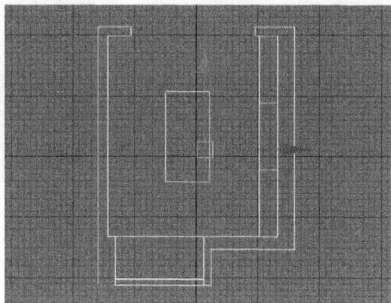

图7-171

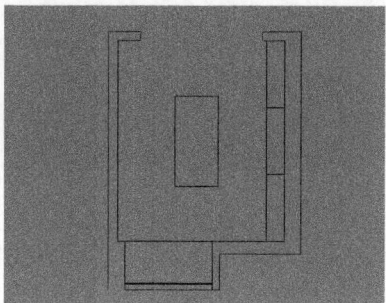

图7-172

提示 --

大家要习惯这些操作，这是画效果图的良好开局。

2. 建模循序

因为书柜是客户指定的款式，所以要建一个一模一样的模型。考虑到书柜是一个比较复杂的模型，建议大家优先创建，其次就是补上墙体，最后再考虑天花和地板。

3. 创建书柜

观察前面的书柜参考图，请注意以下两点。

第1点：将书柜放到CAD平面的尺寸中，一定要注意把控比例。

第2点：书柜是由隔板拼接而成，因此直接通过基本体组装即可。

01 切换到顶视图，按S键激活捕捉，然后在平面图中捕捉书柜的对应顶点，绘制一个长方体作为参照物，如图7-173所示，长方体的具体尺寸如图7-174所示。

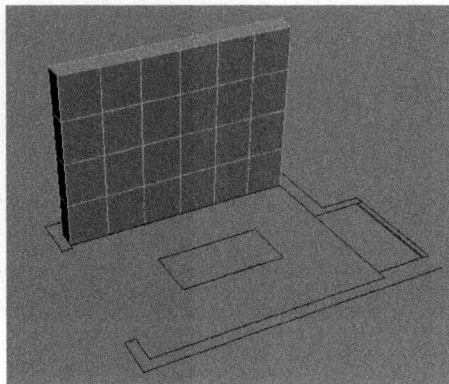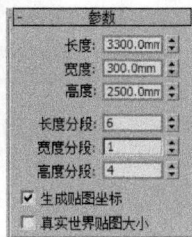

图7-173　　　　　　　　　　　　　图7-174

📋 提示 -->

此处的分段是为了方便书柜拆分。大家注意观察柜子和长方体分段，它们的结构非常相似。也就是说，大家在创建参照物时，尽量创建与对象结构相似的参照物，可以使建模工作事半功倍。

02 切换到左视图，捕捉顶点绘制一个矩形作为木柜的最外框，如图7-175所示，然后将其转换为可编辑样条线，接着为其设置"轮廓"为30（单位为mm），如图7-176所示，效果如图7-177所示。

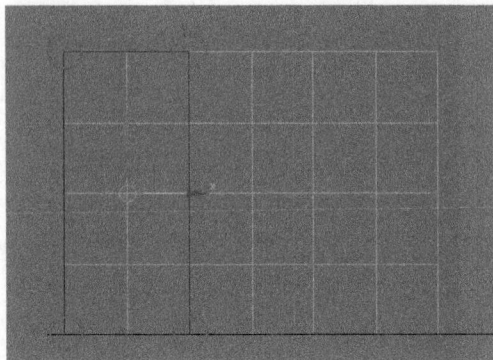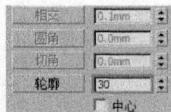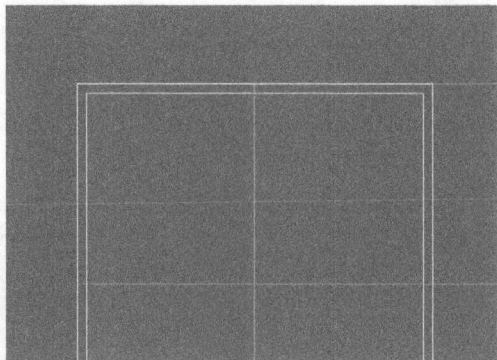

图7-175　　　　　　　　　　图7-176　　　　　　　　　　图7-177

03 给上面的矩形加载一个"挤出"修改器，然后设置"数量"为300mm，效果如图7-178所示。

04 继续制作柜子的内框。捕捉顶点绘制一个矩形作为局部内框，如图7-179所示，然后将其转换为可编辑样条线，接着为其设置20mm的"轮廓"，并为其加载一个"挤出"修改器，设置"数量"为280mm，效果如图7-180所示。注意，外框的挤出"数量"为300mm，内框为280mm，这样可以让柜子有高低差。

图7-178

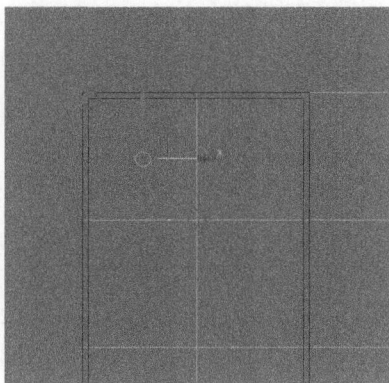

图7-179

图7-180

05 复制3个内框造型，将其放置在如图7-181所示的位置。

06 复制一个内框造型到如图7-182所示的位置，然后返回"样条线"级别，把顶点调整为如图7-183所示的效果。

图7-181

图7-182

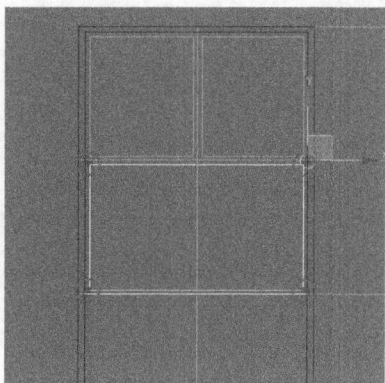

图7-183

07 根据参照物的分段，把内框造型复制到相应的位置，如图7-184所示。

08 删掉参照物，然后在书柜的背面绘制一个长方体作为背板，书柜的效果如图7-185所示。

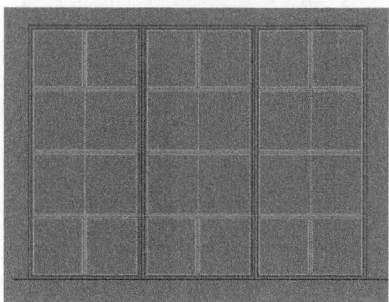

图7-184

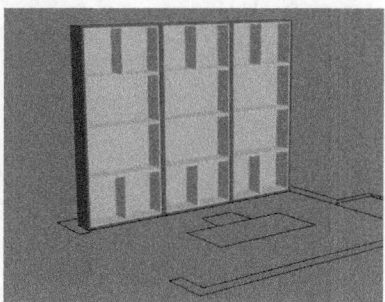

图7-185

4. 创建可见的墙体建模

01 切换到顶视图，捕捉顶点绘制如图7-186所示的样条线，然后为样条线加载一个"挤出"修改器，设置"数量"为2800mm，墙体效果如图7-187所示。

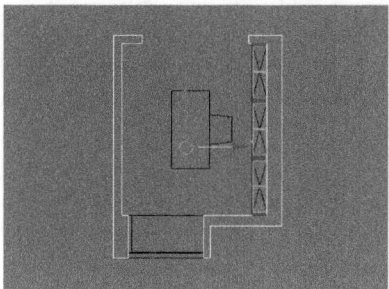

图7-186

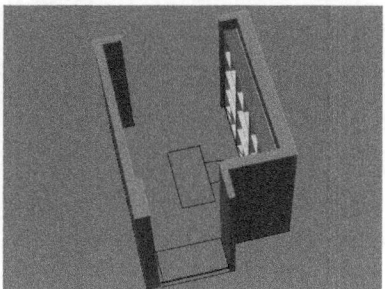

图7-187

02 制作踢脚线。捕捉顶点绘制如图7-188所示的样条线，孤立显示的效果如图7-189所示。

03 按3键进入"样条线"层级，然后设置10mm的"轮廓"，接着为其加载"挤出"修改器，设置"数量"为50mm，效果如图7-190所示。注意，"轮廓"用于控制踢脚线的厚度，挤出"高度"用于控制踢脚线的高度。

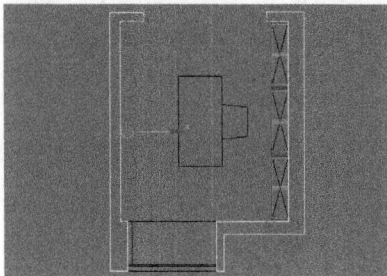

图7-188

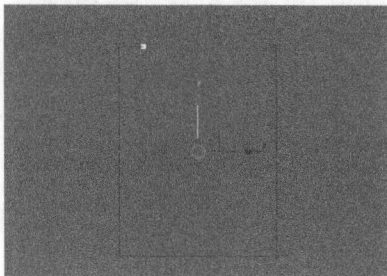

图7-189

图7-190

📋 提示 --

普通家装中，踢脚线不会因为图中有窗户而断开，破坏美观性和连贯性，除非是落地玻璃窗、瓷砖墙、大理石墙或其他普通的飘窗，因此不落地的窗户均可做踢脚线。

04 下面继续补墙体的工作，内容包括门洞上方的墙体和飘窗的上下墙体。这里可以直接绘制长方体来填充，效果如图7-191所示。

05 下面补充中式元素。目前，空间的基本造型已经完成，应客户要求，需要在墙体和天花加上一点中式元素，使整个空间避免单调。因为这个空间很小，不适合做复杂的造型，所以可以在飘窗处补充一个木框，效果如图7-192所示。

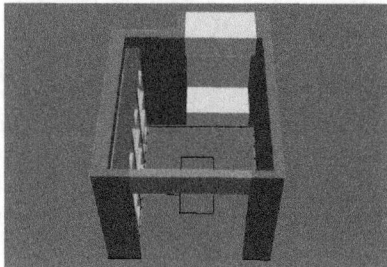

图7-191

图7-192

5. 天花和地板建模

对于天花的创建，基本遵循"拆分与组合"的思路，主要分为底层、灯槽和顶层。

01 切换到顶视图，捕捉如图7-193所示的顶点绘制一个矩形，然后将其转换为可编辑样条线，接着在"样条线"层级设置200mm的"轮廓"，效果如图7-194所示。

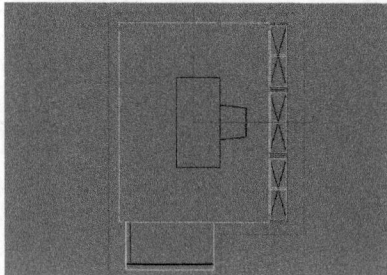

图7-193

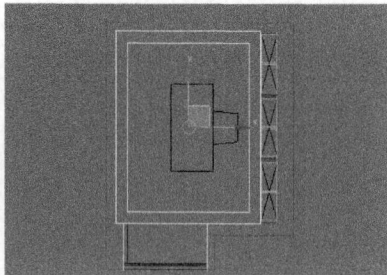

图7-194

02 确定吊顶底层的宽度，下面介绍一种很常用的方法。调整样条线的顶点，使吊顶底层盖住书柜，如图7-195所示，然后为其加载一个"挤出"修改器，并设置"数量"为100mm，效果如图7-196所示。

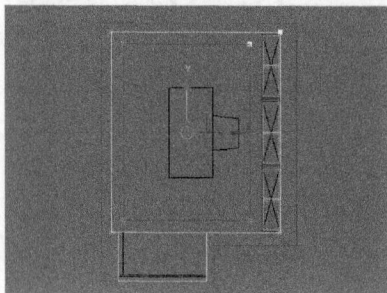

图7-195

图7-196

03 下面制作灯槽层。复制一个底层造型上去，因为书柜高2500mm，空间层高2800mm，吊顶底层高100mm，所以灯槽层的高度应为200mm，即将挤出"数量"改为200mm，接着调整顶点的位置，将灯槽的位置留出来，效果如图7-197所示，最后绘制一个长方体作为吊顶顶层，最终效果如图7-198所示。

04 目前，吊顶的基本造型已经完成，下面就需要增加一些中式元素。因为空间不能太复杂，所以可以考虑与飘窗相对应，即在吊顶上加一圈木条造型，效果如图7-199所示。至于地板，绘制一个长方体放在地上即可。

图7-197　　　　　　　　　　图7-198　　　　　　　　　　图7-199

7.2.4 打摄影机角度

01 切换到顶视图，创建一个从门向窗户拍摄的摄影机，然后设置"视野"为78，摄影机在视图中的效果如图7-200所示。

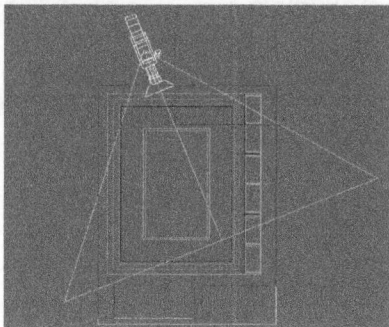

图7-200

> 📝 提示
>
> 前面介绍过"视野"的范围为68~84，因为这个空间太小，如果用68，虽然可以表现出效果，但空间感略有不足，所以调整成了78，就是为了让空间感强一点，整体空间也大一点。之所以摄影机偏向书柜，是因为这是客户指定的书柜，可以将其理解为重点对象。

02 下面创建狗视图。把摄影机和摄影机目标点的高度都设置为900mm，然后按C键，摄影机视图效果如图7-201所示。

03 观察摄影机视图的效果，整体上问题不大，但是吊顶展示太少，这里可以保持摄影机不动，使用构图来处理。按F10键打开"渲染设置"面板，然后设置"图像纵横比"为1，如图7-202所示，摄影机视图效果如图7-203所示。

 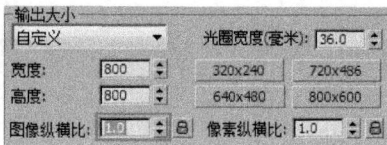 

图7-201　　　　　　　　　　图7-202　　　　　　　　　　图7-203

7.2.5 制作材质

本案例最主要的是木材材质的制作，因为木材占比很大，其他地方基本上就是刷白。

1. 天花墙体材质

选中需要刷白的墙体和天花模型，为其指定一个空白材质球，然后设置"漫反射"为纯白色，效果如图7-204所示。

2. 地板材质

01 在"漫反射"贴图通道中加载一张木地板贴图，并控制"模糊"为0.01，贴图效果如图7-205所示。

图7-204

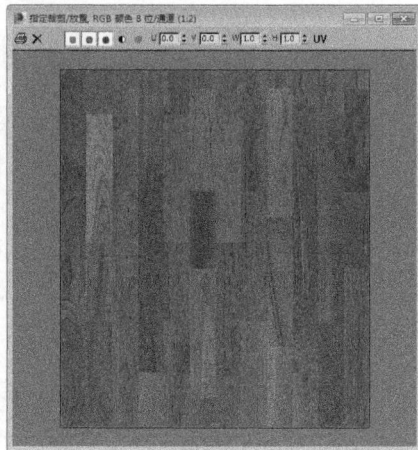

图7-205

02 为"反射"加载一张"衰减"贴图，然后设置"高光光泽度"和"反射光泽度"均为0.85，如图7-206所示。

03 进入"衰减"贴图层级，同样，这里使用从黑到蓝的衰减，即从不反射渐变到冷调反射，如图7-207所示，蓝色的颜色参数如图7-208所示。注意，大部分暖调材质可以这样调整反射。

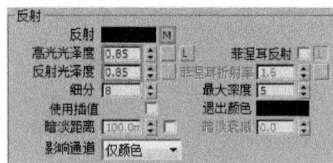

图7-206

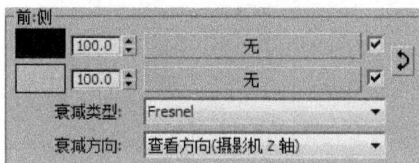

图7-207

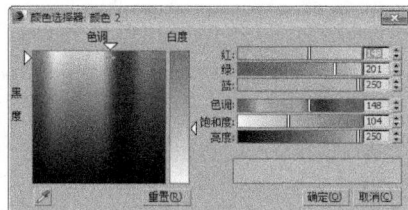

图7-208

📝 提示 --

本例的冷调颜色跟上一个实例是不一样的，这是有意为之。其实，这些色调都没有固定值，全凭实际需求来调整，大家一定要多尝试不同的颜色，切忌死记硬背。

04 打开"贴图"卷展栏，然后将"漫反射"中的贴图拖曳复制到"凹凸"通道中，接着设置"凹凸"的强度为30，如图7-209所示，最后为对象加载一个"UVW贴图"修改器，调整好纹理大小的效果如图7-210所示。

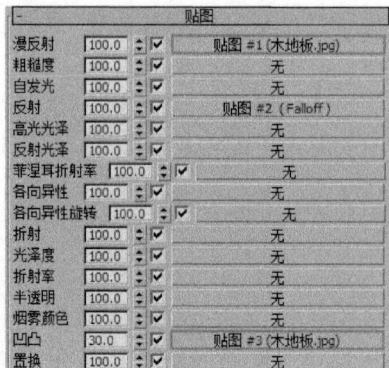

图7-209

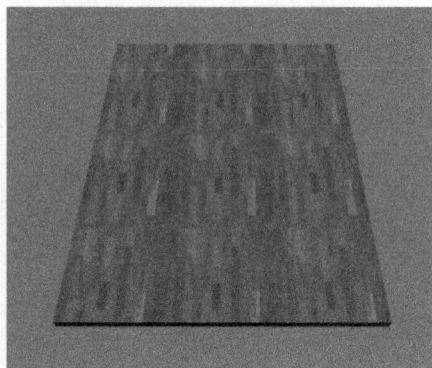

图7-210

3. 书柜/木条装饰/踢脚线材质

本场景中的书柜、木条装饰和踢脚线都是同一种木纹材质。

01 在"漫反射"贴图通道中加载一张木纹贴图，并设置"模糊"为0.01，木纹贴图如图7-211所示。

02 用同样的方法为"反射"加载一张"衰减"贴图，然后设置"高光光泽度"为0.85、"反射光泽度"为0.88，如图7-212所示。

03 至于"衰减"和"凹凸"，与前一个材质的设置方法一样，即"衰减"为从黑到冷调的渐变，"凹凸"贴图与地板一致，强度也为30。为模型加载"UVW贴图"修改器并调整，最终效果如图7-213所示。

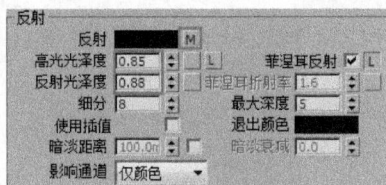
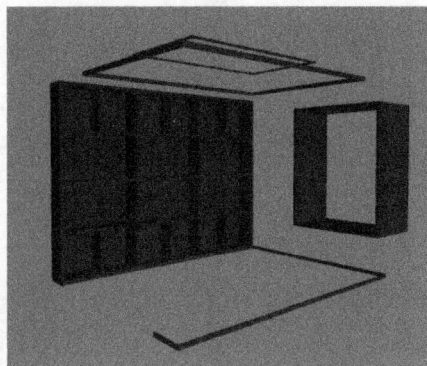

| 图7-211 | 图7-212 | 图7-213 |

提示 --

因为材质测试涉及后面的灯光和渲染，大家自己做的材质可以直接放在笔者提供的场景文件中进行测试。另外，本书不做特别说明，所有材质球都以VRayMtl材质球为主。

7.2.6 导入家具模型并检查材质

导入模型的方法已经介绍过了，这里就不再叙述。将所有的模型导入后的效果如图7-214所示，包括书柜里面的装饰品、吊顶筒灯、窗帘、书桌、地毯、植物和挂画等。

图7-214

导入模型后，大家一定要去检查贴图有没有丢失，参数有没有过高等问题。如果导入材质与场景不搭，就需要自己进行调整。

7.2.7 打灯光

01 创建吊灯。创建一个VRay灯光，设置"类型"为球体，具体参数如图7-215所示，颜色值如图7-216所示。注意，这里没有勾选"影响高光反射"和"影响反射"选项，这样可以防止吊顶出现光点。

02 因为吊灯有3个灯罩，所以复制3个灯光，然后把灯光放到吊灯里面，位置如图7-217和图7-218所示。

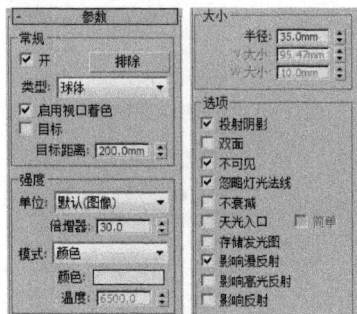

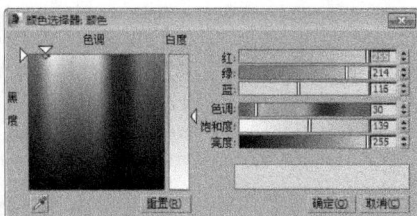

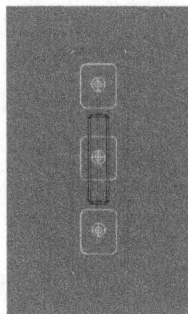

图7-215　　　　　　　　　　　图7-216　　　　　　　　　　图7-217　　　　　　图7-218

03 创建天花的灯带。创建一个VRay灯光，然后设置"类型"为"平面"，具体参数设置如图7-219所示，颜色值如图7-220所示。这里的颜色相对于吊灯要浅一些，因为面光的灯光扩散会比球光要强，如果太黄，整个空间就会偏黄，从而影响整体色感。

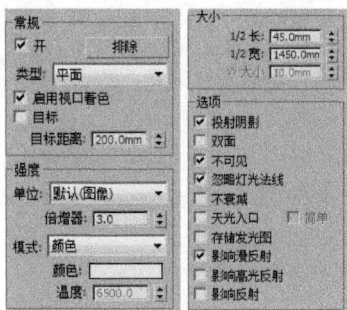

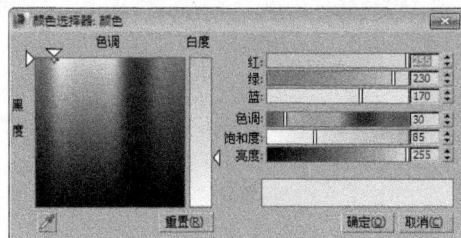

图7-219　　　　　　　　　　　　图7-220

04 复制3个灯光，根据灯槽大小来调整灯光大小，位置和大小如图7-221和图7-222所示。

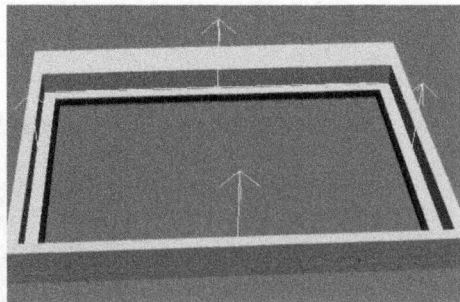

图7-221　　　　　　　　　　　　图7-222

05 创建书柜灯槽。其实，书柜通常是不装灯的，但是在效果图中，为了体现书柜内部效果，防止书柜内部漆黑一片，设计师通常会创建相应的灯光。创建一个VRay灯光，设置"类型"为"平面"，具体参数设置如图7-223所示，颜色值如图7-224所示。注意，对于灯光"大小"，大家可以根据内框大小来设置。

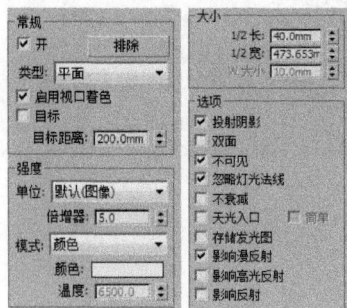

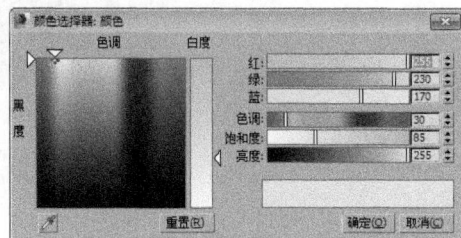

图7-223　　　　　　　　　　　　图7-224

06 复制灯光,每一个内框放一个灯光,位置如图7-225和图7-226所示。

图7-225

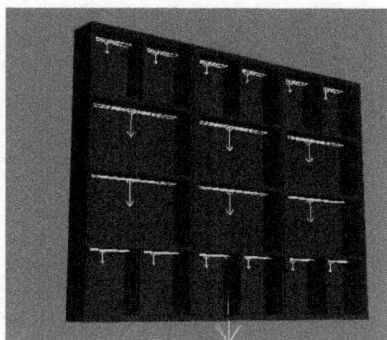

图7-226

07 创建筒灯。创建一个"光度学"中的"目标灯光",然后加载一个光域网文件,具体参数设置如图7-227所示,颜色值如图7-228所示。大家可以看出,对于吊顶、灯带、柜子灯带和筒灯,设置的颜色都一样,这样做的目的是让室内的暖调保持一致。如果随意更改颜色,会使室内灯光杂乱无章。

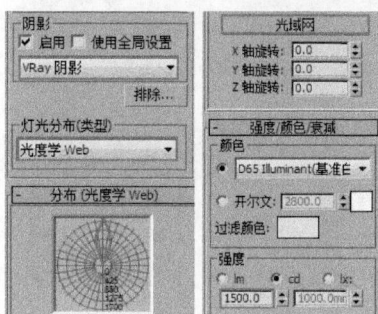

图7-227

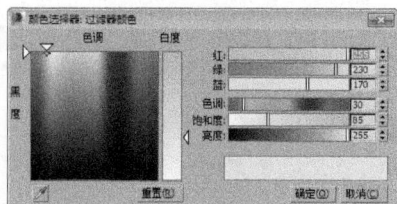

图7-228

08 先在每个筒灯位置复制一盏灯光,如图7-229所示,然后将靠墙筒灯的目标点设置倾斜,让光域网效果更加明显,倾斜筒灯的位置如图7-230和图7-231所示。

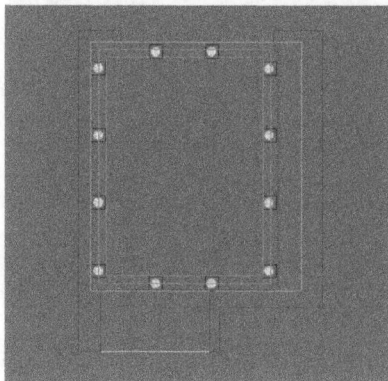

图7-229

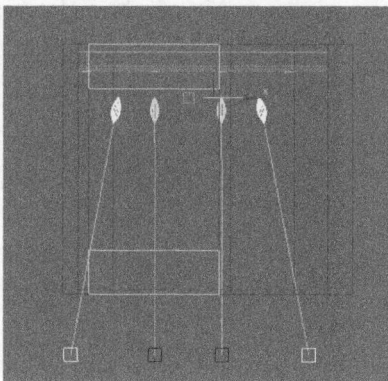

图7-230

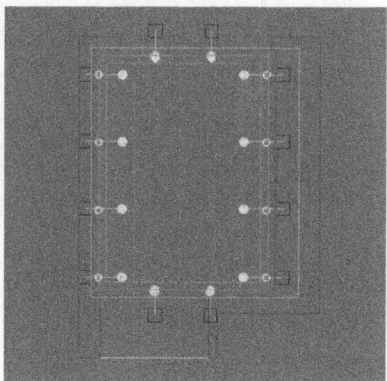

图7-231

09 补充光域网。找出没有被筒灯照射到的模型,然后复制前面设置好的筒灯,将灯光照射到模型上,如图7-232和图7-233所示。注意,植物上方的灯光是倾斜的,因为这里要让植物的阴影投射在墙上;同时,这些新增灯光的高度不是固定的,大家根据渲染草图的效果进行微调即可。

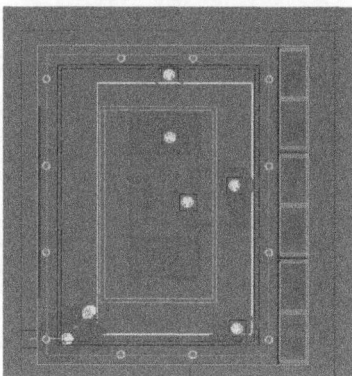

图7-232

图7-233

10 创建主光。与上一个场景相同，将从窗口进来的天光作为主光。创建一个VRay灯光，设置"类型"为"平面"，具体参数设置如图7-234所示，颜色值如图7-235所示。同样，这里主光颜色为蓝色，与室内的暖光形成冷暖对比。

11 将灯光移动到窗户外，灯光的位置和方向如图7-236所示。

图7-234

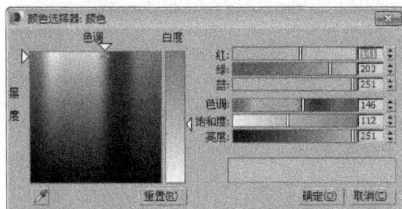
图7-235

图7-236

7.2.8 渲染测试草图并修改

01 用测试参数来渲染一下草图，这里同样使用"线性倍增"来进行渲染，如图7-237所示，效果如图7-238所示。从草图可以看出效果非常糟糕：除了整个场景有阴影效果，灯槽和窗外曝光过度，室内和木材都非常昏暗。

02 在"颜色贴图"中将"线性倍增"改为"指数"，以此来解决曝光问题；将"伽玛值"调整为1.8，以此来解决木材和室内昏暗的问题，如图7-239所示。

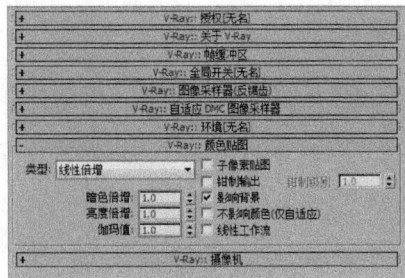
图7-237

图7-238

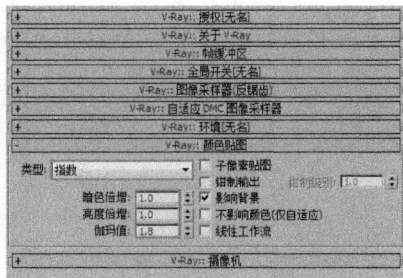
图7-239

03 按F9键渲染摄影机视图，效果如图7-240所示。此时，可以发现前面的问题都解决了，但是整个场景的冷调强度不够，就好像窗外没进光一样。

04 与上一个场景相同，把窗外的灯光复制一个到室内，其位置如图7-241所示，保持灯光的"大小""颜色"和"强度"都不变。这个光的作用是让窗户外的光出现灯光的流动效果，并加强冷色调。

05 按F9键渲染摄影机视图，如图7-242所示。现在的效果就比较不错了，可以考虑渲染大图。

图7-240

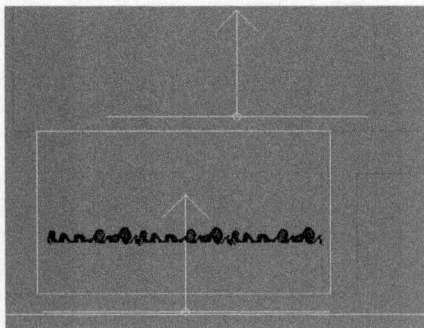
图7-241

图7-242

7.2.9 渲染大图

与上一个场景相同，设置好最终渲染参数，然后将所有材质的"细分"都设置为50，所有平面光的"细分"都设置为50，渲染一张"宽度"为2000像素的图，效果如图7-243所示。

另外，不要忘记还需要一张AO图。使用与上一个场景相同的方法渲染一张AO图，这里就不叙述具体操作了。AO图的渲染效果如图7-244所示。

☑ 提示 --------------------------->

注意，渲染AO图时，"颜色贴图"的类型是"线性倍增"。

图7-243　　　　　　　　　　　　图7-244

7.2.10 后期

01 将效果图和AO图导入Photoshop，然后复制一张效果图，分别将3个图层命名，并选中"大图"图层，如图7-245所示。

02 执行"图像>调整>色阶"命令，具体调整如图7-246所示，提高场景的层次感。

☑ 提示 --------------------------->

从这一步开始，AO图层都是隐藏显示的。

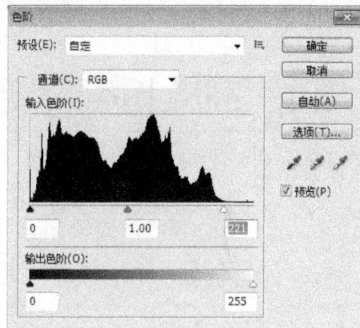

图7-245　　　　　　　　　　图7-246

03 执行"图像>调整>亮度/对比度"命令，具体调整如图7-247所示，加强场景的亮度和对比度。

04 执行"图像>调整>自然饱和度"命令，具体调整如图7-248所示，将全图的色感丰满起来，但不要太过。

05 执行"图像>调整>曲线"命令，具体调整如图7-249所示，提高整个场景的亮度。经过一系列调整，效果如图7-250所示。

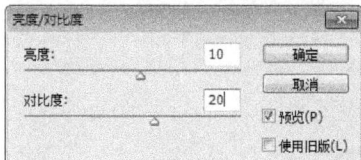

图7-247

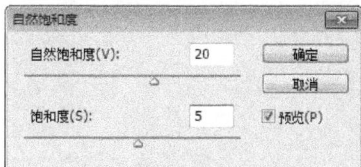

图7-248

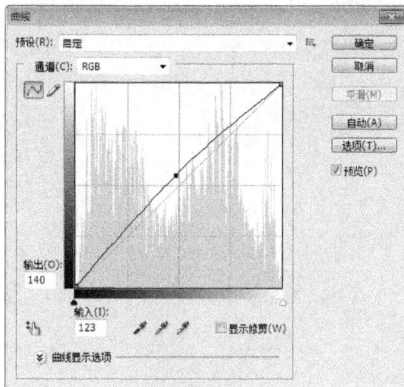

图7-249

图7-250

06 单击AO图层前面的"眼睛"，将其显示出来，然后设置图层模式为"正片叠底"、"不透明度"为30%，如图7-251所示，最终效果如图7-252所示。因为效果图不需要补太多的暗部，所以30%的"不透明度"是足够的，如果大家觉得效果不够强烈，可以适当提高百分比。

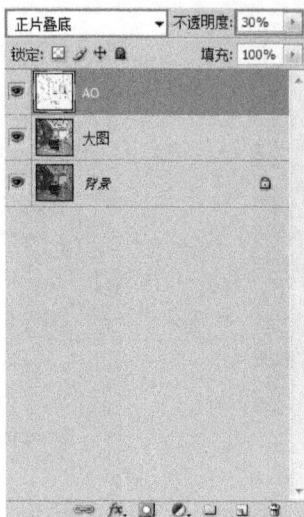

图7-251   图7-252

7.3 简欧卧室表现

场景位置	场景文件>CH07>03.max，03.dwg
实例位置	实例文件>CH07>简欧卧室表现.max
视频名称	简欧卧室表现.mp4
难易指数	★★★☆☆
技术掌握	读取单子基本信息、简欧卧室表现方法、石膏线和软包的建模、卧室灯光的打法、壁纸/软包/床单材质的制作方法

扫码看视频

7.3.1 获取信息

01 打开学习资源中的"场景文件>CH07>03.dwg"文件，如图7-253所示，这是本场景的CAD平面图。

02 打开参考图，如图7-254和图7-255所示。

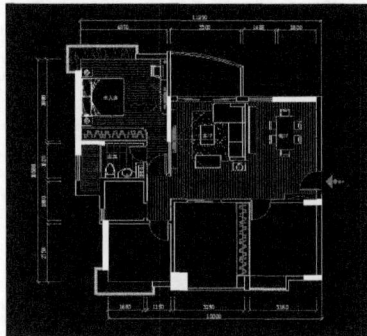

图7-253

图7-254

图7-255

客户："我现在需要做一个主卧的效果图，这是CAD平面图，层高两米八，床头背景墙、天花造型和衣柜就要参考图这种，其他墙体贴墙纸就可以，从窗台向门拍摄即可，整体效果和参考图差不多就可以。"

从客户的要求中，我们可以获取以下重点信息。

第1点：床头背景墙、天花和衣柜与参考图一样，我们照着建模即可。

第2点：客户没说用哪款壁纸，可以使用与参考图类似的壁纸。

第3点：客户非常依赖参考图，也就是说配色、装饰品、灯光和气氛等，都可以围绕参考图进行处理。

7.3.2 整理CAD平面

按照前面的方法，复制一份卧室平面，如图7-256所示，然后进行简化，如图7-257所示。

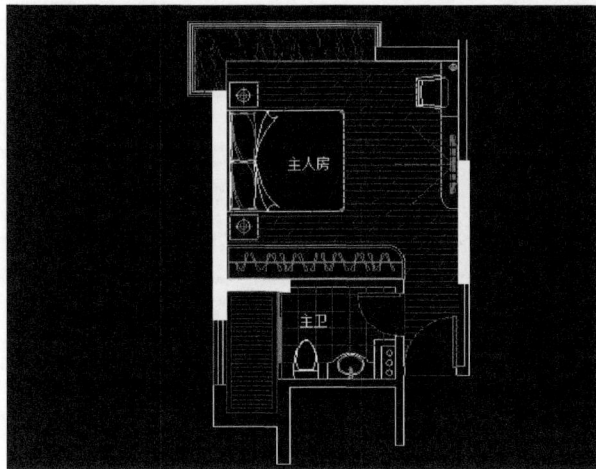

图7-256

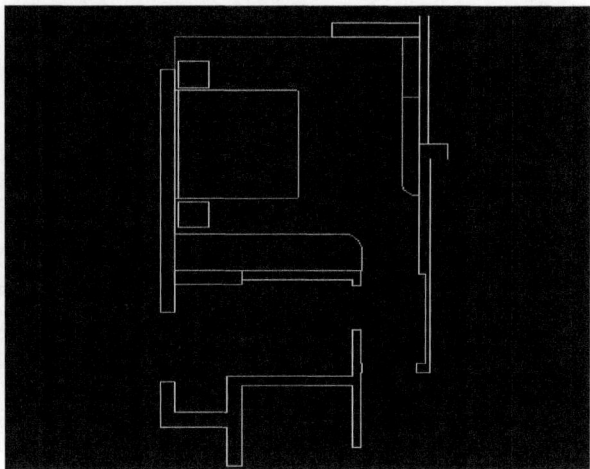

图7-257

📋 提示 --

对于简化后的CAD平面，一定不要忘记按W键将其打成块，然后确认单位为mm（毫米）。另外，保存的时候，版本不能高于3ds Max的版本。

本节介绍整个卧室的建模过程，请注意石膏线和软包的基本做法。

1. 导入CAD

01 打开3ds Max，导入CAD平面图，"导入选项"对话框如图7-258所示。还是和前面一样，这里要注意单位是否为"毫米"。

02 按快捷键Alt+W最大化显示视图，然后按T键切换到顶视图，接着全选平面图，将它们打组并改成自己习惯的颜色，最后将平面图移动到世界坐标原点，如图7-259所示。

03 选择平面图，然后单击鼠标右键，接着选择"冻结当前选择"选项，把平面图冻结掉，最后按G键隐藏栅格，效果如图7-260所示。

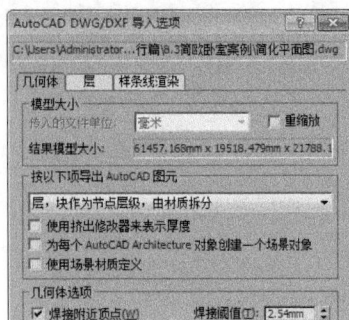
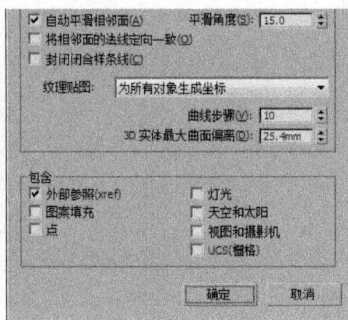
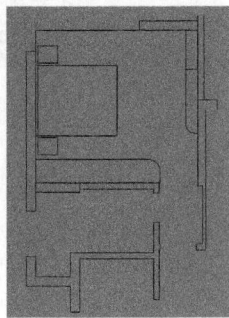

图7-258　　　　　　　　　　　　　图7-259　　　　　　　图7-260

2. 建模顺序

在本场景中，建议首先创建床头背景墙，因为这是本场景最为复杂的模型，同时也是客户指定的对象，理应优先处理；其次，创建衣柜，因为客户给了衣柜参考，所以也不太好随意找一个衣柜放在场景中；最后，创建墙体、天花和地板。

3. 床头背景墙建模

01 切换到顶视图，捕捉平面图中床头背景墙的顶点绘制一个长方体，如图7-261所示，然后设置"高度"为2550mm，效果如图7-262所示。

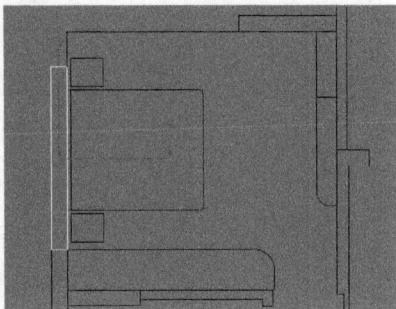
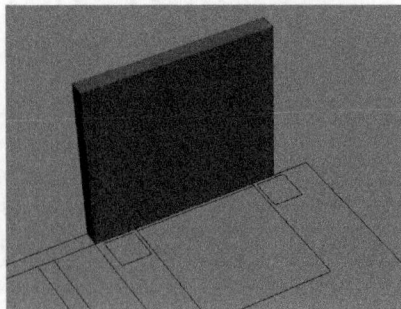

图7-261　　　　　　　　　　　图7-262

📝 提示 -->

之所以"高度"为2550mm，是因为要预留250mm高度做吊顶。

02 下面用"倒角剖面"创建床头背景墙的外框，这里需要路径和截面。切换到左视图，捕捉参照物的顶点绘制一条线作为路径，如图7-263所示。注意，这条路径的底部是没有线的。

03 切换到顶视图，绘制出外框截面，如图7-264所示。注意，一定要确定好起点位置，因为"倒角剖面"的原理就是截面的起点绕着路径"走"一圈。

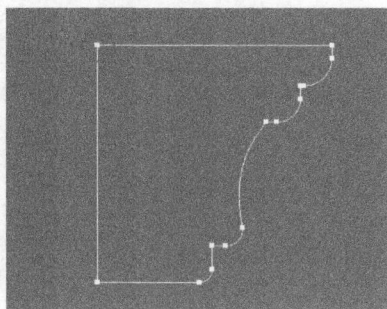

图7-263 图7-264

04 选择路径样条线，为其加载一个"倒角剖面"修改器，然后单击"拾取剖面"按钮 拾取剖面 ，接着单击视图中的截面样条线，如图7-265所示，效果如图7-266和图7-267所示。

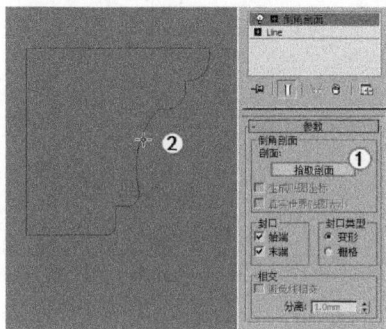

图7-265 图7-266 图7-267

☑ 提示 -----

创建好外框后，可以直接删除参照物。

05 下面创建软包，这是一个利用"拆分与组合"思维来建模的对象，可以将软包拆开来处理。切换到右视图，在外框内将软包的线条结构绘制出来，如图7-268所示。

06 任意选择一条软包的线条结构，为其加载一个"挤出"修改器，然后设置"数量"为50mm，并将其转换为可编辑多边形，接着在"边"层级选择如图7-269所示的边，并对其进行"切角"处理，如图7-270所示，最后设置切角"数量"为20mm、"分段"为12，如图7-271所示。

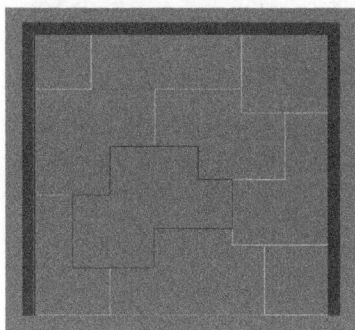
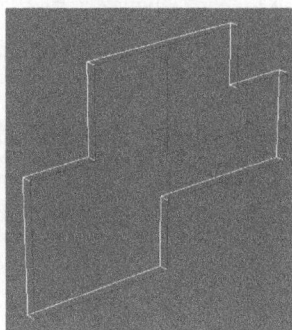

图7-268 图7-269 图7-270 图7-271

☑ 提示 -----

在效果图建模中，一直用到"挤出"修改器，其操作在前面讲过很多次了，这里就不再具体介绍。另外，切角的"分段"越多，效果越圆滑。

07 对所有软包的线结构进行一样的操作，然后将它们移动到外框中，效果如图7-272所示。

图7-272

4. 衣柜建模

01 切换到顶视图，捕捉如图7-273所示的顶点绘制一条样条线，因为这里的样条线是带弧度的，所以在"插值"卷展栏中设置"步数"为36，如图7-274所示，使弧度部分尽量圆滑。

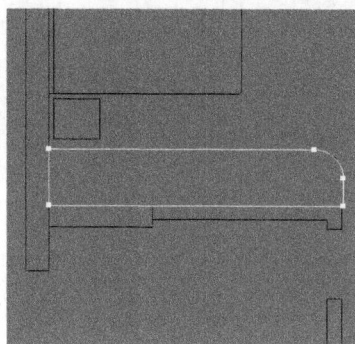

图7-273

图7-274

02 为样条线加载一个"挤出"修改器，设置"数量"为50mm，然后复制一个，分别将它们放在如图7-275所示的位置，作为衣柜的地板和顶板。

03 绘制两个长方体作为衣柜的背板和侧面，其中背板的厚度为20mm，侧竖板的厚度为30mm，效果如图7-276所示。

04 切换到顶视图，然后直接捕捉如图7-277所示的顶点，绘制出衣柜转角处的隔板，依然使用"挤出"修改器为其增加30mm的厚度。

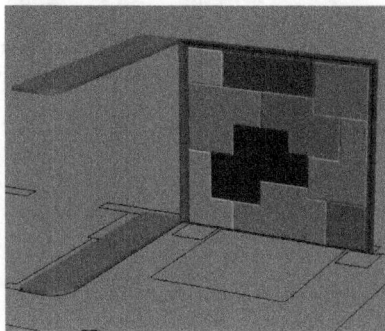

图7-275

图7-276

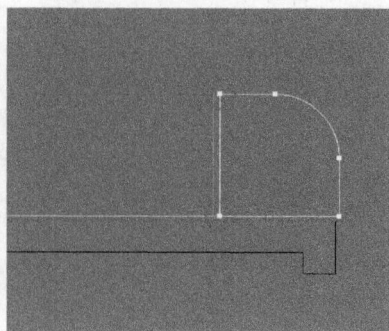

图7-277

05 因为有5层，因此需要复制3个隔板模型，这里的重点是将每一层的高度都控制到一样。切换到前视图，以衣柜的顶部和底部为界限绘制一个长方体，并为长方体设置5个分段，以此作为一个参照物，然后使用鼠标左键单击y轴，当y轴变黄时，启用轴约束和激活捕捉功能，接着按Shift键移动隔板模型，在移动过程中捕捉参照物的分段线，以此来等距复制3个，如图7-278所示，效果如图7-279所示。

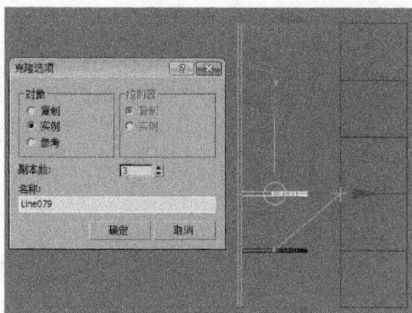 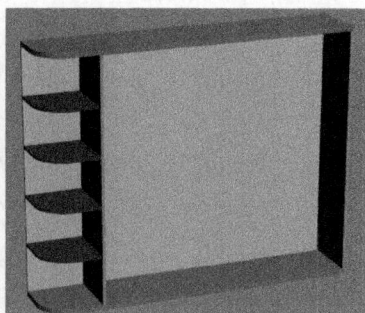

图7-278 图7-279

✅ 提示 ⟩⟩

　　对轴约束有不明白的读者，可以返回第1章中的"1.3.2 坐标"查看。

06 创建衣柜门。切换到前视图，捕捉顶点绘制一个长方体，并将其分为3段，然后捕捉参考物的三分之一，绘制一个矩形，如图7-280所示。

07 删掉参照物，然后将矩形转换为可编辑样条线，为其设置一个40mm的"轮廓"，效果如图7-281所示。

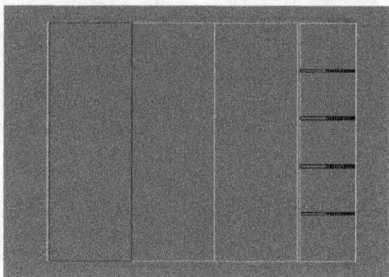 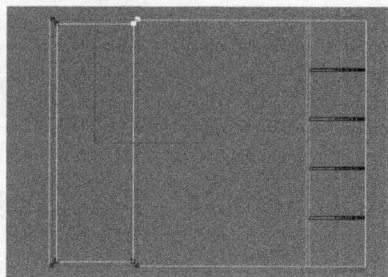

图7-280 图7-281

✅ 提示 ⟩⟩

　　如果大家不明白这里的具体操作，可以观看视频。

08 同样，为矩形加载"挤出"修改器，设置"高度"为30mm，将门的外框做好，接着捕捉外框绘制一个长方体，控制其厚度为10mm，作为门板，效果如图7-282所示。

09 绘制一些长方体放在衣柜门的中间作为腰线，渲染的时候可以用不同的材质和贴图去表现，然后复制两个衣柜门，完成衣柜的创建，效果如图7-283所示。

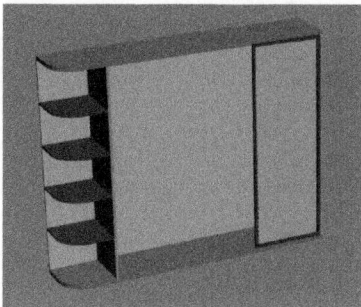 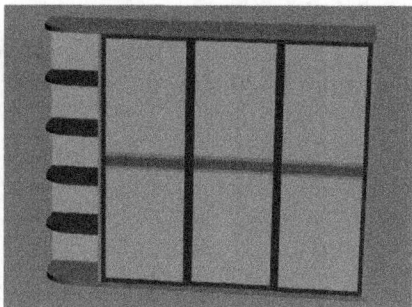

图7-282 图7-283

5. 可见墙体建模

01 捕捉平面图绘制墙体样条线，如图7-284所示，然后为其加载一个"数量"为2800mm的"挤出"修改器，效果如图7-285所示。

02 用同样的方法将门上面的过梁和踢脚线做出来，如图7-286所示。注意，过梁距离地面的高度为2200mm。

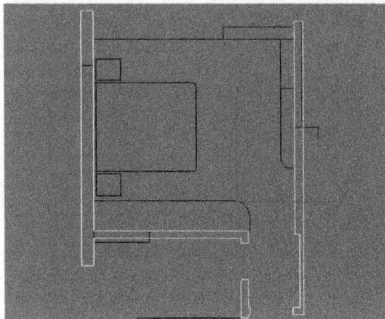

图7-284

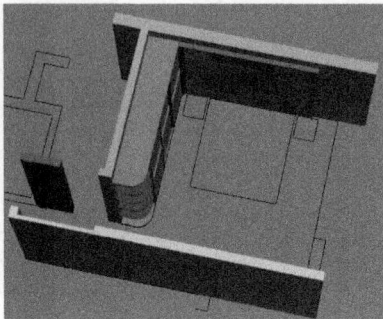

图7-285

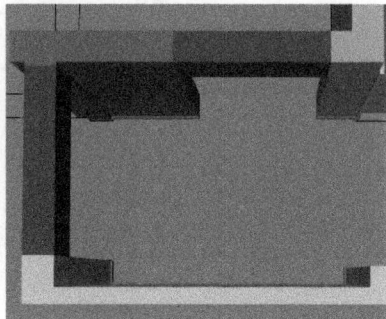

图7-286

6. 天花和地板建模

01 创建天花的底层。切换到顶视图，捕捉平面图的顶点绘制外框，然后在里面附加一个矩形，如图7-287所示，接着为其加载一个"挤出"修改器，设置"数量"为100mm，效果如图7-288所示。

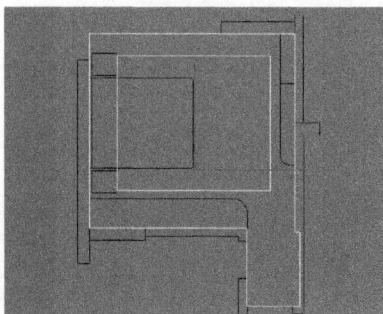

图7-287

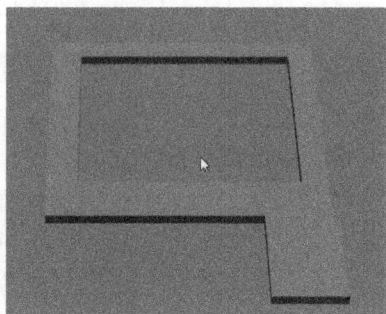

图7-288

02 复制最下层的吊顶，将其放置在底层的上面，作为灯槽位，然后调整样条线中间的矩形框，留出灯槽位置，如图7-289所示，接着把"挤出"的"高度"修改为150mm，效果如图7-290所示。

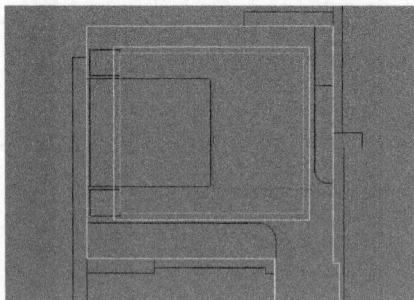

图7-289

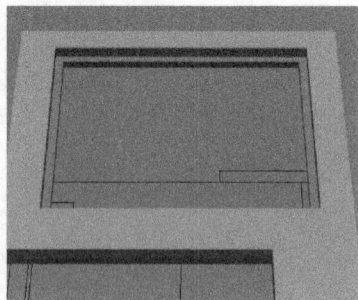

图7-290

03 制作石膏线。这里用的方法与前面床头背景墙一样，就不做具体叙述了。石膏线的截面样条线如图7-291所示，石膏线效果如图7-292和图7-293所示。

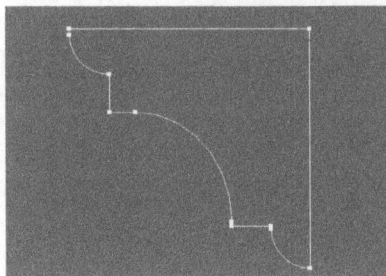

图7-291

图7-292

图7-293

04 同前面的吊顶一样，绘制一个长方体封顶，然后捕捉平面图的房间外框绘制出地面，效果如图7-294所示。

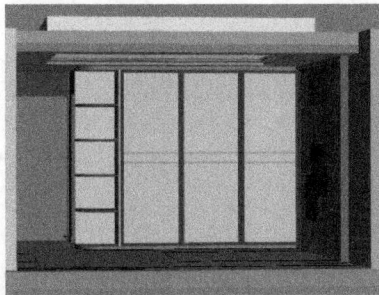

图7-294

7.3.4 打摄影机角度

01 切换到顶视图，创立一个目标摄影机，设置"视野"为78，效果如图7-295所示。注意，摄影机两边的线，左边要完全包含床头背景，这是客户要求的重点，不能残缺。

02 因为该空间特别方正，所以保持"图像纵横比"为默认的1.33333，如图7-296所示，然后把摄影机和目标点都移动到900mm的高度，按快捷键Shift+F激活安全框，摄影机视图效果如图7-297所示。

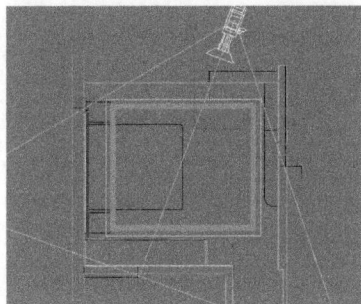

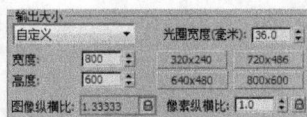

图7-295　　　　　　　　　图7-296　　　　　　　　　图7-297

7.3.5 制作材质

本节主要介绍材质的制作方法，请大家注意壁纸、软包和床单材质，它们都是生活中常见的材质，因此在贴图选择上一定要符合常理。

1. 天花材质

选择天花模型，然后指定一个空白材质球，然后设置"漫反射"颜色为纯白，材质指定效果如图7-298所示。

图7-298

2. 壁纸材质

01 壁纸是靠漫反射来表现的，没有反射和折射效果。在"漫反射"贴图通道中，加载一张欧式壁纸的贴图，如图7-299所示。

02 将材质指定到墙壁上，然后使用"UVW贴图"调整好纹理，效果如图7-300所示。

📝 提示 - - - - - - - - - - - - - - - ⟩

　同理，这里的"模糊"设置为0.01，让贴图的纹路更加清晰。

图7-299

图7-300

3. 木地板材质

　对于木地板，要注意"漫反射"和"反射"的参数。"漫反射"即贴图，它可以体现木纹的外观；"反射"可以控制质感。

01 为"漫反射"加载一张木地板贴图，如图7-301所示。为了让木地板更清晰，设置"模糊"为0.01。

02 为"反射"通道加载一张"衰减"贴图，然后设置"高光光泽度"为0.8、"反射光泽度"为0.85，如图7-302所示。

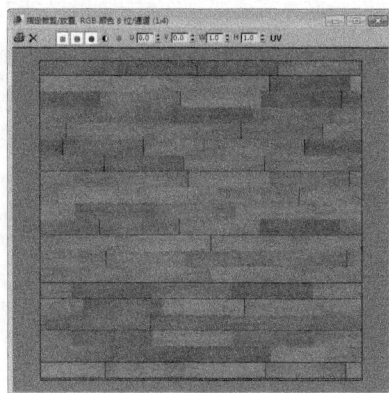
图7-301

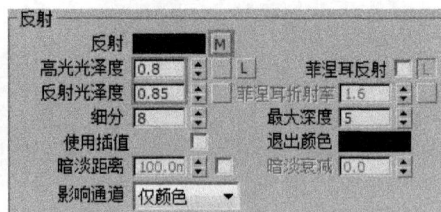
图7-302

03 与前面场景相同，进入"衰减"层级，设置从黑到蓝色冷调的衰减，具体参数和颜色如图7-303和图7-304所示。

04 打开"贴图"卷展栏，将"漫反射"贴图复制到"凹凸"贴图，如图7-305所示，然后为模型加载"UVW贴图"修改器，调整好木地板的纹路，如图7-306所示。

图7-303

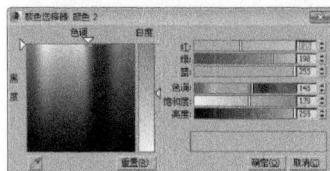
图7-304

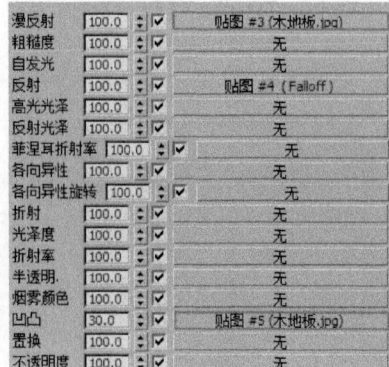
图7-305

图7-306

4. 踢脚线和床头背景外框

这两个材质都为白色，且带有反射的效果。设置"漫反射"颜色为白色，然后设置"反射"颜色为灰色，接着设置"高光光泽度"和"反射光泽度"均为0.8，具体参数和"反射"颜色如图7-307和图7-308所示。

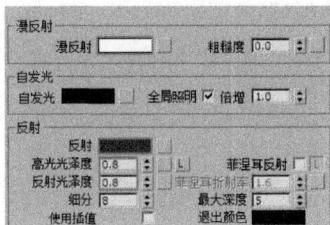

图7-307

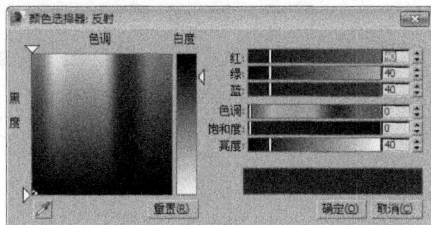

图7-308

5. 床头背景

这里有4个颜色的软包，它们只是颜色上有差异，其他参数都是一样的。

01 设置"漫反射"颜色为棕黄色（大家可以随意设置，后面会具体设置颜色值），然后为"反射"加载一张"衰减"贴图，其原理和参数与前面的"衰减"一样，接着设置"高光光泽度"为0.7、"反射光泽度"为0.75，如图7-309所示。

02 打开"贴图"卷展栏，在"凹凸"通道加载一张"皮革凹凸.jpg"贴图，然后设置强度为80，具体参数和贴图如图7-310和图7-311所示。

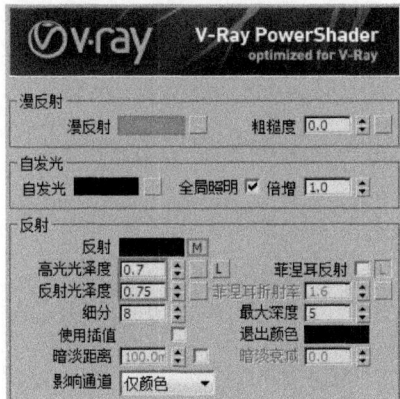

图7-309

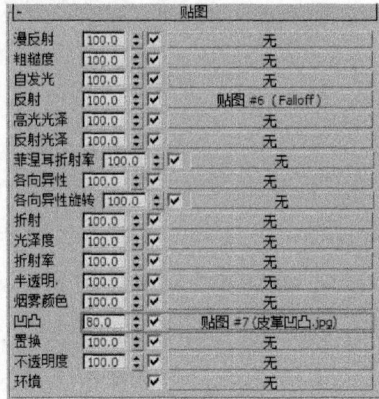

图7-310

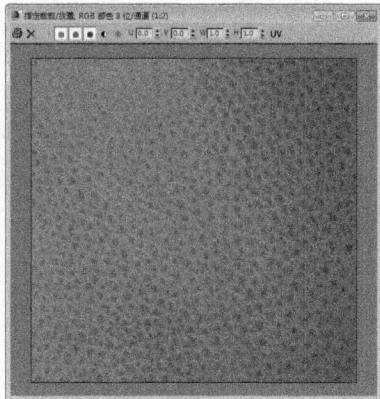

图7-311

03 现在已经将软包材质做好了，下面要设置不同的颜色，复制3个材质球，分别设置这4个软包材质的"漫反射"颜色，如图7-312~图7-315所示。

04 读者可以根据自己的思路去搭配颜色，将材质指定给模型，效果如图7-316所示。

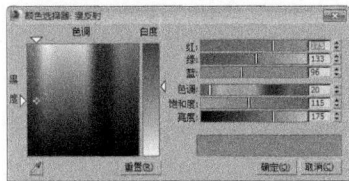

图7-312

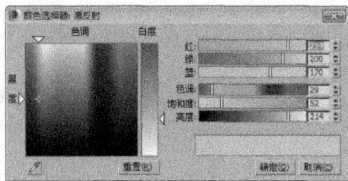

图7-313

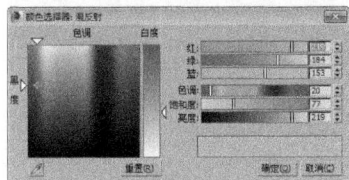

图7-314

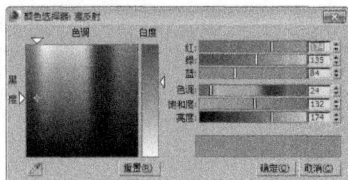

图7-315

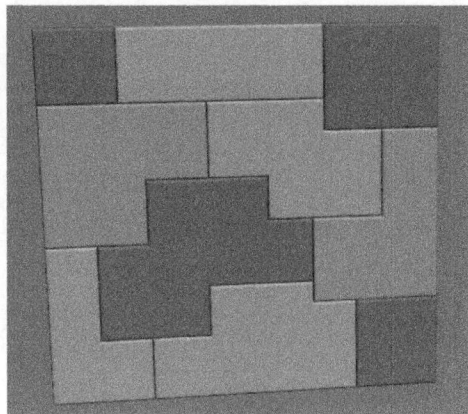

图7-316

6. 衣柜材质

衣柜一共有主体木材、门框木材和腰线木材3个材质。

01 创建主体木材材质。为"漫反射"加载一张如图7-317所示的木纹贴图，并设置"模糊"为0.01，让木纹更清晰。

02 为"反射"加载一张"衰减"贴图，其参数与前面材质的"衰减"参数相同，然后设置"高光光泽度"为0.8、"反射光泽度"为0.85，如图7-318所示。

03 打开"贴图"卷展栏，将"漫反射"中的贴图复制到"凹凸"贴图中，然后设置强度为15，如图7-319所示。

图7-317

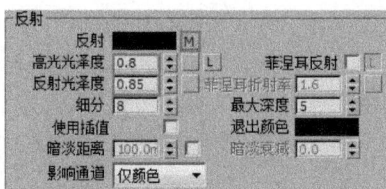

图7-318

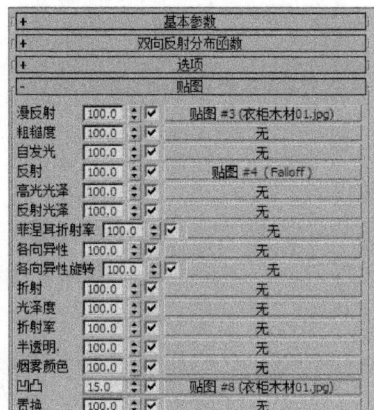

图7-319

04 创建门框木材材质，其材质属性与主体木材材质一样，只需要更换"漫反射"贴图即可，如图7-320所示。

05 腰线木材材质比较简单，为"漫反射"加载一张贴图即可，如图7-321所示。

06 将材质指定到衣柜上，然后用"UVW贴图"来调整，效果如图7-322所示。

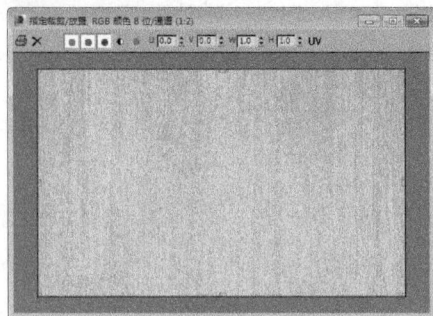

图7-320

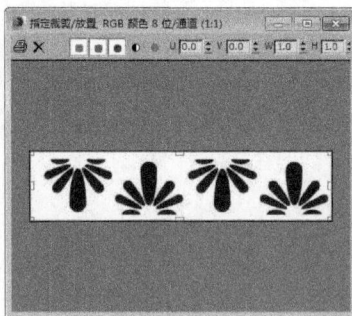

图7-321

图7-322

7.3.6 导入家具模型并检查材质

将装饰品、书台、凳子、床、床头柜、门、吊灯和筒灯模型导入场景，如图7-323所示，导入后可用前面的方法对材质进行检查。

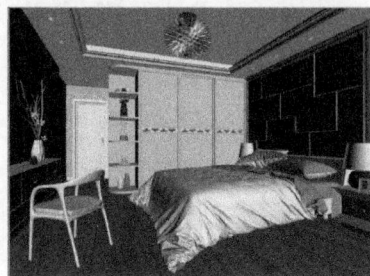

图7-323

✔ 提示 --

大家在配搭模型的时候，必须根据客户给的参考图来处理，尽量还原参考图。

7.3.7 打灯光

场景中的真实灯具有台灯、筒灯、灯槽和顶灯，这是需要优先创建的，接下来才是根据氛围补充灯光。

1. 台灯

01 创建一个VRay灯光，然后设置"类型"为"球体"，因为床头灯要柔和一点，所以采用暖调的灯光，并将颜色控制得偏淡，避免太刺眼。具体参数如图7-324所示，灯光"颜色"参数如图7-325所示。

02 把灯光放到台灯的灯罩里面，如图7-326所示。这里有两个台灯，所以复制一个灯光，将其放入另一盏台灯。

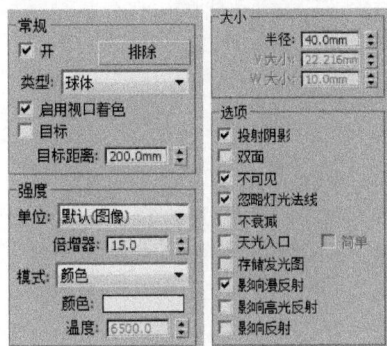

图7-324

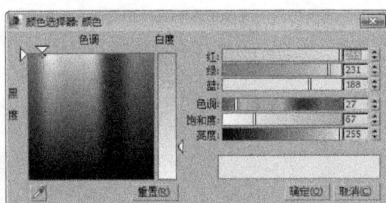

图7-325

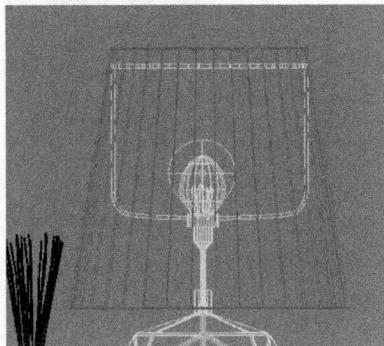

图7-326

2. 灯槽

01 创建一个VRay灯光，然后设置"类型"为"平面"，具体参数如图7-327所示。这里保持"颜色"与台灯一样，以此来统一室内的暖调。

02 复制3个灯光，分别放置在灯槽内，然后根据槽大小调整灯光大小，如图7-328所示。

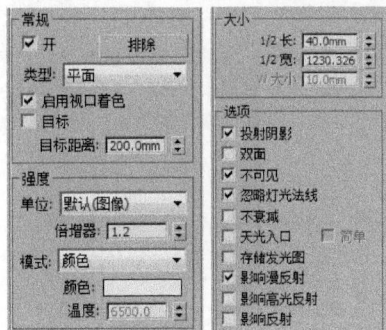

图7-327

图7-328

3. 筒灯

01 创建一个目标灯光，然后为其加载一个光域网文件，具体参数如图7-329所示。同理，为了统一暖调，保持颜色与台灯一样。

02 为场景中的每一个筒灯都复制一个目标灯光，将靠墙的目标打倾斜一点，让墙体上的光域网效果更明显，如图7-330所示。

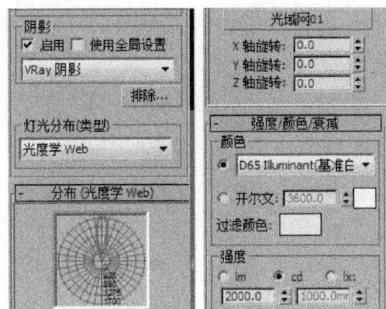

图7-329

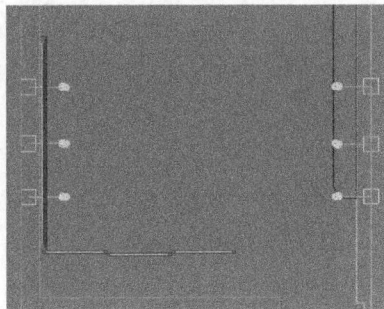

图7-330

4. 顶灯

顶灯中有一个灯泡，最适合的打光方法就是给它一个VRay球光。选择台灯的VRay球光，复制一个，将其移动到顶灯里面，如图7-331所示，然后设置"半径"为75、"倍增器"为20，如图7-332所示。

图7-331

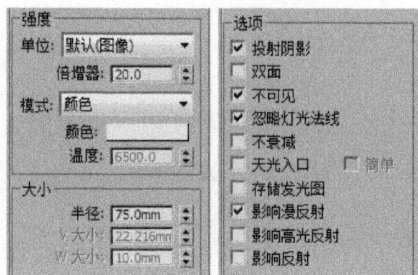

图7-332

5. 补充光域网

观察场景，床模型上面需要补一个灯光；后门处没有任何灯光，也需要补一个，否则会很暗；衣柜隔板中有许多装饰品，需要补充一个灯光来体现明暗关系和层次感，如图7-333所示。

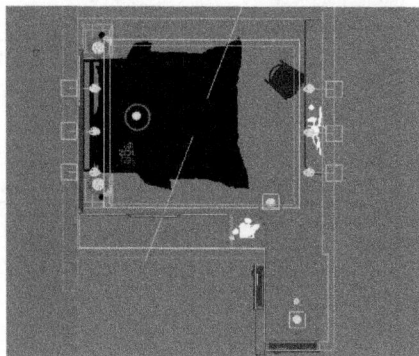

图7-333

📝 提示 --- ❯

补光没有什么法则可言，这是经验性的东西，大家平时多练习、多尝试即可。

6. 主光

这个场景与前面的场景不同，该场景没有窗户，因此，只需要在摄影机处打一个面光作为主光即可。这个面光主要用于全局照明，补充场景的冷调和提供全局虚影。

创建一个VRay灯光，设置"类型"为"平面"，具体参数如图7-334所示，灯光位置如图7-335所示。

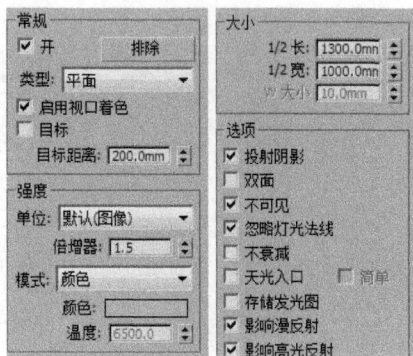

图7-334

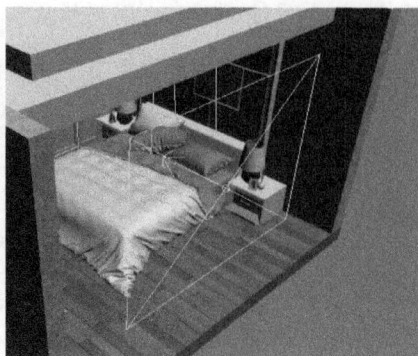

图7-335

7.3.8 渲染测试草图并修改

草图参数设置已经不用过多介绍，同理，这里仍然选择"线性倍增"来进行测试，如图7-336所示，渲染效果如图7-337所示。

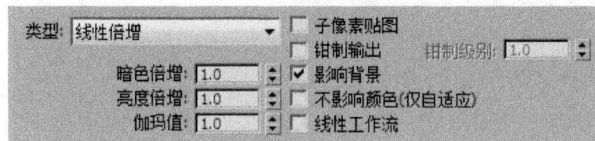

图7-336

图7-337

7.3.9 渲染大图

01 将渲染参数设置为最终渲染参数，将所有材质的"细分"设置为50，将主光的"细分"设置为50，渲染效果如图7-338所示。

02 同样，还需要渲染一张AO图，方法与前面的场景一样，效果如图7-339所示。

图7-338

图7-339

7.3.10 后期

01 把大图和AO图导入Photoshop，与之前的场景一样，复制一个大图，然后为每个图层命名，隐藏显示AO图层，如图7-340所示。

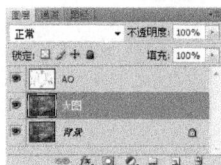

图7-340

02 调整"色阶"来增强场景的层次感,如图7-341所示;调整"自然饱和度"来增强空间的色调,如图7-342所示;调整"亮度/对比度"来增强空间对比,如图7-343所示;调整"曲线"来增强全局亮度,如图7-344所示。调整后的效果如图7-345所示。

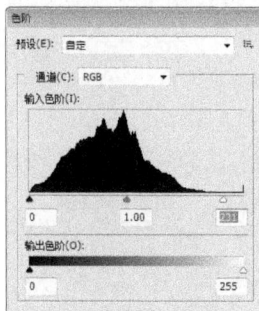

图7-341

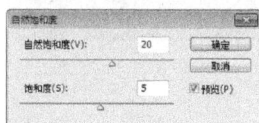

图7-342

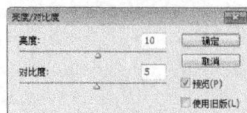

图7-343

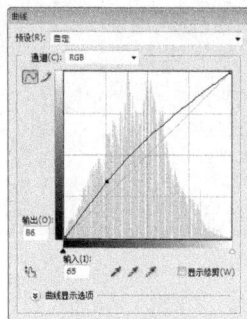

图7-344

图7-345

03 显示AO图层,然后设置图层模式为"正片叠底"、"不透明度"为20%,如图7-346所示。注意,这个图不适合加太多暗部。调整后的最终效果如图7-347所示。

图7-346

图7-347

第 8 章

封闭空间表现

本章主要介绍封闭空间的表现方法。与前面的半封闭空间相比，在建模和材质方面，它们的做法都是一样的；不同点在于，封闭空间由于没有窗户等进光口，其灯光设置思路与半封闭空间有所区别。

本章学习重点

- 掌握封闭空间的布光特点
- 掌握材质的冷暖对比原理
- 掌握封闭空间的主光特点

8.1 KTV包间表现

场景位置	场景文件>CH08>01.max，01.dwg
实例位置	实例文件>CH08> KTV包间表现.max
视频名称	KTV包间表现.mp4
难易指数	★★★☆☆
技术掌握	了解封闭空间的特点，掌握KTV类自发光封闭空间的表现方法

扫码看视频

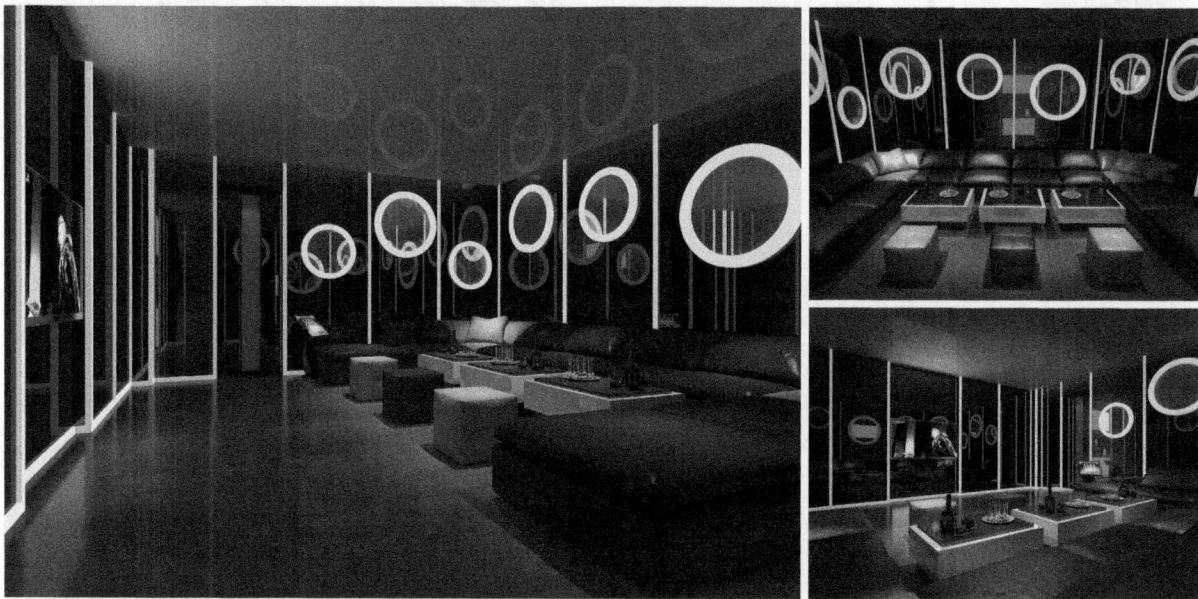

8.1.1 获取信息

01 打开学习资源中的"场景文件>CH08>01.dwg"文件，如图8-1所示，这是本例的CAD平面图。

02 打开参考图，如图8-2所示。

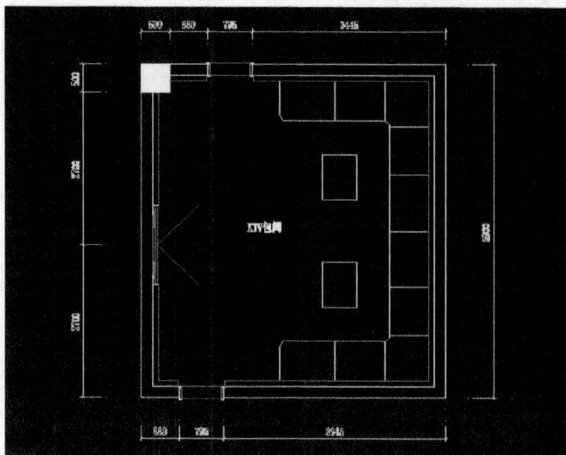

图8-1

图8-2

下面是客户的要求。

第1点：背景墙和天花参考图8-2来做，可以进行一些小改动，如调整灯光色彩。

第2点：软装风格为现代风格，因此，导入模型的风格一定要对应。

8.1.2 整理CAD平面

同前面的方法一样，将CAD平面图进行简化处理，这里不多做介绍，如图8-3所示。

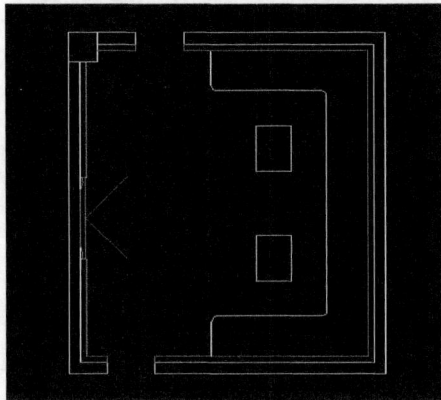

图8-3

8.1.3 创建模型

下面根据平面图进行场景框架建模。

1. 导入CAD

打开3ds Max，将CAD平面图导入视图，然后按快捷键Ctrl+A将平面图全部选中，并将其打组，同时把它移动到世界原点，如图8-4所示，接着将线框显色改为黑色，最后将平面图冻结，如图8-5所示。

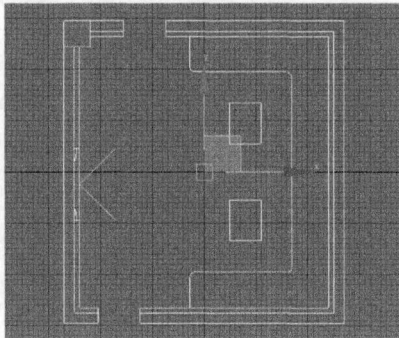

图8-4

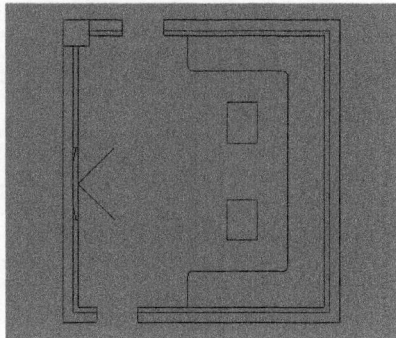

图8-5

2. 建模顺序

因为这是全封闭的空间，所以墙体是需要全部创建出来的。因此，按照正常习惯，先创建室内造型，再创建墙体，最后创建天花。

3. 背景墙发光条

01 切换到顶视图，捕捉如图8-6所示的顶点绘制样条线，然后按1键进入"顶点"层级，接着单击"优化"工具 优化 ，如图8-7所示，最后在样条线上添加一些顶点，如图8-8所示，这些点就是发光条的位置。

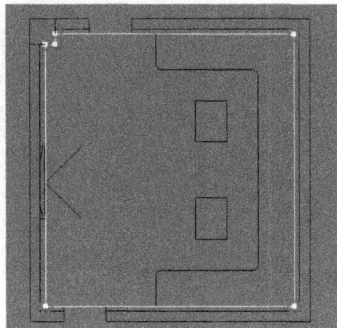

图8-6

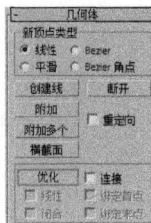

图8-7

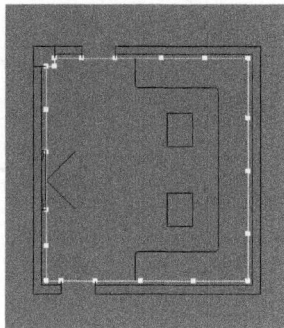

图8-8

02 使用"挤出"修改器将样条线挤出2800mm，效果如图8-9所示，然后将其转换为可编辑多边形，接着按2键进入"边"层级，选中如图8-10所示的边。

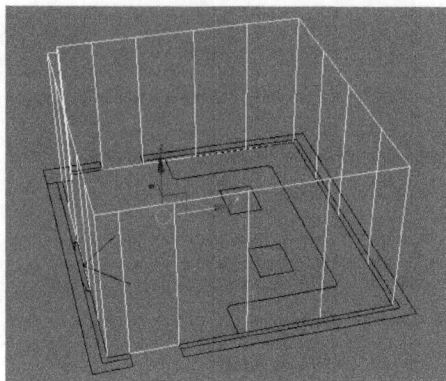

图8-9

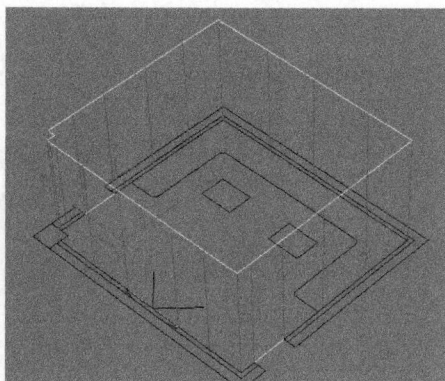

图8-10

03 打开"编辑边"卷展栏，然后单击"利用所选内容创建图形"工具 利用所选内容创建图形 ，如图8-11所示，接着按2键退出"边"层级，并删掉多边形对象，如图8-12所示。

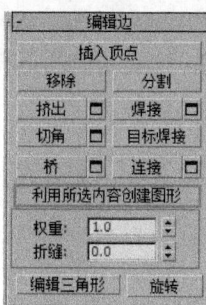

图8-11

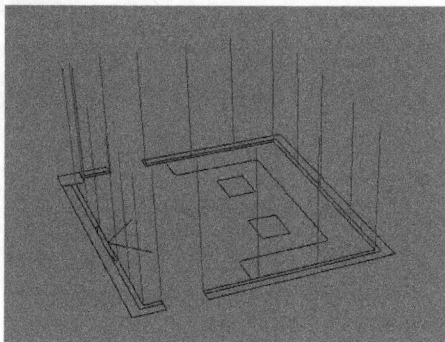

图8-12

04 选中前面创建的图形，然后打开"渲染"卷展栏，勾选"在渲染中启用"和"在视口中启用"选项，将图形转换为三维对象，接着选择"矩形"，最后设置"长度"和"宽度"均为40mm，如图8-13和图8-14所示。

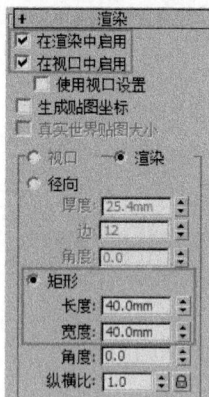

图8-13

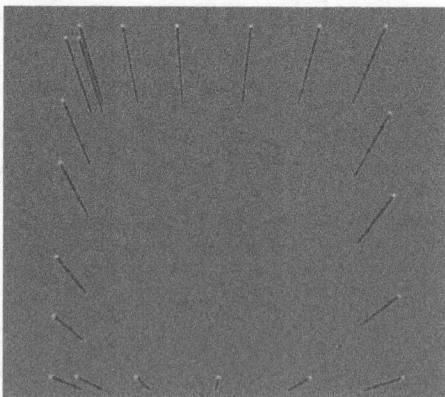

图8-14

4. 背景墙圆形造型

观察参考图中圆形墙灯的造型，外圆是LED发光灯，内圆是装饰镜子，下面依次创建。

01 切换到前视图，然后绘制一个圆环，如图8-15和图8-16所示。

☑ 提示 ------------------------------->

这里设置"步数"为36，是为了让圆环更圆滑。注意，"步数"的数值一定要适中。

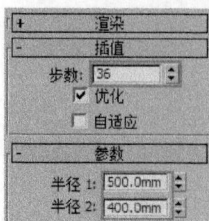

图8-15

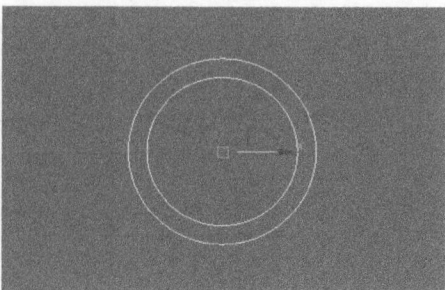

图8-16

02 为圆环加载一个"挤出"修改器，为对象挤出50mm的厚度，如图8-17所示。

03 因为圆环的内径是400mm，因此绘制一个半径为400mm的圆，并使用"挤出"修改器为其挤出30mm的厚度，然后用"对齐"工具 将圆放在圆环中，效果如图8-18所示。

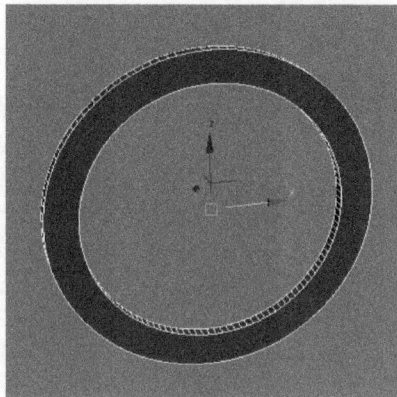
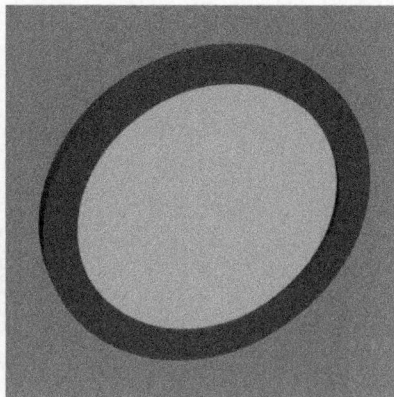

图8-17

图8-18

04 为了方便移动，将圆环和圆打组，然后切换到顶视图，将打组的对象放置在墙上，如图8-19所示，接着复制多个对象，将它们都放在墙上，如图8-20和图8-21所示。注意，每个对象的大小都不一样，大家注意缩放。

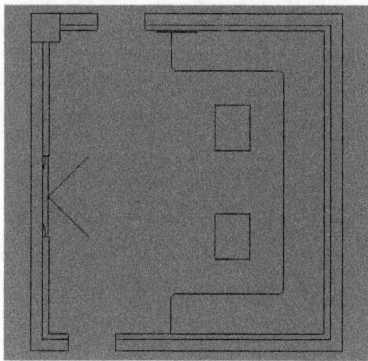
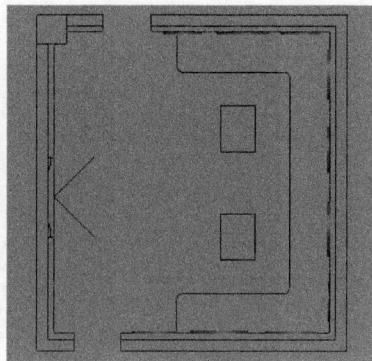
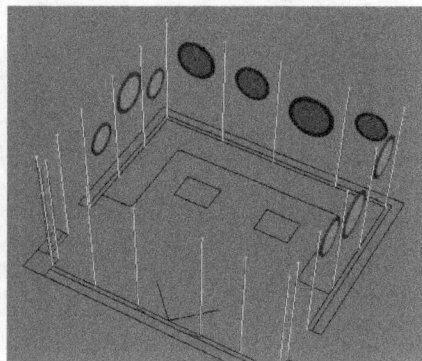

图8-19

图8-20

图8-21

5. 墙体建模

01 切换到顶视图，捕捉顶点绘制如图8-22所示的样条线，然后使用"挤出"修改器挤出2800mm的高度，效果如图8-23所示。

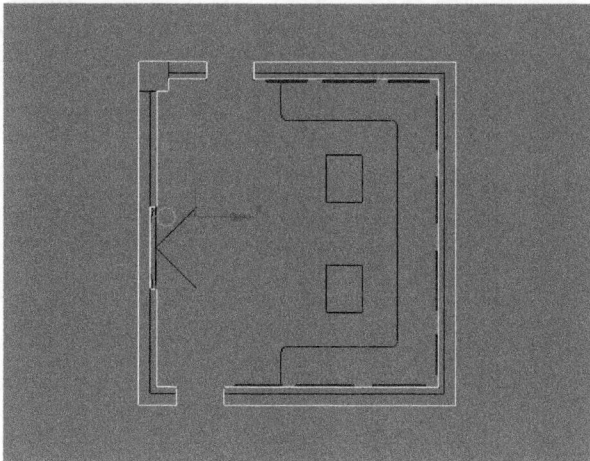
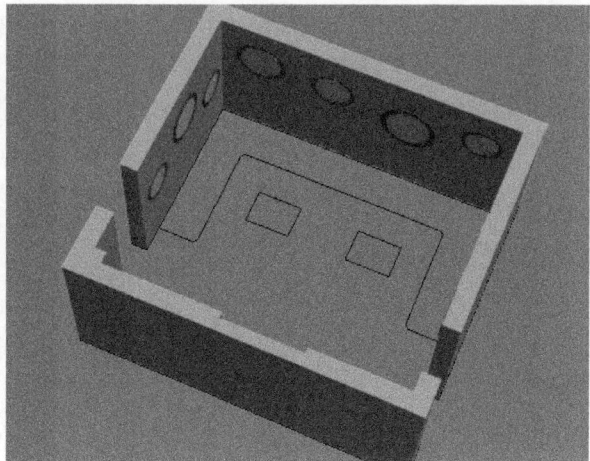

图8-22

图8-23

02 同样，确认墙体后，需要创建踢脚线，在顶视图中捕捉顶点绘制如图8-24所示的样条线，然后在"样条线"层级设置"轮廓"为20（单位为mm），如图8-25所示，最后为样条线加载"挤出"修改器，为样条线挤出一个50mm的高度，效果如图8-26所示。

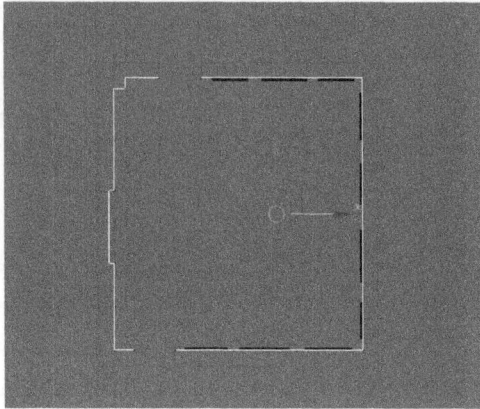

图8-24

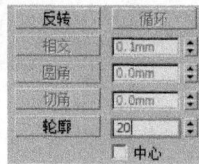

图8-25

图8-26

03 将门洞上的过梁补好。绘制两个长方体，设置其"高度"均为600mm，即为门留的高度是2200mm，效果如图8-27所示。

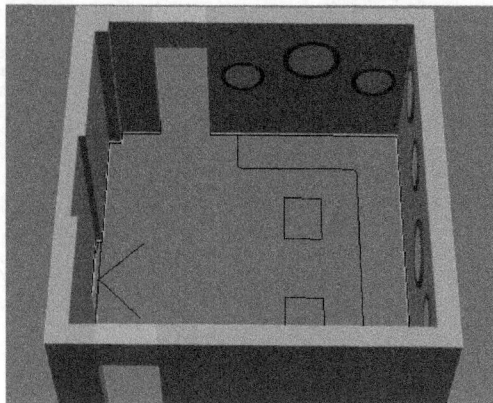

图8-27

6. 天花和地板

01 切换到顶视图，捕捉顶点绘制如图8-28所示的样条线。注意，左边和下方都是捕捉墙体的点来绘制的，即让吊顶粘着墙体，而上方和右边则距墙200mm，即留出200mm的宽度作为灯槽出光口。

02 为样条线加载一个"挤出"修改器，然后为其挤出20mm的高度，接着把对象放置到距地面2580mm高的位置，如图8-29所示，透视图观察效果如图8-30所示。

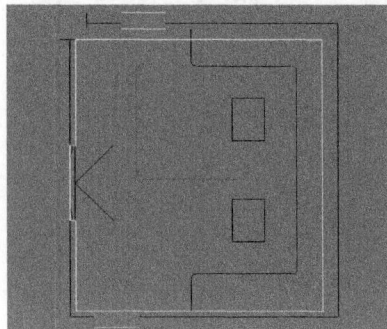

图8-28

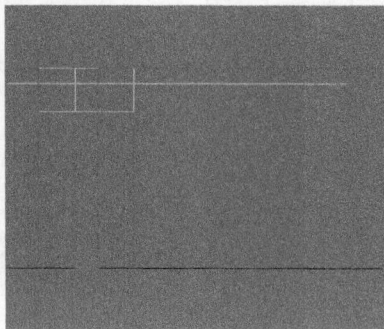

图8-29

图8-30

03 下面做灯槽。复制一个前面的对象，将其向上移动20mm，即刚好放在第1个对象的上面，然后将"挤出"的高度改为200mm，接着在顶视图将顶点修改为如图8-31所示的效果，即留出灯槽位置，这里留出200mm的宽度做灯槽位，前视图效果如图8-32所示，透视图效果如图8-33所示。

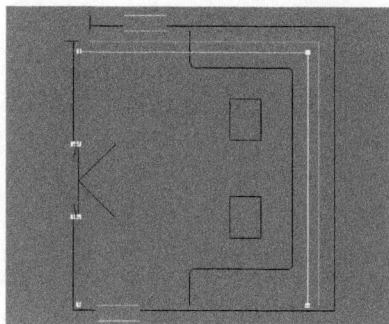  

图8-31　　　　　　　　　　　　图8-32　　　　　　　　　　　　图8-33

📝 提示 ··

　　吊顶的制作思路都一样，因为在上一章做了很多这类练习，所以本章和后续章节，如果有同类操作，都不进行详细介绍。完成上述操作后，大家只需要根据前面学过的方法完成吊顶和地面即可。

8.1.4 打摄影机角度

　　本例是一个工装空间，没有特定的指向需要重点照顾，因此确保拍摄视角全即可。本场景作为KTV，肯定要展示沙发、大电视、唱歌设备、墙体装饰和整体的风格等。

01 创建一个目标摄影机，然后调整"视野"为78，摄影机方向如图8-34所示，然后将摄影机和目标点移动到距地面900mm的高度，保持构图比例为1.3333不变，然后激活安全框，摄影机视图效果如图8-35所示。

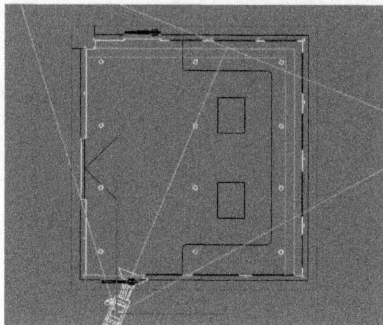 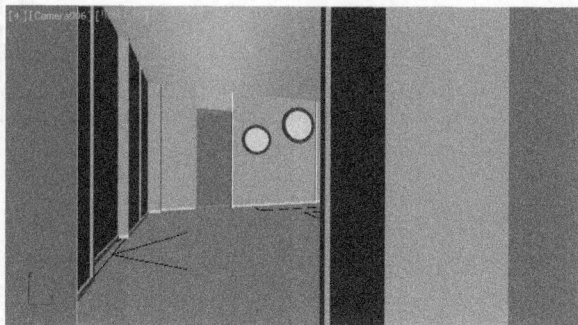

图8-34　　　　　　　　　　　　　　　图8-35

02 此时墙体挡住了摄影机，在摄影机章节，我们讲过可以使用"剪切平面"来处理，如图8-36和图8-37所示，摄影机视图效果如图8-38所示。

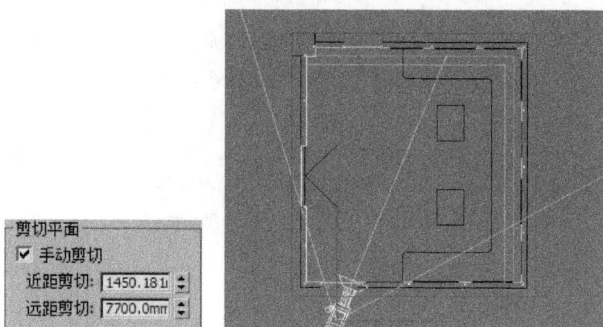 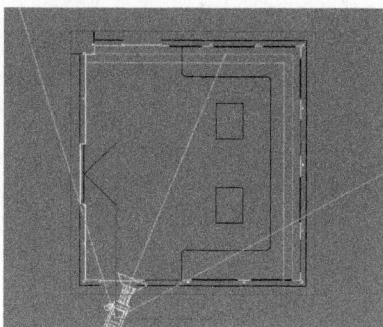 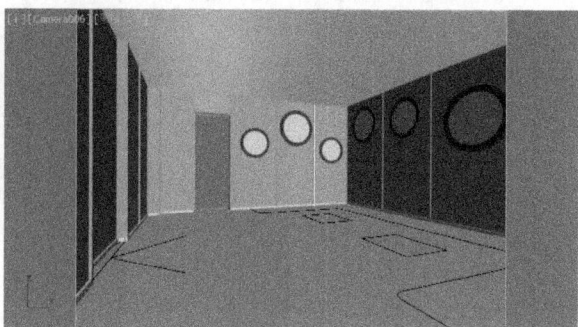

图8-36　　　　　　　　图8-37　　　　　　　　　　　　图8-38

8.1.5 制作材质

下面制作场景中的材质，包括天花材质、墙体材质、地板材质、发光条材质和墙体圆形造型材质。

1. 天花材质

01 设置"漫反射"为蓝色，然后为"反射"加载一个"衰减"贴图，如图8-39所示，蓝色参数如图8-40所示。

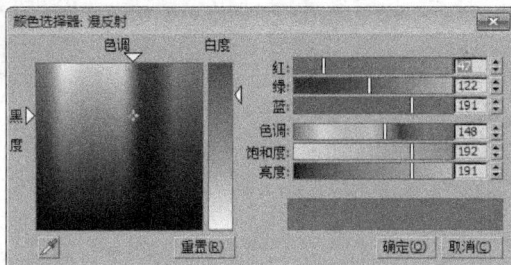

图8-39　　　　　　　　　　　　　　　　　　　图8-40

02 进入"衰减"贴图层级，将Fresnel衰减设置为从黑色到粉色，相对于前面的冷暖衰减，这种光效更适合娱乐场所，如图8-41和图8-42所示。

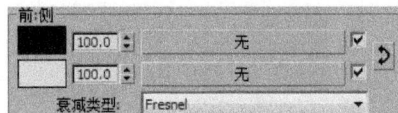

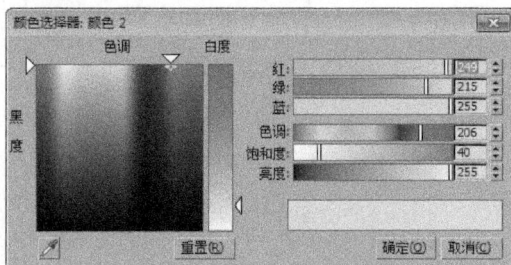

图8-41　　　　　　　　　　　　　　　　　　　图8-42

2. 墙体材质

墙体可以通过很强的反射来体现，且色调为蓝色。

01 为"漫反射"加载一个"衰减"贴图，然后设置"反射"颜色为黑灰色，设置"高光光泽度"为0.8，如图8-43和图8-44所示。

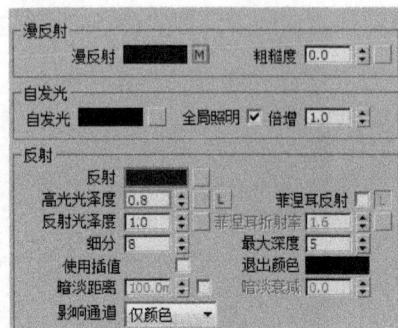

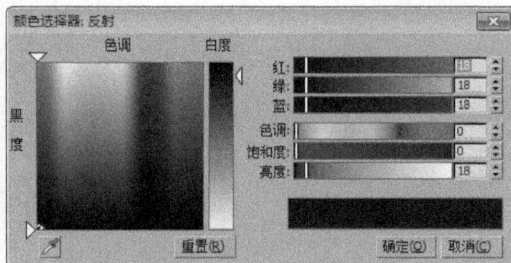

图8-43　　　　　　　　　　　　　　　　　　　图8-44

📝 提示 --

　　"漫反射"加载"衰减"是让墙体的色彩带发生变化，这样娱乐场所的气氛就没那么平凡了。

02 设置"漫反射"的Fresnel衰减为从黑到深蓝，让墙体更有感觉，如图8-45和图8-46所示。

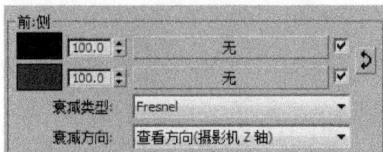
图8-45

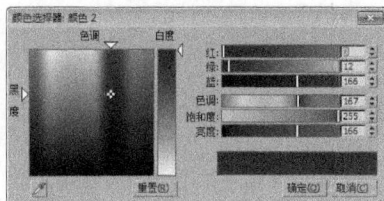
图8-46

3. 地板材质

为"漫反射"加载一张地砖贴图，如图8-47所示，然后为"反射"加载一个"衰减"贴图，设置"反射光泽度"为0.9，如图8-48所示，接着保持"反射"的Fresnel衰减为从黑到白，如图8-49所示。

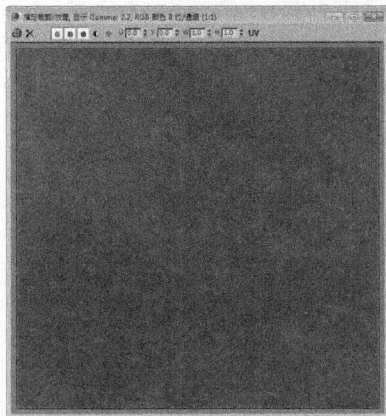
图8-47

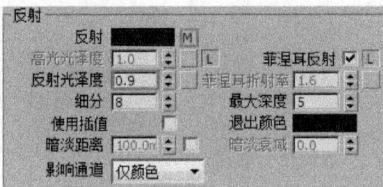
图8-48

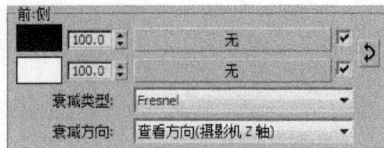
图8-49

提示

制作好材质后，将其指定给地面，并用"UVW贴图"调整好纹理即可。

4. 发光条材质

01 墙体上面的发光条和踢脚线是相同的发光材质，参考图中的是白色发光体，这里可以做些改变。新建一个"VRay灯光材质"，然后在"颜色"中加载一张"衰减"贴图，如图8-50所示。

02 进入"衰减"层级，然后保持"衰减类型"不变，即为"垂直/平行"，让灯光的衰减为从天蓝到淡蓝色，如图8-51所示，颜色值如图8-52和图8-53所示。

图8-50

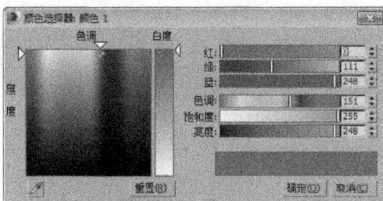
图8-52

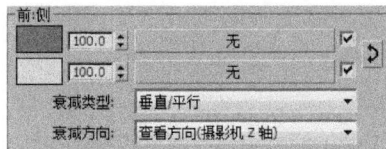
图8-51

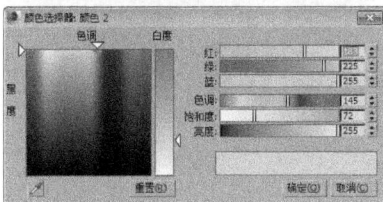
图8-53

提示

这里用渐变色的目的是避免白光使空间过分平淡，无法突出KTV的氛围。渐变色调为蓝色，目的是与前面设置的蓝色材质相呼应，从而使空间更具有层次感，材质球效果如图8-54所示。

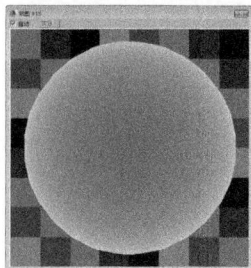
图8-54

199

5. 墙体圆形造型材质

该对象有两种材质：外圈是灯，内圈是镜子。

01 创建外圈材质。与发光条的材质一样，新建一个"VRay灯光材质"，然后加载一张"衰减"程序贴图，如图8-55所示。

图8-55

02 这里用淡紫色作为圆灯的颜色，与场景的蓝调形成对比，"衰减"的参数如图8-56所示，"前""侧"颜色分别如图8-57和图8-58所示，材质球效果如图8-59所示。

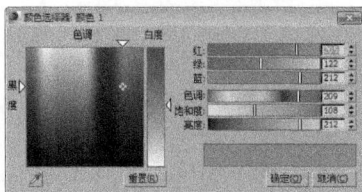
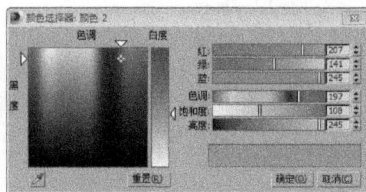
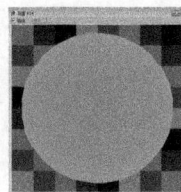

图8-56　　　　　　　图8-57　　　　　　　图8-58　　　　　　　图8-59

03 创建内圈镜子材质。设置"漫反射"为白色，然后设置"反射"为亮度比较强的灰色，接着设置"高光光泽度"为0.8，如图8-60所示，反射颜色如图8-61所示。

📝 提示 - - - - - - - - - - - - - - - - - - - ➤

镜子通常是用纯白色控制反射，但是本例需要将镜子融入夜晚效果，因此需要一些朦胧感。

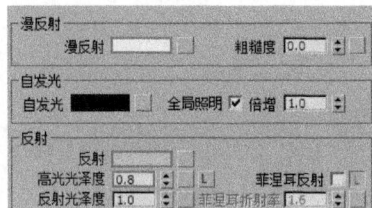
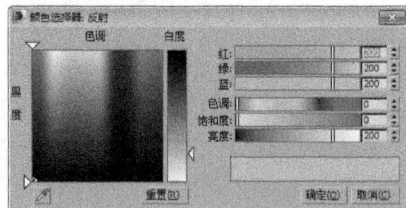

图8-60　　　　　　　　　　图8-61

8.1.6　导入家具模型并检查材质

同前面一样，创建好主题框架模型后，导入相关的场景对象即可，包括门、电视、桌子和点歌台等，导入模型后的效果如图8-62所示。

图8-62

8.1.7 打灯光

1. 天花灯槽

娱乐场所的灯光与我们创建的灯光有区别，不会有大的面光作为主光，主要是用空间本身的灯光进行照明，且可以拥有各种色彩。

01 创建一个VRay灯光，然后设置"类型"为"平面"，具体参数设置如图8-63所示，颜色如图8-64所示。

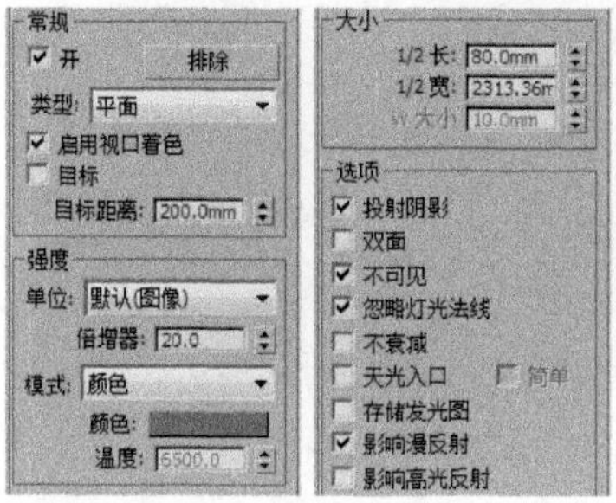

图8-63 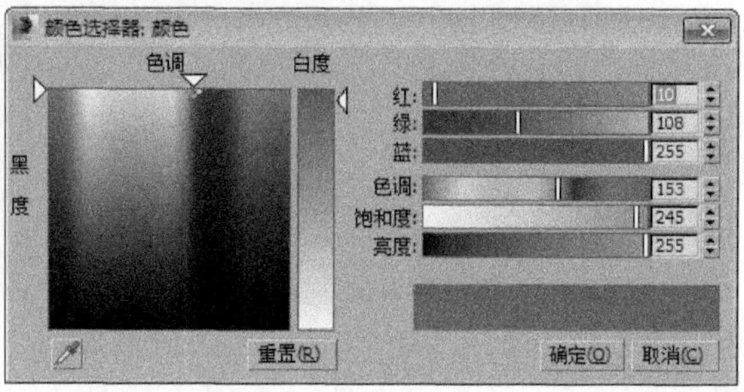 图8-64

02 复制一盏灯光，然后分别将两盏灯光放到灯槽内，如图8-65和图8-66所示。灯光的方向都是照射墙体，形成反射，从而让灯带的效果更强烈。

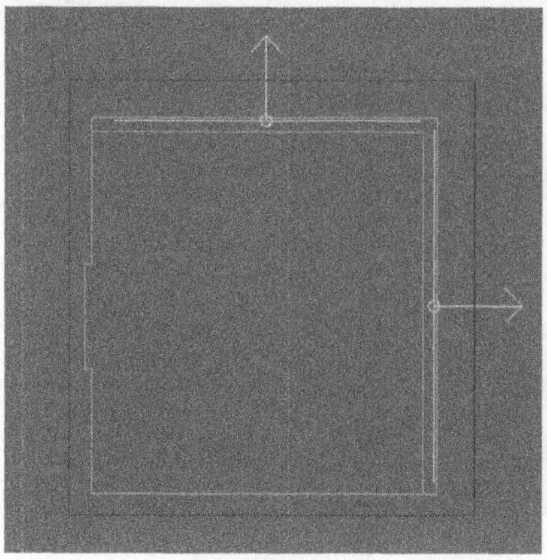

图8-65  图8-66

2. 电视机发光

创建一个平面光，模拟电视机的发光，其颜色和灯带一样，具体参数设置如图8-67所示，效果如图8-68所示。

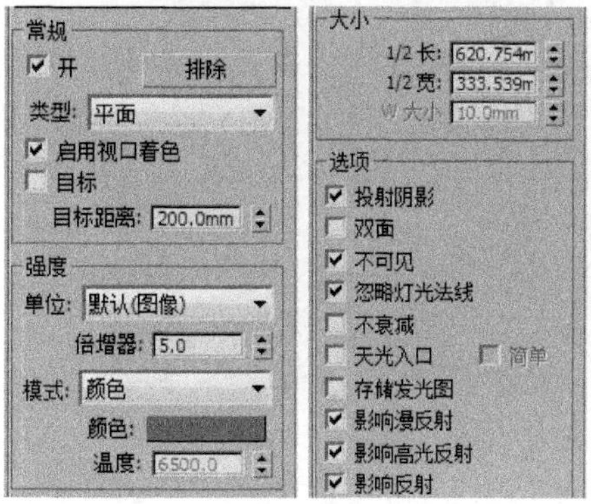

图8-67 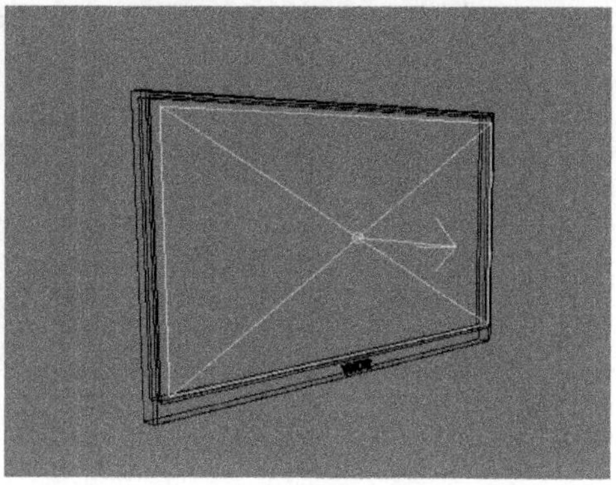 图8-68

3. 补光域网

虽然这个场景没有筒灯，但为了突出明暗效果，必须补出来。创建一盏目标灯光，然后指定一个光域网文件，具体参数设置如图8-69所示，接着复制灯光，分别照射不同的模型，即在小模型上挨个打灯光，在大模型上间隔一个打一个，如图8-70所示。

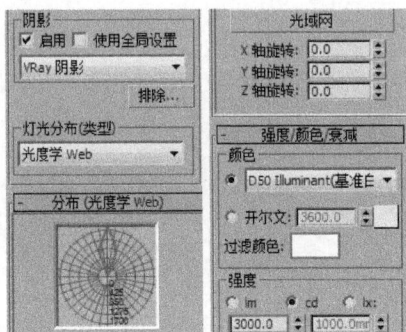

图8-69

图8-70

📝 提示 --

至于灯光颜色为什么用白色，其实很简单，因为整个场景和沙发都是黑的，所以以此来形成黑白关系。

8.1.8 渲染测试草图并修改

01 将渲染参数设置为测试参数，同时保持曝光"类型"为"线性倍增"，如图8-71所示，测试效果如图8-72所示。

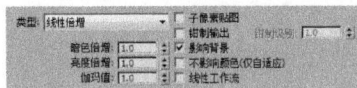

图8-71

图8-72

02 通过观察发现，电视处的光感较弱，与右边不搭。复制一个电视机的平面光，然后把这两个光的位置移动到如图8-73所示的位置。

03 再次渲染草图，效果如图8-74所示。天花和地板的蓝色成功地表现了出来，形成上下呼应，同时与右边的效果也形成对比。

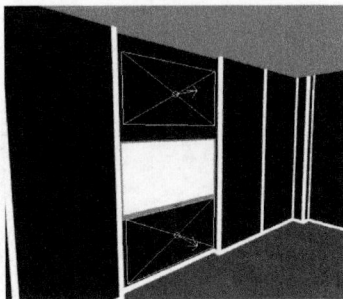

图8-73

图8-74

📝 提示 --

面光这样靠近物体，是为了让地面和天花的效果更明显。

8.1.9 渲染大图

将渲染参数设置为成图渲染参数，然后设置所有材质的"细分"为50、面光的"细分"为50，渲染如图 8-75所示。

图8-75

> 📋 提示 ···
>
> 根据之前的例子，渲染了大图都会渲染AO图，用来加强暗部。但本例不需要，因为KTV本身就很暗，没必要再多此一举。

8.1.10 后期

01 打开Photoshop，复制一个图层，然后修改命名，如图8-76所示。

02 执行"图像>调整>色阶"命令，打开"色阶"对话框，调整图像的层次感，如图8-77所示。

03 执行"图像>调整>亮度/对比度"命令，打开"亮度/对比度"对话框，提高亮度，让场景的蓝色和粉色加强对比感，如图8-78所示。

图8-76

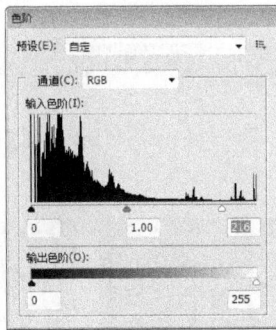

图8-77

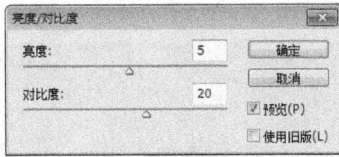

图8-78

04 执行"图像>调整>曲线"命令，用"曲线"提升整体亮度，如图8-79所示，最终效果如图8-80所示。

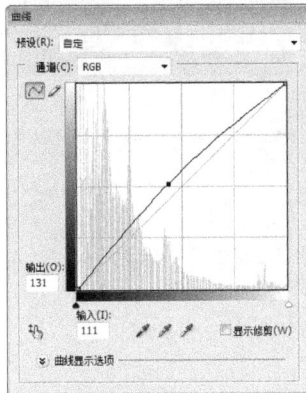

图8-79

图8-80

场景位置	场景文件>CH08>02.max，02.dwg	
实例位置	实例文件>CH08>餐厅包间表现.max	
视频名称	餐厅包间表现.mp4	
难易指数	★★★☆☆	
技术掌握	掌握餐厅包间的建模、材质、灯光和后期技术	

扫码看视频

8.2.1 获取信息

01 打开学习资源中的"场景文件>CH08>02.dwg"文件，如图8-81所示，这是本例的CAD平面图。

02 打开相应的参考图，如图 8-82和图8-83所示。

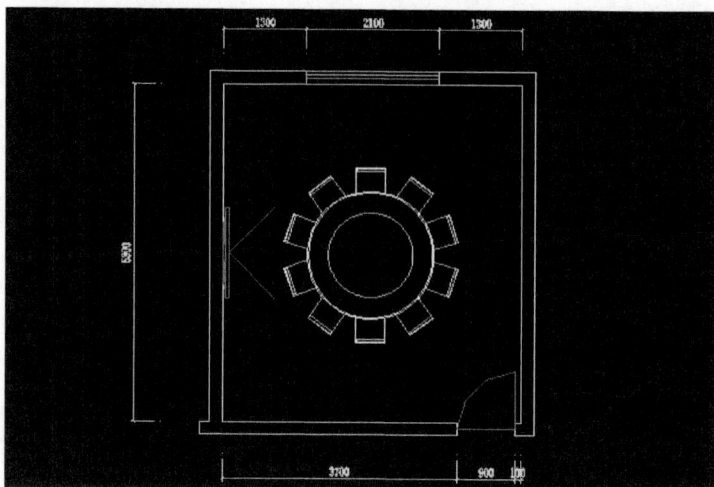

图8-81

图8-82

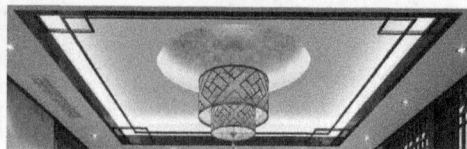

图8-83

下面是客户的要求。

第1点：背景墙和天花与参考图保持一致。

第2点：墙体为白色乳胶漆，可以加入绿植进行搭配。

8.2.2 整理CAD平面

将CAD平面图进行简化处理，这里就不多做介绍，如图8-84所示。注意，将CAD平面简化后，切记按W键打成块，然后在保存时进行命名，确保单位为mm（毫米）。

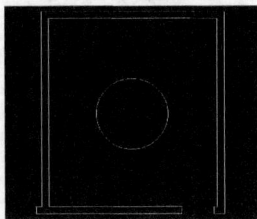

图8-84

8.2.3 创建模型

下面根据平面图进行场景框架建模。

1. 导入CAD

打开3ds Max，将前面简化后的CAD文件导入3ds Max，然后将其打组，如图8-85所示，接着按G键隐藏栅格，并将CAD平面图改成个人习惯的颜色，最后将其冻结，如图8-86所示。

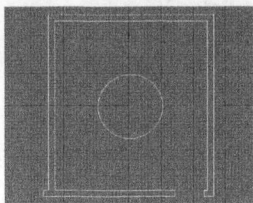 

图8-85　　　　　　　　　　图8-86

2. 建模循序

本例的墙体结构非常简单，天花造型是最复杂的部分。那么，我们是否应该像前面一样先创建复杂的对象呢？在此建议大家先创建墙体，再创建天花，因为墙体结构可以定好天花板的尺寸和高度，从而让整个工作流程都保持流畅顺利。

3. 电视背景墙

电视背景墙的造型非常简单，通过一个长方体和样条线挤出的结构即可组合完成。

01 切换到顶视图，然后捕捉如图8-87所示的结构绘制一个长方体。

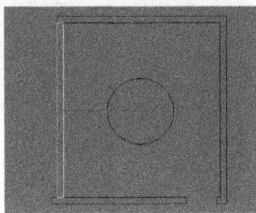

图8-87

💡 提示 -->

注意，这里的长方体高度为2700mm，因为层高为3000mm，要预留300mm制作吊顶。

02 切换到右视图，然后捕捉如图8-88所示的顶点绘制一条样条线（最下面未封口），接着在"样条线"层级设置100mm的"轮廓"，效果如图8-89所示。

03 同样，为样条线加载一个"挤出"修改器，为其设置20mm的厚度，然后将其放到相应位置，效果如图8-90所示。

图8-88

图8-89

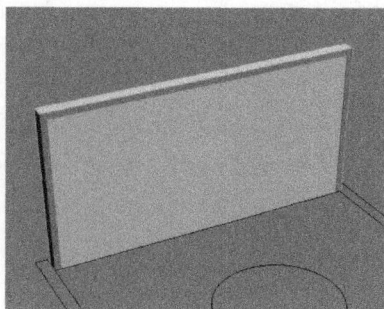

图8-90

4. 墙体脚线

01 捕捉其余墙体结构线绘制墙体样条线，然后为它们加载"数量"为2700mm的"挤出"修改器，效果如图8-91所示。

02 创建一个长方体补充门洞上的过梁，如图8-92所示。注意，这里门洞高2200mm，因此过梁的长方体高度为500mm。

图8-91

图8-92

03 切换到顶视图，捕捉墙体内圈轮廓的顶点绘制踢脚线的样条线，如图8-93所示。

04 在"样条线"层级设置10mm的"轮廓"，并加载一个"数量"为50mm的"挤出"修改器，效果如图8-94所示。

📝 提示 ------------------➢

这些建模的操作在前面的章节已经介绍过，因此省略了部分参数图示。如果读者有不明白的地方，可以观看教学视频。

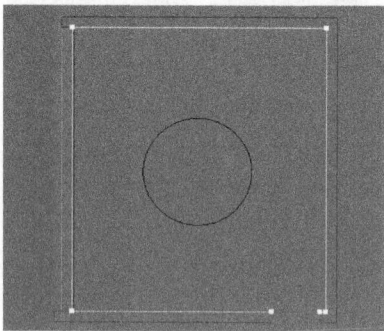

图8-93

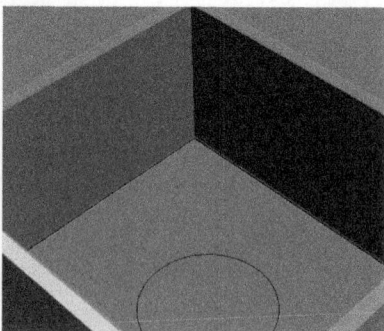

图8-94

5. 天花和地板

01 切换至顶视图，然后捕捉顶点绘制样条线，如图8-95所示，接着为样条线设置800mm的"轮廓"，效果如图8-96所示。

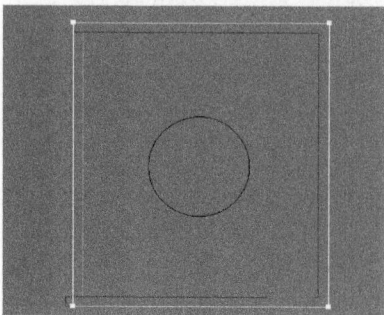

图8-95

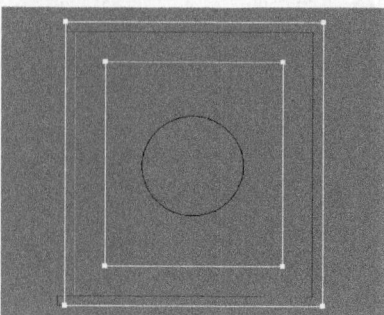

图8-96

02 为上述样条线加载一个"数量"为100mm的"挤出"修改器,然后把这层吊顶移到墙体上面,效果如图8-97所示。

03 按快捷键Alt+Q将第1层吊顶孤立显示,然后捕捉中间矩形的顶点绘制一个矩形,接着为其设置100mm的"轮廓",如图8-98所示,同样为其加载一个"数量"为100mm的"挤出"修改器,效果如图8-99所示。

图8-97

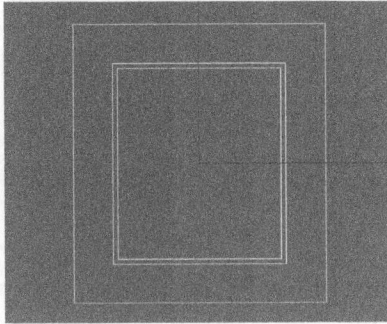

图8-98

图8-99

💡 提示 ---

如果读者对本部分操作有不理解的地方,可以观看教学视频。

04 继续绘制样条线,如图8-100所示。

05 打开样条线的"渲染"卷展栏,然后勾选"在渲染中启用"和"在视口中启用",接着设置"矩形"的"长度"和"宽度"均为30mm,如图8-101所示,效果如图8-102所示。

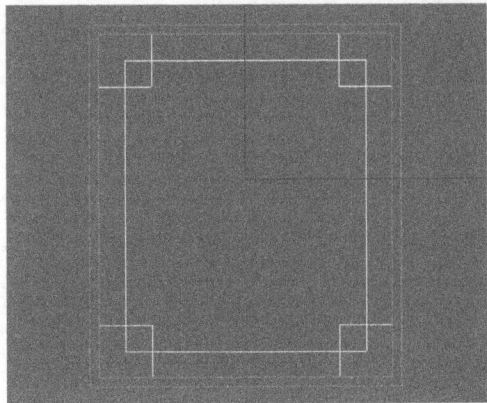

图8-100

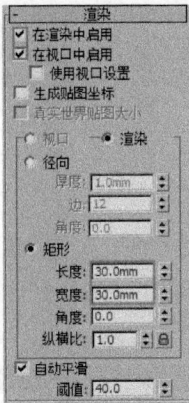

图8-101

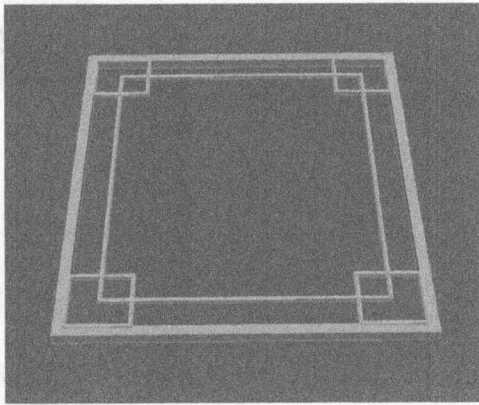

图8-102

📝 提示 ---

这里大家可以先绘制一个600mm×600mm的矩形,并将其转换为可编辑样条线,然后通过捕捉将其放到一个角上,接着复制3个到其他角,最后在吊顶中间绘制一个大矩形,并将所有矩形附加到一起。注意,大矩形的每个角刚好在小矩形的中心。

06 切换到顶视图,放大视图。因为创建二维线时是捕捉到内框的边缘的,所以此时开启"渲染"卷展栏的参数后,模型会超出内框,如图8-103所示。下面通过调整顶点位置,将超出的部分移动到内框边缘,如图8-104所示。

📝 提示 ------------------------>

大家可以通过观看教学视频学习具体的操作方法。

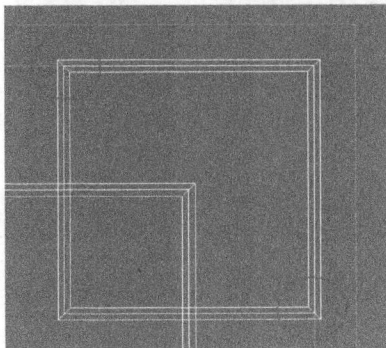

图8-103

图8-104

07 退出孤立选择，捕捉吊顶的外框绘制样条线，然后为其设置600mm的"轮廓"，如图8-105所示，接着为样条线加载一个"数量"为80mm的"挤出"修改器，效果如图8-106所示。

📝 提示 ------------------- >

因为第1层吊顶的"轮廓"是800mm，这里的"轮廓"设置为600mm，即留了200mm的宽度用于制作灯槽。

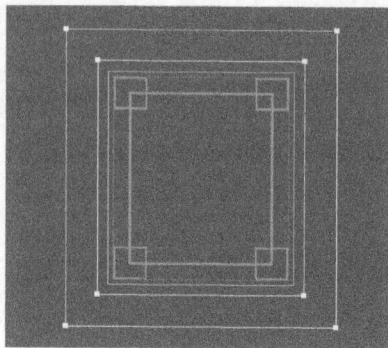

图8-105

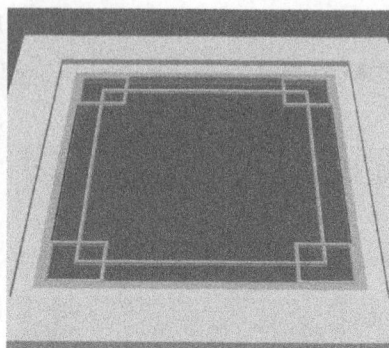

图8-106

08 切换到前视图，绘制一个半径为900mm的圆，然后捕捉吊顶外框绘制一个矩形，接着把圆转换为可编辑样条线，同时将矩形附加进去，如图8-107所示。

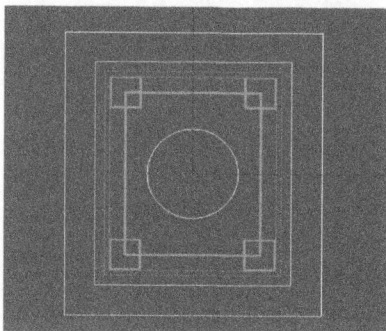

图8-107

📝 提示 -- >

转换为样条线后，"插值"可以设置为36，保证圆形足够圆滑。

09 为上一步创建的二维线加载"挤出"修改器，然后设置"数量"为40mm，效果如图8-108所示。

10 将带圆的顶造型复制一个放在上面，然后把修改器"挤出"的"高度"修改为80mm，接着在"样条线"层级将下面的圆放大一点，效果如图8-109所示。

📝 提示 ------------------- >

这里将圆的半径放大到1000mm左右，即留100mm的宽度做灯槽打灯光。大家可以思考一下如何利用"轮廓"进行精确缩放，如有不解之处，请观看教学视频。

最后，绘制两个长方体分别作为封顶和地面即可完成场景创建。

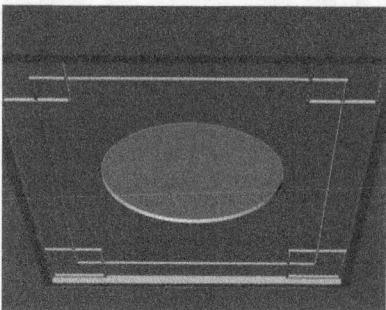

图8-108

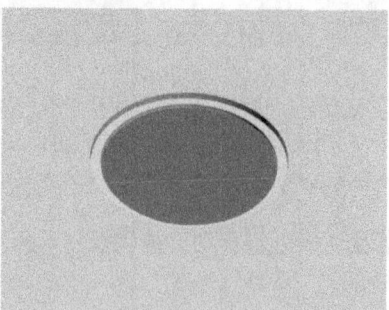

图8-109

8.2.4 打摄影机角度

本空间没有复杂的造型，可以借鉴参考图来打视角，即从门的位置垂直拍摄墙面。

01 创建一个目标摄影机，其方向如图8-110所示。注意，这里的"视野"为68，并用前面的方法将摄影机和目标点移动到离地面高900mm的位置。

02 切换到摄影机视图，将"图像纵横比"设置为1.2，使摄影机能更多地拍摄天花板，然后按快捷键Shift+F激活安全框，如图8-111所示。

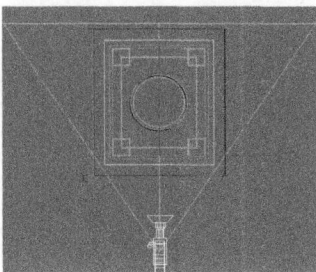

📝 提示 --------------------------------->

因为摄影机是在墙外面，所以目前是绝对看不到室内的。此时，大家可以按F3键，使用线框结构来观察拍摄范围。

图8-110   图8-111

03 在"修改"面板中勾选"手动剪切"，然后根据顶视图的红线范围来调节拍摄范围，如图8-112和图8-113所示。

04 按C键切换到摄影机视图，效果如图8-114所示。虽然目前摄影机视图的最下方是空的，但不会考虑继续调整摄影机位置。因为摄影机目前的角度是比较合理的，所以不会破坏当前的视角。

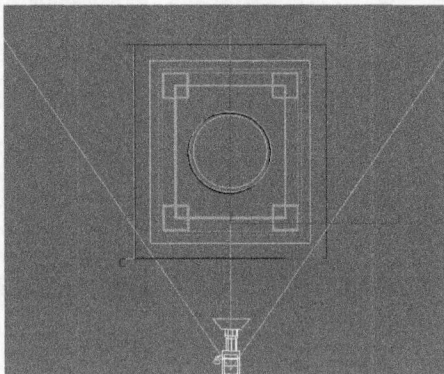
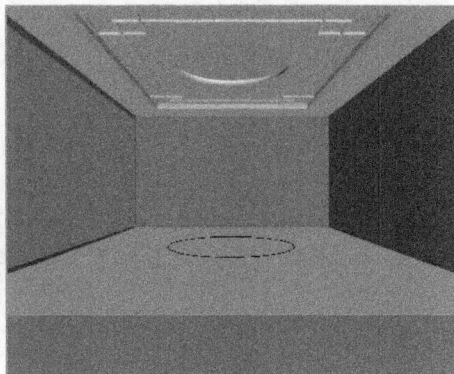

图8-112   图8-113   图8-114

05 按F10键打开"渲染设置"对话框，然后设置"要渲染的区域"为"裁剪"、"图像纵横比"为1.2，如图8-115所示，接着在摄影机视图调整裁剪范围，让3ds Max只渲染场景内的效果，如图8-116所示。

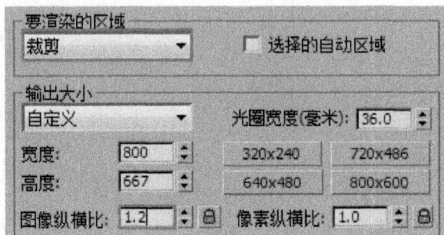
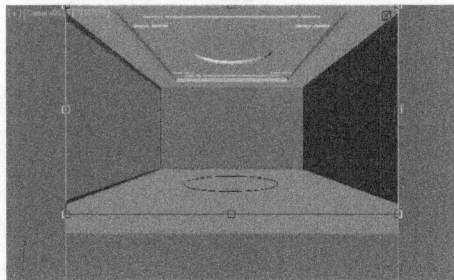

图8-115   图8-116

8.2.5 制作材质

下面制作场景中的材质，包括木条材质、地板材质、天花金箔和墙体材质。

1. 天花和墙体

天花和墙体材质没什么特别，都是白色乳胶漆，因此直接给一个纯白色的颜色即可，效果如图8-117所示。

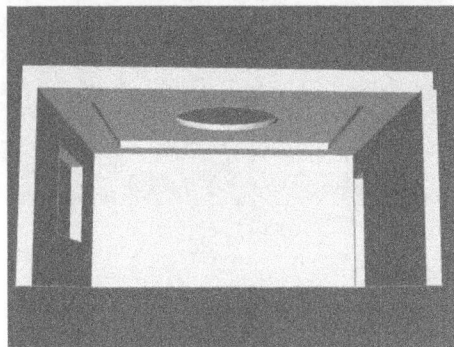

图8-117

2. 木条材质

本场景中背景墙、踢脚线和吊顶的木条造型，都是用同一个木纹材质。

01 为"漫反射"贴图通道加载一张木纹贴图，如图8-118所示。注意，这里还是保持"模糊"为0.01，使木纹纹理更清晰。

02 将"反射"颜色设置为亮度很低的黑灰色，然后设置"高光光泽度"和"反射光泽度"均为0.8，如图8-119和图8-120所示。

03 将材质指定给场景中的对象，使用"UVW贴图"修改器设置好纹理，效果如图8-121所示。

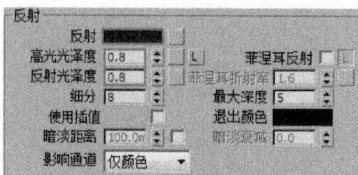

图8-119

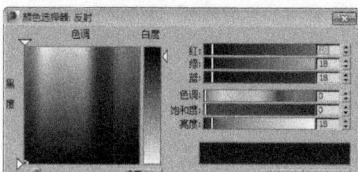

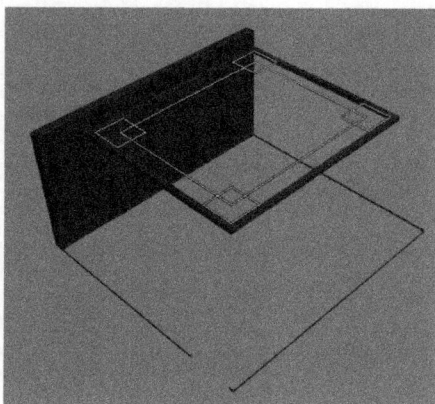

图8-118　　　　　　　　　　图8-120　　　　　　　　　　图8-121

3. 天花金箔

天花金箔材质主要用于吊顶的圆形部分，由于我们创建吊顶的时候，是使用一个长方体封顶的，因此直接将材质指定给封顶的长方体即可。

01 为"漫反射"贴图通道加载一张金箔的贴图，如图8-122所示。同理，设置"模糊"为0.01。

02 将"反射"颜色设置为亮度很低的黑灰色，然后设置"高光光泽度"为0.78、"反射光泽度"为0.75，如图8-123和图8-124所示。

03 将材质指定给封顶对象，然后为其加载"UVW贴图"修改器，调整的效果如图8-125所示。

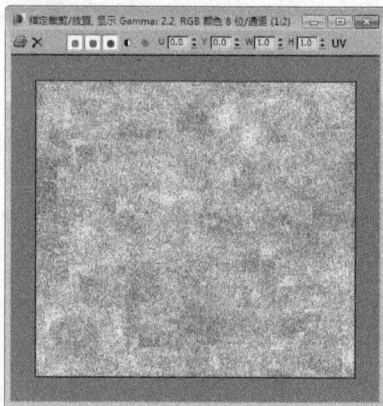

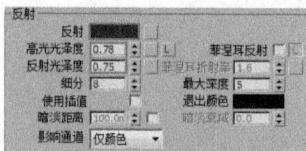

图8-123

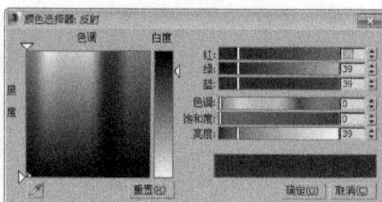

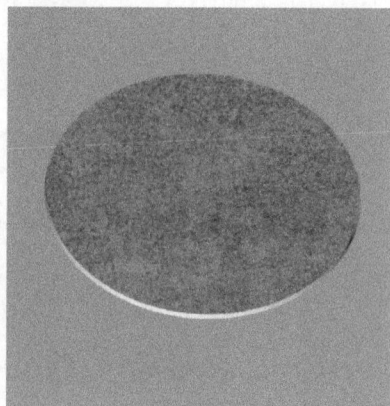

图8-122　　　　　　　　　　图8-124　　　　　　　　　　图8-125

📋 提示 --

这里为了方便大家对应效果，笔者特意将圆形部分单独切了出来。

4. 地板材质

01 为"漫反射"贴图通道加载一张地砖贴图，如图**8-126**所示。同理，设置"模糊"为0.01。

02 为"反射"贴图通道加载一个"衰减"贴图，然后设置"高光光泽度"为0.8、"反射光泽度"为0.9，如图**8-127**所示。

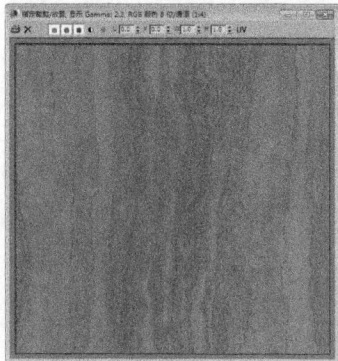

图8-126

图8-127

03 前面我们已经介绍过如何通过"衰减"去控制材质的反射色调，本例同样使用从黑色到冷色调的反射变化，具体参数设置如图**8-128**和图**8-129**所示。

04 为地面模型加载"UVW贴图"修改器，然后为其设置800mm×800mm×800mm的"长方体"模式，效果如图**8-130**所示。

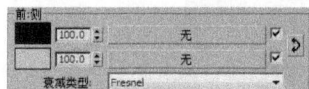

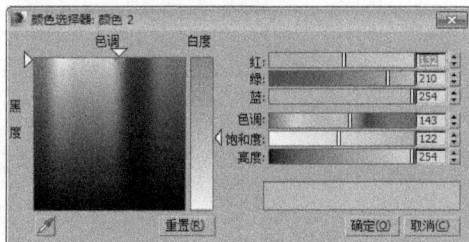

图8-128

图8-129

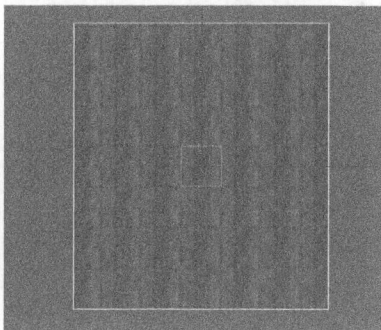

图8-130

📋 提示 --->

这里之所以没有用"平铺"贴图做地砖，是因为当前地砖贴图自带黑边效果，即调整好"UVW贴图"就有砖缝效果。

8.2.6 导入家具模型并检查材质

将窗户、门、吊灯、筒灯、餐桌组合、挂画和植物等模型导入场景，效果如图**8-131**所示。注意，导入模型时切记检查模型的材质、细分和贴图。另外，还需要将凳子、挂画边框的木材也统一为前面制作的木条材质，让整个空间的木色统一。

图8-131

8.2.7 打灯光

本例为封闭空间，但不同于有很多自发光的KTV包间。因此，本例是需要主光源的。

1. 圆形灯槽

01 使用VRay灯光创建一个平面光，灯光的具体参数和颜色如图8-132和图8-133所示。

02 复制多个平面光，放在圆形灯槽里，将它们排成一个圆，灯光方向为向上，位置如图8-134所示。

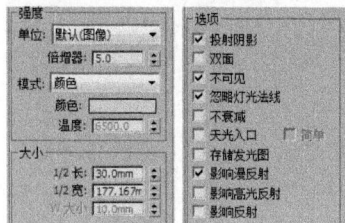 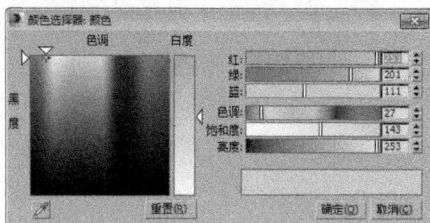 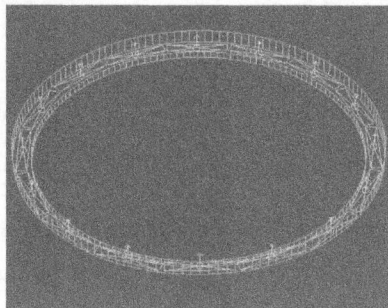

图8-132　　　　　　　　　　　图8-133　　　　　　　　　　　图8-134

2. 方形灯槽

01 使用VRay灯光创建一个平面光，注意，同样是灯槽，所以要统一颜色，具体参数设置如图8-135所示。

02 复制3个平面光，将它们放到灯槽相应的位置，如图8-136所示。

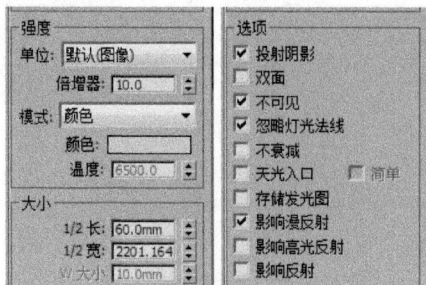 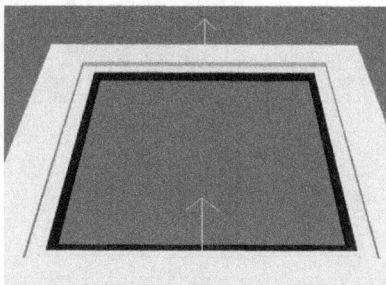

图8-135　　　　　　　　　　　图8-136

📋 提示 ---

灯光的大小请根据灯槽的尺寸自行调整。

3. 吊灯

使用VRay灯光创建一个球体灯，同样保持颜色与灯槽灯光一致，具体参数设置如图8-137所示，然后把灯光放到吊灯模型中，如图8-138所示。

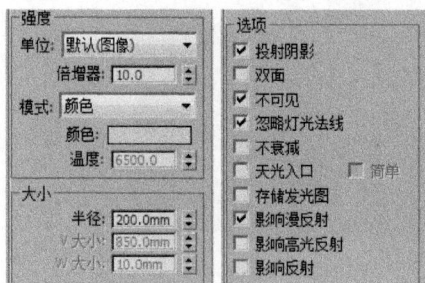 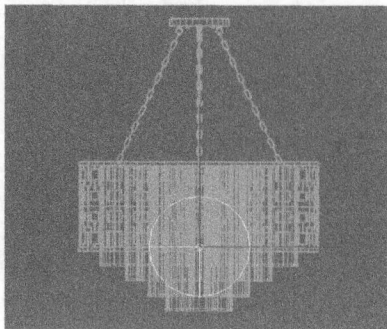

图8-137　　　　　　　　　　　图8-138

4. 筒灯

01 创建一盏"目标灯光"，然后为其加载一个光域网文件，保持颜色与前面的灯光一致，具体参数设置如图8-139所示。

02 为每个筒灯复制一盏"目标灯光"，将墙壁附近灯光的目标点方向往墙体倾斜，让光域网的效果更好，如图8-140和图8-141所示。

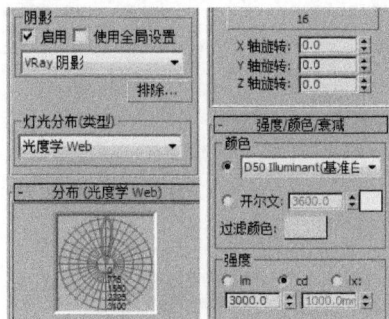

图8-139

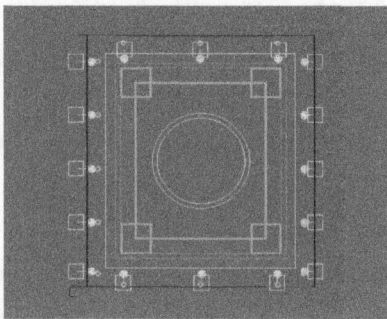

图8-140

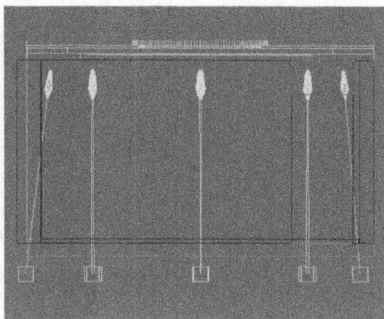

图8-141

5. 补光域网

餐厅是一个需要补充灯光的典型空间。因为餐厅中有一圈凳子，如果没有光域网的补充，凳子底下就没有足够的阴影来体现层次感。在每一个凳子上复制一盏前面的"目标灯光"，如图8-142所示。

图8-142

6. 主光

01 这是一个封闭空间，不存在窗户进光，所以可以在摄影机处用平面光模拟主光，具体参数设置如图8-143所示。至于灯光颜色，这里使用冷光源，与室内灯光形成冷暖对比，颜色参数如图8-144所示。

02 将平面光移动到摄影机附近，如图8-145所示。

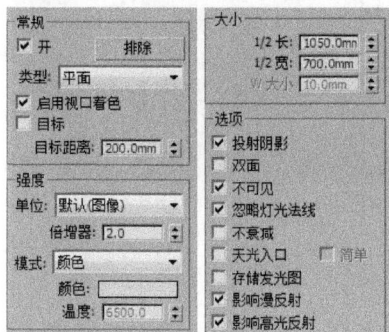

图8-143

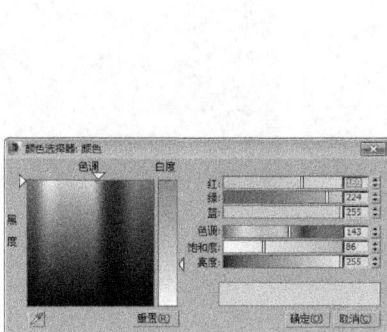

图8-144

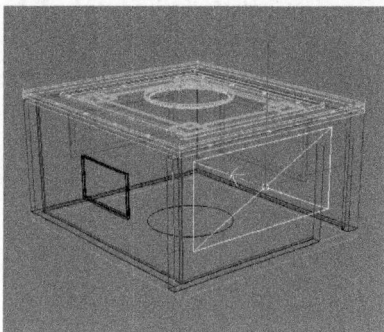

图8-145

8.2.8 渲染测试草图并修改

01 将渲染参数设置为草图参数，这里使用"指数"来代替以前用的"线性倍增"，如图8-146所示。在本场景中，我们打了两层灯带，而且强度都不低，用"线性倍增"势必会曝光。

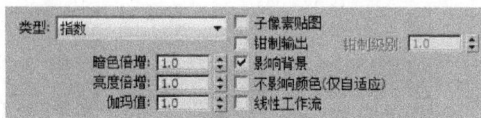

图8-146

02 按F9键渲染摄影机视图，如图8-147所示。此时虽然没有曝光问题，但是筒灯效果很乱，墙壁上的光域网效果也不理想。而且，凳子反射泛白，木质感不好，这是因为摄影机处的白墙体反射到了凳子上。

03 删除部分"目标灯光"，然后根据墙体的挂画和电视调整"目标灯光"的位置，如图8-148所示。

图8-147

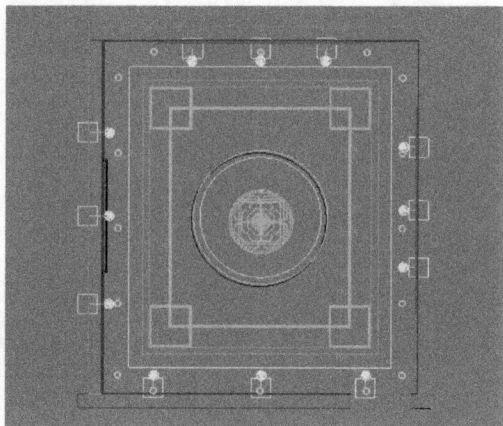

图8-148

04 将摄影机处的墙体材质更换为木纹材质，如图8-149所示。

05 切换到摄影机视图，然后按F9键渲染场景，草图效果如图8-150所示。

图8-149

图8-150

> 提示 -
>
> 虽然此处墙体在施工中是刷白的，但是因为目前该墙不可见，且为了更好地体现空间，这种操作是允许的。

8.2.9 渲染大图

　　将渲染参数设置为大图渲染参数，然后将所有材质的"细分"设置为50，将平面光的"细分"设置为50，渲染效果如图8-151所示。另外，为了后期处理，还需要渲染一张AO图，如图8-152所示。

图8-151

图8-152

8.2.10 后期

01 按照前面的方法，在Photoshop中打开渲染图和AO图，然后复制一个渲染图图层，接着将它们命名，如图8-153所示。

02 执行"图像>调整>色阶"命令，调整"色阶"参数，如图8-154所示。注意，这里不能调太多，否则会曝光，稍微提升空间层次感即可。

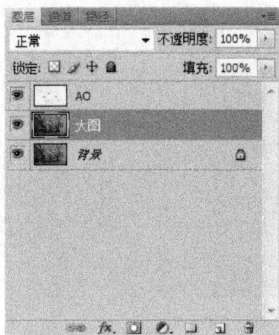

图8-153

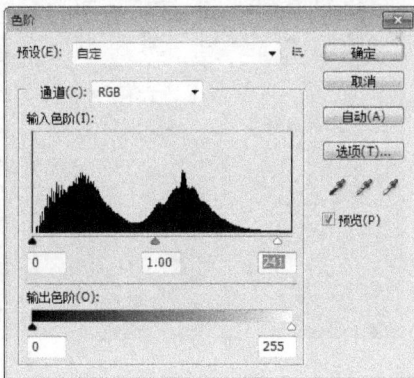

图8-154

03 执行"图像>调整>亮度/对比度"命令，调整"亮度/对比度"参数，把整体偏暗的部分加亮，利用"对比度"加强明暗对比，如图8-155所示。

04 执行"图像>调整>自然饱和度"命令，调整"自然饱和度"参数，提升全图的饱和度，让冷暖对比更明显，如图8-156所示。

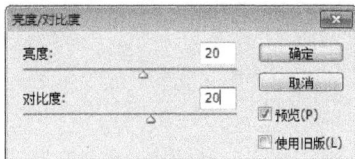

图8-155

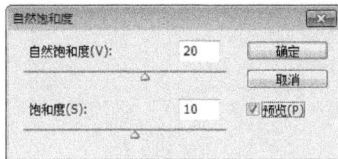

图8-156

05 执行"图像>调整>曲线"命令，然后调整曲线形状，提升全局亮度，如图8-157所示，效果如图8-158所示。

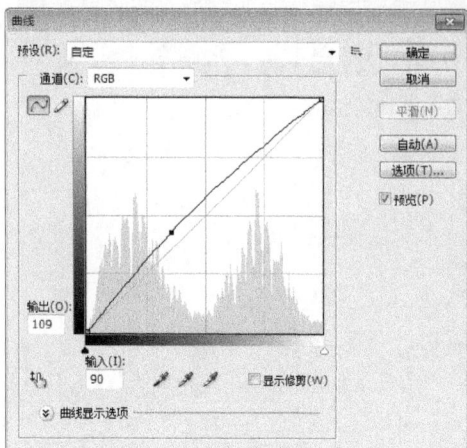

图8-157

图8-158

06 取消隐藏AO图层，然后设置图层模式为"正片叠底"，接着设置"不透明度"为40%，如图8-159所示，最终效果如图8-160所示。

图8-159

图8-160

📝 提示 --

前面的操作都是在隐藏了AO图层的情况下进行的，即单击AO图层前的"眼睛"图标。

第 **9** 章

展示型空间表现

展示空间分为展厅空间和鸟瞰效果，后者类似于真实空间的缩略效果。通过鸟瞰效果，用户可以从宏观上感受整个空间的布置和设计情况，对空间内容一目了然。

本章学习重点

▶ 掌握展示空间的建模方法

▶ 掌握鸟瞰效果的布光思路

▶ 掌握鸟瞰空间的光域网分配特点

场景位置	场景文件>CH09>01.max，01.dwg
实例位置	实例文件>CH09>展厅效果表现.max
视频名称	展厅效果表现.mp4
难易指数	★★★☆☆
技术掌握	掌握商业展厅空间的展示方法和灯光布置方法

扫码看视频

9.1.1 获取信息

01 打开学习资源中的"场景文件>CH09>01.dwg"文件，如图9-1所示，这是本例的CAD平面图。

02 打开相应的参考图，如图9-2所示。

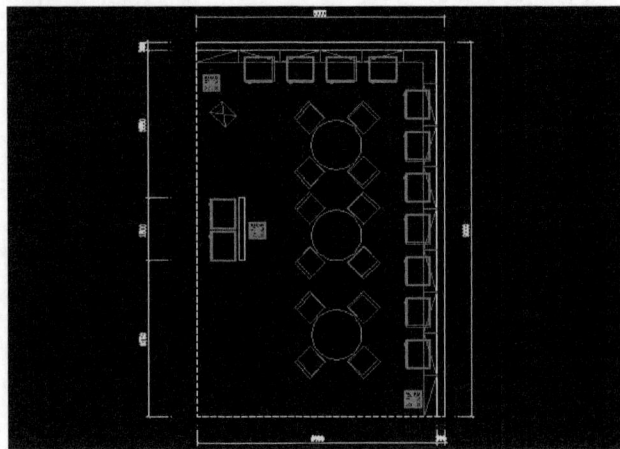

图9-1

图9-2

下面是客户需求。

第1点：这是ABCD品牌的冰箱展厅，整个空间的墙高5000mm，吊顶离地面3500mm。

第2点：招牌要醒目一点，背景柜和天花可以根据参考图进行优化，让设计更好看。

9.1.2 整理CAD平面

同前面的案例一样，将CAD图进行简化，如图9-3所示，然后打块，接着将其保存好。注意，千万不要忘记确认单位为mm（毫米）。

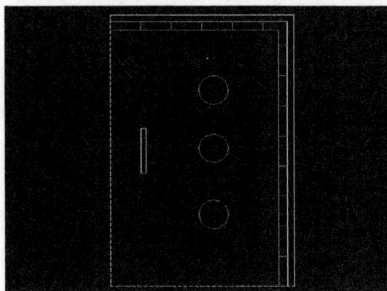

图9-3

9.1.3 创建模型

下面根据CAD图纸进行空间建模。

1. 导入CAD

01 将CAD图纸导入3ds Max，然后将其打组，接着将图移动到世界坐标原点，如图9-4所示。

02 将CAD图纸的线颜色修改为自己习惯的颜色，然后将其冻结，接着按G键隐藏栅格，如图9-5所示。

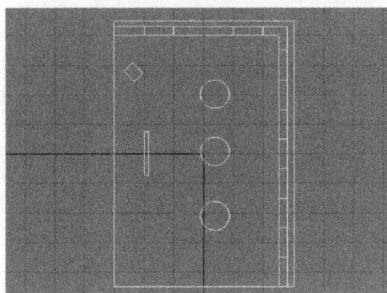

图9-4

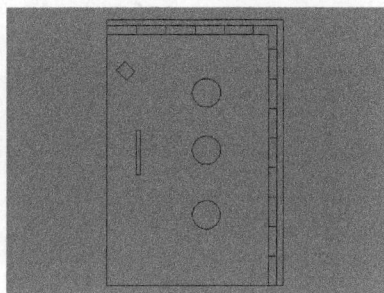

图9-5

2. 建模循序

这类展示空间的目的是宏观全方位展示，所以不存在摄影机拍摄不到的地方。对于这类展示空间，其展示部分的对象才是重点，因此，我们要优先创建展示墙体。

3. 展示墙建模

01 捕捉平面图的顶点绘制一个长方体作为参考物，如图9-6所示。注意，长方体高度为客户要求的3500mm，即吊顶距离地面的高度。

02 切换到左视图，捕捉长方体的顶点绘制一条样条线，如图9-7所示，然后为样条线设置100mm的"轮廓"，效果如图9-8所示。

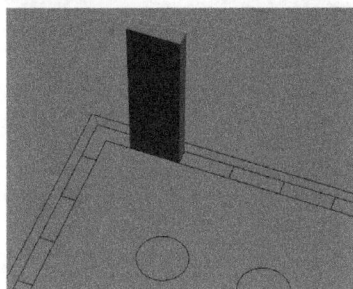

图9-6

图9-7

图9-8

03 在"顶点"层级中调整顶点位置，调整后的效果如图9-9所示，这里留了2000mm的高度放冰箱模型。

04 为样条线加载"挤出"修改器，设置"数量"为300mm即可，然后删除作为参照物的长方体，效果如图9-10所示。

05 制作广告板。在如图9-11所示的位置，绘制一个"长度"为600mm、"宽度"为800mm的矩形。注意，这个矩形距离顶部线段700mm。

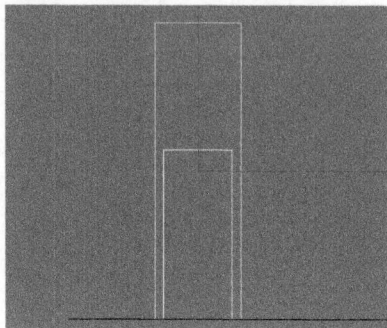

图9-9

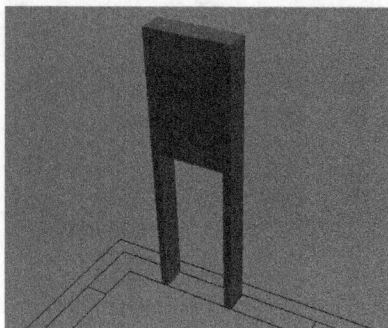

图9-10

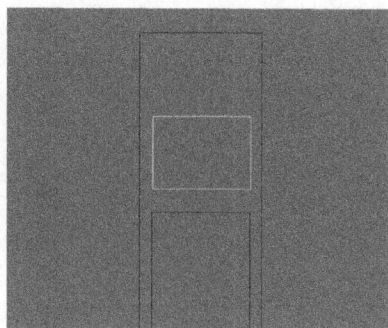

图9-11

06 将矩形转换为可编辑样条线，然后为其设置20mm的"轮廓"，如图9-12所示，接着为矩形加载一个"数量"为20mm的"挤出"修改器，广告板的边框如图9-13所示，最后捕捉广告板的内框顶点绘制一个高度为10mm的显示屏，效果如图9-14所示。

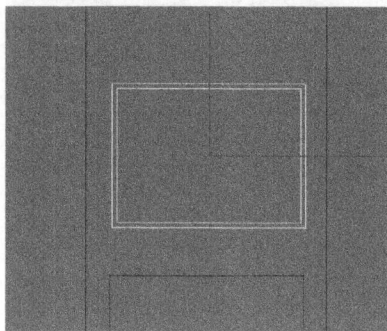

图9-12

图9-13

图9-14

07 根据CAD平面图的布置，复制多个上述模型到相应的位置，如图9-15所示。

08 捕捉平面图，将两边的墙体补充好，如图9-16所示。

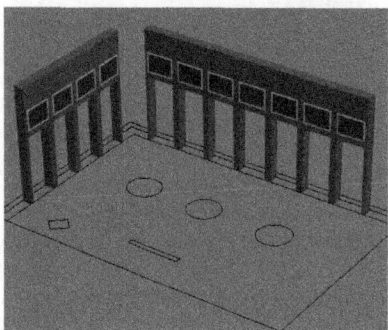

图9-15

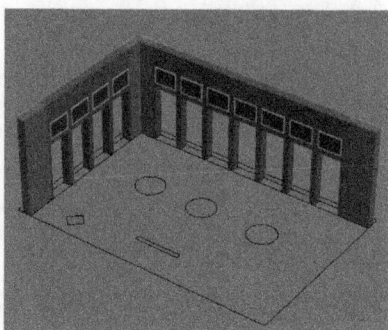

图9-16

4. 装饰外墙体

01 切换到顶视图，捕捉平面图的外墙体绘制样条线，如图9-17所示，然后为其加载一个"数量"为5000mm的"挤出"修改器，效果如图9-18所示。

02 继续捕捉平面图，绘制一个"高度"为3500mm的长方体，如图9-19所示。

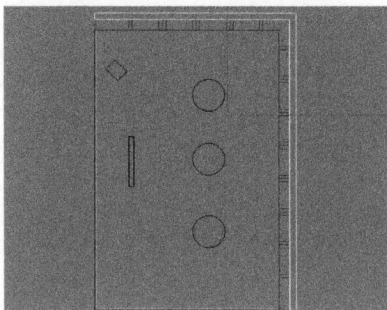

图9-17

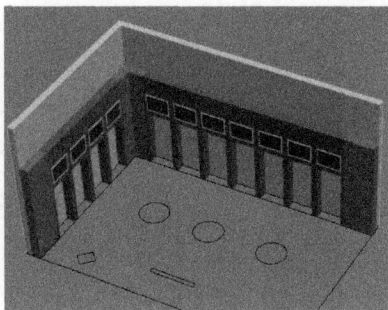

图9-18

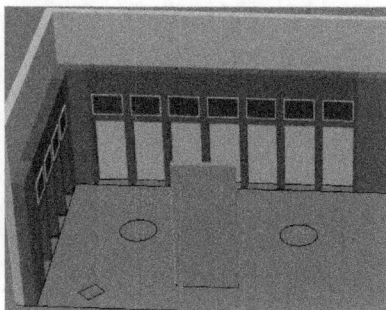

图9-19

📝 提示 ---

既然是做墙，为什么不都设置"高度"为5000mm呢？因为这块墙板上面就是吊顶，这里留出1500mm的范围给吊顶使用。

5. 天花地板

01 切换到顶视图，捕捉平面图绘制吊顶的外框，然后为其设置1150mm的"轮廓"，将吊顶内圈的矩形制作出来，效果如图9-20所示，最后为样条线加载一个"数量"为200mm的"挤出"修改器，效果如图9-21所示。

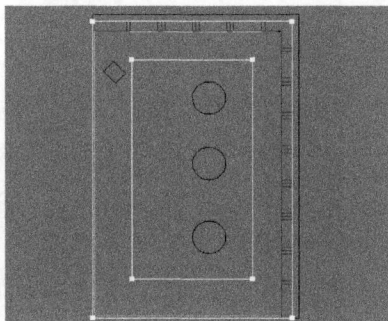

图9-20

图9-21

02 目前，吊顶上面还是空的，复制一个图9-21所示的绿色墙板，然后调整好高度（即新复制的高度为1300mm），将其放置在吊顶板上，接着再绘制一个长方体作为横板（蓝色长方体），如图9-22所示。

03 绘制一个矩形并挤出，然后将其放置在地面位置作为展厅的地面，如图9-23所示。

📝 提示 --

这里的地面是经过了一些处理的，学习过前面案例的读者应该能很轻易地看出其中的"轮廓"处理。还有不明白的读者，可以观看教学视频来学习具体操作方法。

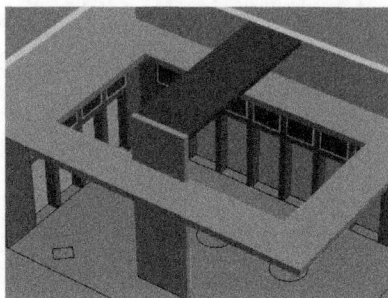

图9-22

图9-23

6. 商标建模

01 在"创建"面板的"图形"中激活文本工具 文本 ，然后选择"宋体"，接着就可以在"文本"输入框中输入需要的内容，如图9-24所示，这里以ABCD为例，如图9-25所示。

📝 提示 ----------------------------------

3ds Max中的字体与计算机系统的字体类型是一致的，即计算机有什么字体，3ds Max会继承过来。也就是说，大家想用其他字体，可以在计算机中进行安装，然后在3ds Max中使用即可。

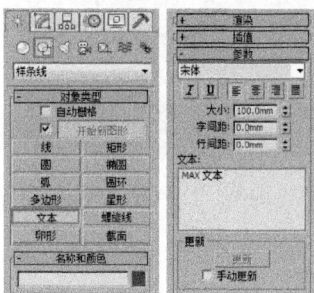

图9-24

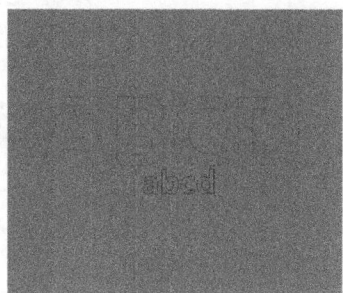

图9-25

02 同理，为ABCD加载"挤出"修改器，然后将其复制多个放到相应的位置，如图9-26所示。

☑ 提示

对于"挤出"的"数量"，大家可以根据需求自行把控，这里对大写ABCD设置的"数量"为50mm，对小写abcd设置的"数量"为10mm。

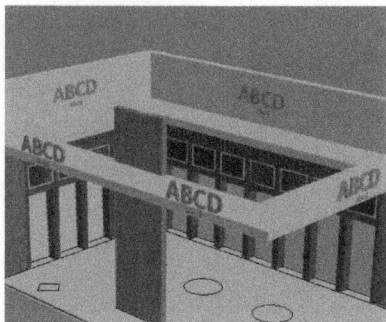

图9-26

9.1.4 打摄影机角度

01 和前面的案例一样，创建一个目标摄影机，控制"视野"为68。注意，对于摄影机的拍摄方向，这是本例的重点。因为这是一个展示空间，所以我们要尽可能地进行全方位拍摄，摄影机的位置如图9-27所示。

02 将摄影机和目标点都移动到距地面高900mm的位置，保持"图像纵横比"为默认的1.3333，接着按快捷键Shift+F激活安全框，摄影机视图如图9-28所示。

☑ 提示

大家应该注意到视图的左上角有"禁用"字样，按D键可以激活和取消。

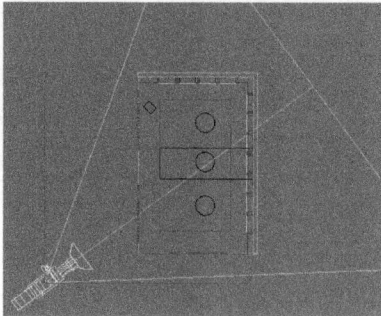

图9-27

图9-28

03 目前的视图效果显然是不合格的，因为展厅上面没有被拍摄到。按住鼠标滚轮，移动鼠标来调整拍摄范围，效果如图9-29所示。

04 3ds Max的默认背景是黑色的，如果直接渲染摄影机视图，图像的背景必然是黑色的。因此，接下来需要为展厅空间创建背景墙体和建筑地面，如图9-30所示。

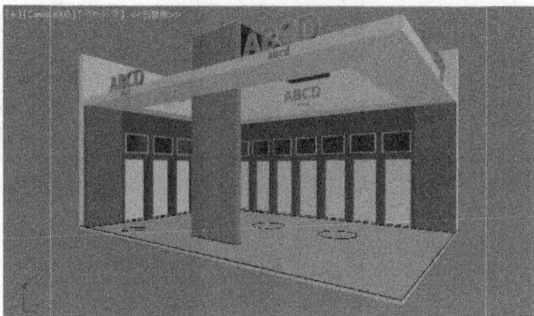

图9-29

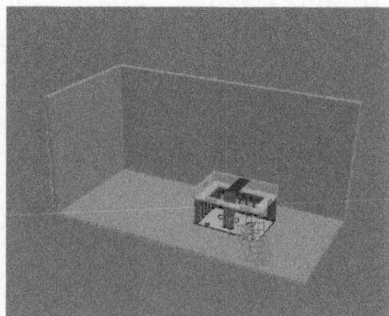

图9-30

9.1.5 制作材质

下面制作场景中的材质，包括蓝色墙面、红色墙面、地板、发光字体、广告牌和背景等。

1. 蓝色/红色墙面

蓝色和红色墙面除了颜色上的差距，其他属性都是一样的。

01 为"漫反射"贴图通道加载一张"衰减"贴图，然后为"反射"贴图通道加载一张"衰减"贴图，接着设置"高光光泽度"为0.75、"反射光泽度"为0.85，如图9-31所示。

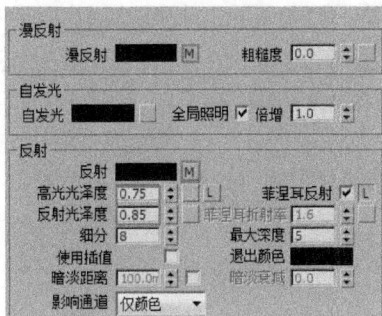

☑ 提示 ⋯⋯⋯⋯⋯⋯⋯⋯⋯⋯⋯⋯⋯⋯⋯⋯⋯⋯⋯⋯

因为两个材质只有颜色上的区别，所以先将它们的共同属性设置好，然后调整不同颜色参数即可。

图9-31

02 下面调整红色墙面。打开"漫反射"的贴图通道，进入"衰减"层级，然后颜色设置为从红色到黑色的渐变，如图9-32和图9-33所示。

☑ 提示 ⋯⋯⋯⋯⋯⋯⋯⋯⋯⋯⋯⋯⋯⋯

这里没有直接设置"漫反射"为红色，是想通过从红到黑的衰减，让墙体的红色有一个颜色加深的过程，使空间感更强烈。

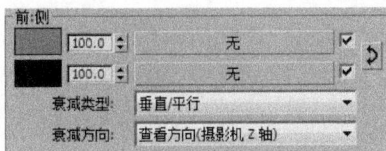

图9-32

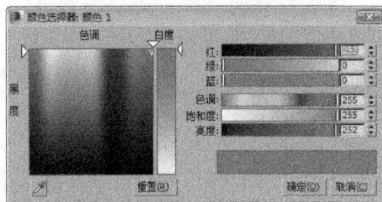

图9-33

03 进入"反射"贴图通道，然后设置其"衰减"参数，如图9-34所示。

☑ 提示 ⋯⋯⋯⋯⋯⋯⋯⋯⋯⋯⋯⋯⋯⋯⋯⋯

大家发现这里并没有像前面的案例去设置冷色渐变。因为墙面本身就是红色和蓝色，它们之间的冷暖对比已经很强烈了，所以这里只需要表现出从不反射到全反射的一个过程。

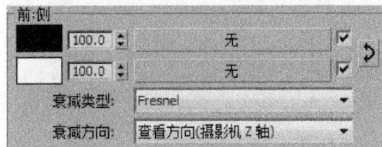

图9-34

04 通过前面的方法，已经制作出了红色墙面材质。下面复制一个材质球，将其"漫反射"的红色改为蓝色即可制作蓝色墙体材质，具体参数如图9-35和图9-36所示。

05 将材质指定给模型，效果如图9-37所示。

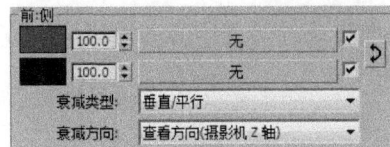

图9-35

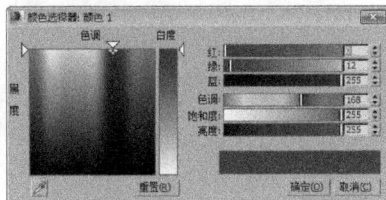

图9-36

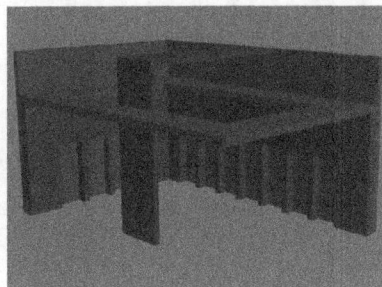

图9-37

2. 地板

01 为"漫反射"加载一张木地板的贴图，如图9-38所示，同样，设置位图的"模糊"为0.01。

02 为"反射"加载一张"衰减"贴图，然后设置"高光光泽度"和"反射光泽度"均为0.85，如图9-39所示。

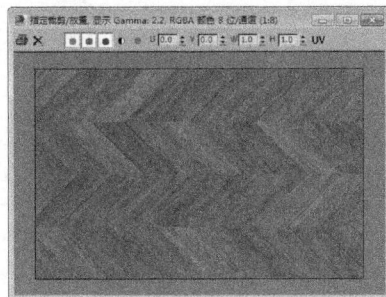

图9-38

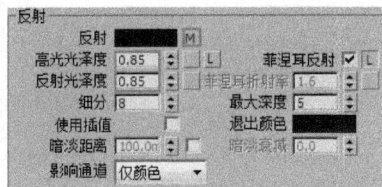

图9-39

03 同样，利用"反射"中的衰减来设置冷调效果，具体参数设置如图9-40和图9-41所示。

04 将材质指定给地面模型，然后为其加载"UVW贴图"修改器，调整后的效果如图9-42所示。

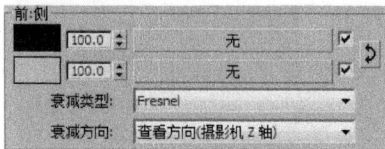

图9-40

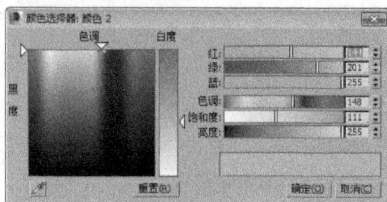

图9-41

图9-42

3. 发光字体

观察参考图，发光字体都使用白光。在这个案例中，我们可以调整一下，大写ABCD使用冷光，小写abcd使用暖光，以此形成冷暖对比。

01 制作大写ABCD发光材质。新建一个"VRay灯光材质"，然后在"颜色"通道为其加载一张"衰减"贴图，如图9-43所示。

02 这里之所以没用直接设置一个颜色，是想通过衰减来让场景的发光体有层次感。将"衰减"设置为蓝色到白色的冷色渐变，具体参数如图9-44和图9-45所示。

图9-43

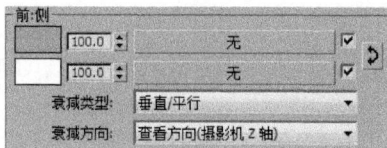

图9-44

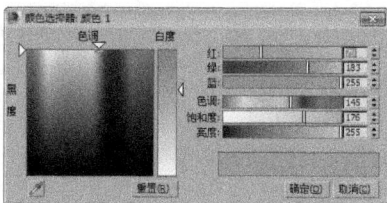

图9-45

03 制作小写abcd发光材质。复制一个前面的发光材质，然后将颜色改为暖色调，如图9-46和图9-47所示。

☑ 提示 ----------------◇

将材质指定给对应的字体后，大家也可以用这样的方法为地面的外框指定一个发光材质。

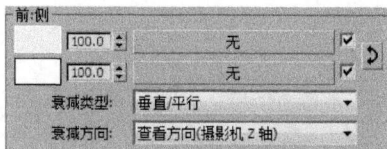

图9-46

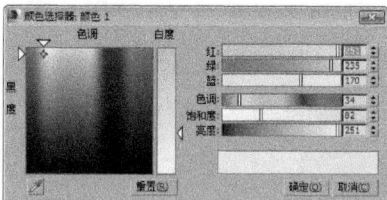

图9-47

4. 广告牌

广告牌分为外框和显示屏两部分，其中显示屏材质类似于电视显示屏，这里就不重点介绍了。

01 制作外框白漆材质。设置"漫反射"颜色为纯白色，然后设置"反射"颜色为暗灰色，接着设置"反射光泽度"为0.9，如图9-48和图9-49所示。

02 至于显示屏材质，大家通过在"VRay灯光材质"中加载贴图即可完成，然后将显示屏材质和外框材质指定给广告牌，效果如图9-50所示。

图9-48

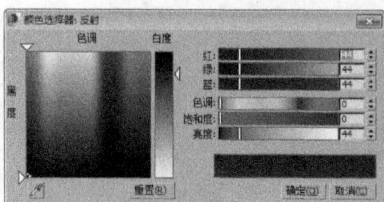

图9-49

图9-50

5. 背景和地面

01 对于展示型空间的背景，建议用纯白色就可以，这里就不做介绍了，下面主要介绍建筑地面材质。在"漫反射"贴图通道中加载一张"平铺"贴图，然后设置"反射"颜色为暗灰色，接着设置"高光光泽度"和"反射光泽度"为0.85，如图9-51和图9-52所示。

02 进入"漫反射"的"平铺"贴图面板，然后设置"预设类型"为"堆栈砌合"，接着设置"平铺设置"的"纹理"为白色，再设置"砖缝设置"的"纹理"为黑灰色，最后设置"水平间距"和"垂直间距"均为0.15，如图9-53所示。

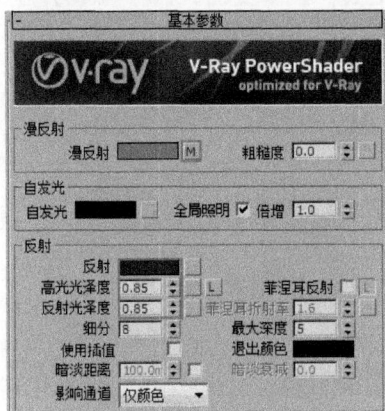
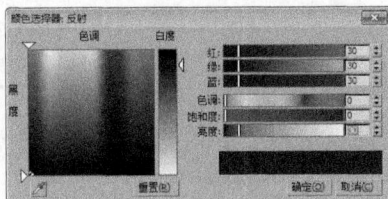
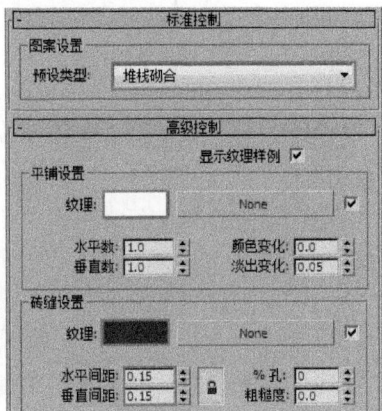

图9-51 图9-52 图9-53

9.1.6 导入家具模型并检查材质

将植物、洽谈桌椅、广告架、筒灯和冰箱等模型导入场景，导入后的效果如图9-54所示。

图9-54

9.1.7 打灯光

在本场景中，真实存在的灯光只有筒灯，可以优先将其创建出来，再考虑补光和环境主光。

1. 筒灯

01 创建一盏目标灯光，为其加载一个光域网文件，具体参数设置如图9-55所示，灯光的颜色如图9-56所示。

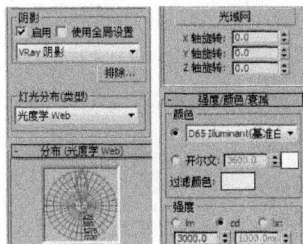
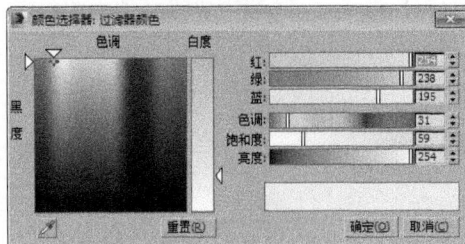

图9-55 图9-56

02 为每一个筒灯复制一盏"目标灯光"，同样，将靠近墙体的目标点设置得倾斜一点，让光域网效果更加明显，灯光的位置如图9-57和图9-58所示。

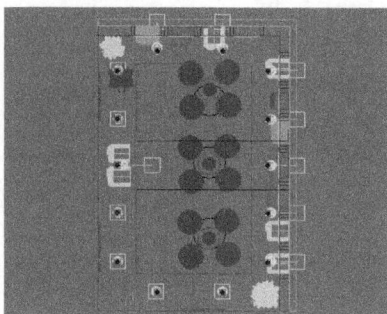
图9-57

图9-58

2. 补充光域网

观察场景，查看没有被灯光照射的模型，如凳子和植物。在场景中的凳子和植物上都复制一盏"目标灯光"。其中，凳子上的灯光可以低一点，让凳子底下的阴影更明显，使凳子表面的亮和凳底的暗形成强烈的明暗对比。灯光的位置如图9-59和图9-60所示。

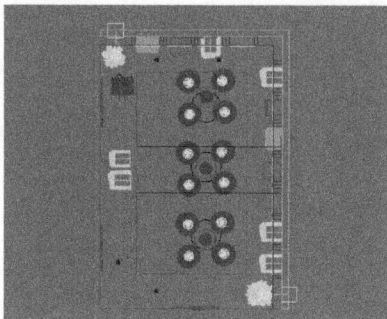
图9-59

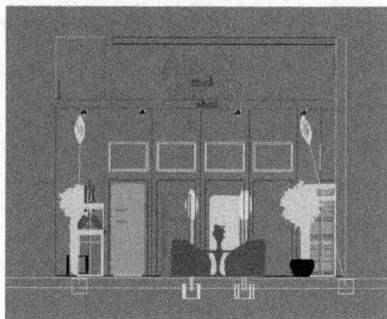
图9-60

3. 主光

对于展厅空间的主光，部分设计师喜欢使用天光来模拟全局照明。笔者不建议采取这种方法，因为它会破坏场景的层次感，所以这里应选择平面光。

使用"VRay灯光"创建一个平面光，然后设置"倍增器"为1、"颜色"为白色，具体参数如图9-61所示，灯光的位置如图9-62所示。

☑ 提示 --------------------------->

大家或许有疑问，为什么这里的主光不用冷光呢？因为本场景的主要颜色为蓝色和红色，它们本身就能形成很强的冷暖对比。

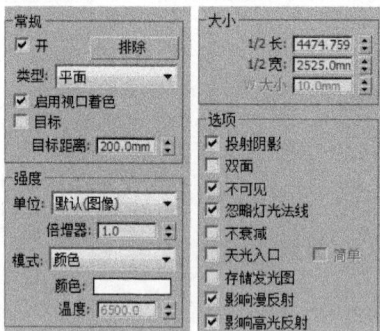
图9-61

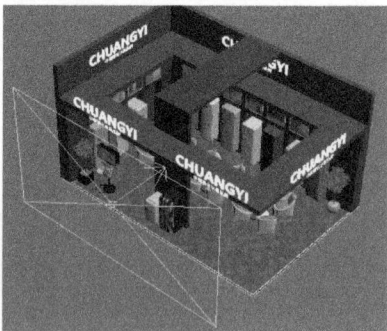
图9-62

9.1.8 渲染测试草图并修改

01 将渲染参数设置为测试参数，渲染面板设置为测试参数，因为本场景主色为红蓝，所以需要使用"线性倍增"让它们更加鲜亮，如图9-63所示，渲染效果如图9-64所示。

图9-63

图9-64

02 观察图9-64所示的效果,地砖有一条光的分界线,两边的明暗非常明显。这是因为平面光背后不发光,而摄影机又恰好拍摄到了平面光背后的场景。使用平面光的"排除"功能,让平面光不对地面地砖进行照射,就可以解决这个问题,如图9-65所示。

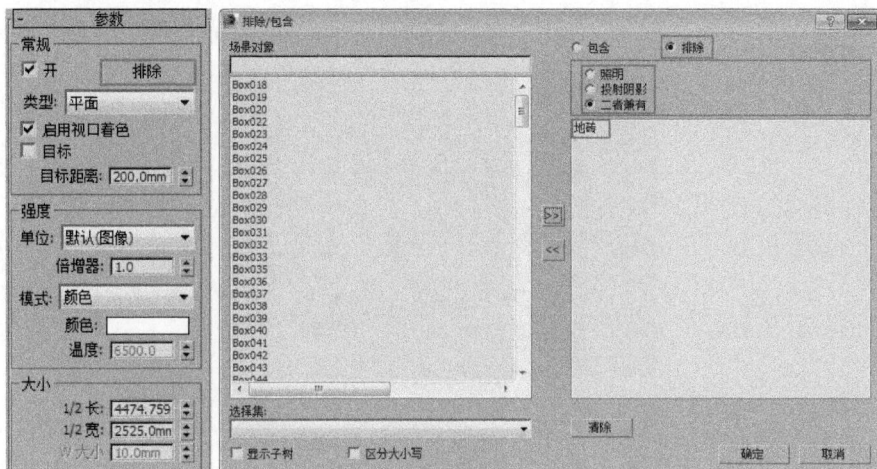

图9-65

03 继续观察图9-64所示的效果,发现红色顶部比较暗。可以考虑在顶部加一个平面光作为补光,但灯光的强度可以小一点,具体参数和位置如图9-66和图9-67所示。

图9-66

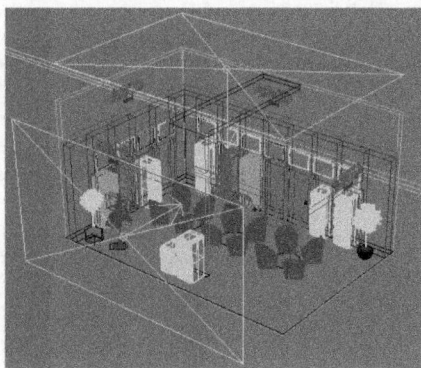

图9-67

04 目前的空间属于开放状态,四周的环境是黑色的,材质在反射的时候会反射出黑色的背景。按8键打开"环境和效果"面板,然后将"颜色"设置为灰色,如图9-68所示,渲染效果如图9-69所示。

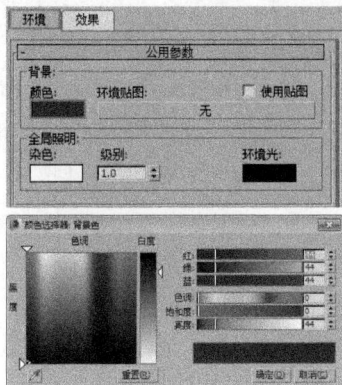

图9-68

图9-69

9.1.9 渲染大图

将渲染参数设置为成品图的渲染参数，然后设置材质的"细分"为50，接着将平面光的"细分"也设置为50，渲染效果如图9-70所示。这个展厅不需要渲染AO图，如果继续加深红蓝模型之间的暗部，会让场景变得灰暗。

图9-70

9.1.10 后期

01 在Photoshop中打开渲染大图，然后复制一个图层，接着为其命名，如图9-71所示。

02 执行"图像>调整>色阶"命令，调整"色阶"参数，增强空间的层次感，如图9-72所示。

03 执行"图像>调整>亮度/对比度"命令，调整"亮度/对比度"参数，提高图像的整体亮度和明暗对比度。注意，这里的数值不宜太大，因为红色和蓝色的对比本身就很强，如图9-73所示。

图9-71

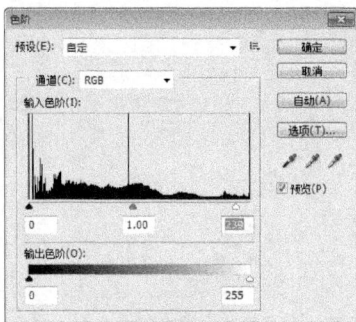

图9-72

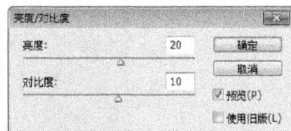

图9-73

04 执行"图像>调整>曲线"命令，然后调整曲线的形状，提高亮度，如图9-74所示，最终效果如图9-75所示。

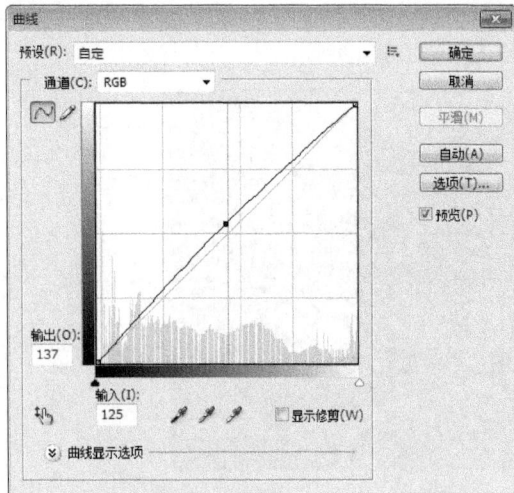

图9-74

图9-75

9.2 家装鸟瞰表现

场景位置	场景文件>CH09>02.max, 02.dwg
实例位置	实例文件>CH09>家装鸟瞰表现.max
视频名称	家装鸟瞰表现.mp4
难易指数	★★★☆☆
技术掌握	掌握室内户型空间的展示方法以及鸟瞰空间的摄影机打法和灯光打法

扫码看视频

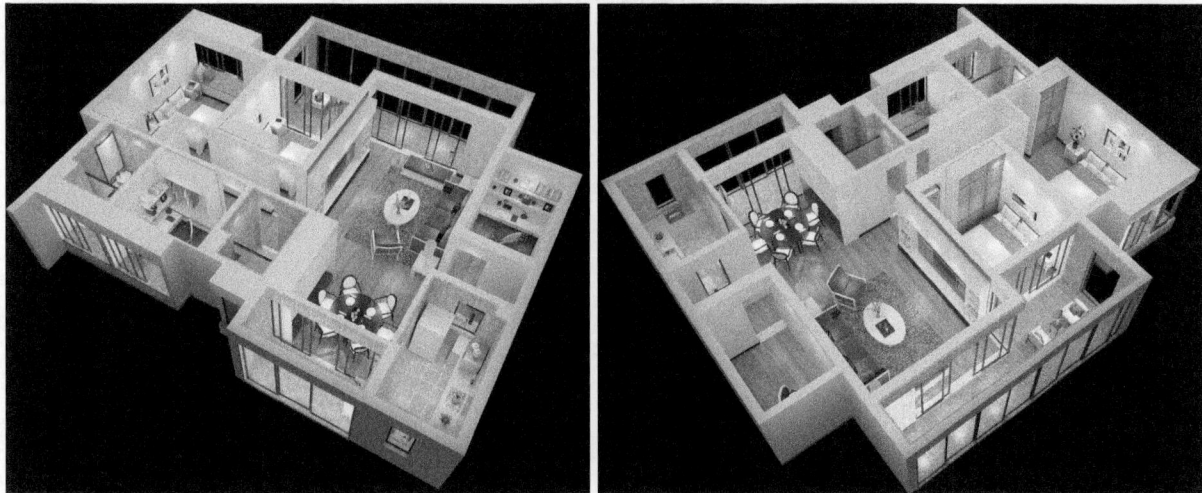

9.2.1 获取信息

01 打开学习资源中的"场景文件>CH09>02.dwg"文件，如图9-76所示，这是本例的CAD平面图。

02 打开参考图，如图9-77所示。

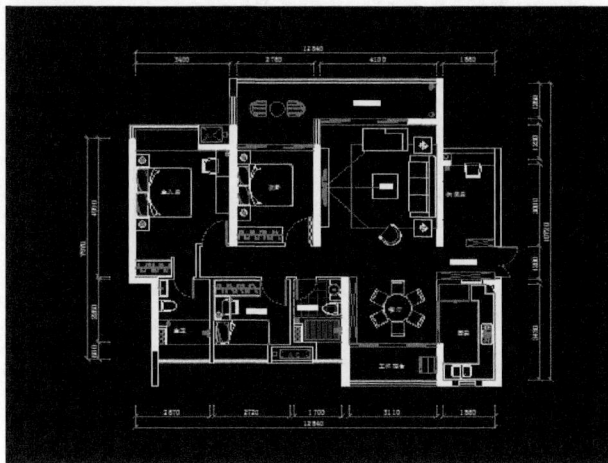

图9-76

图9-77

下面是客户需求。

第1点：客户需要的是户型结构鸟瞰图，因此不需要考虑吊顶。

第2点：电视背景墙与参考图保持一样。

第3点：墙壁贴简约的墙纸，因此不考虑过于花哨的图案。

第4点：除了卫生间和阳台，室内地面全用木地板，颜色可以考虑浅色。

9.2.2 整理CAD平面

最大限度地简化CAD平面，如图9-78所示。

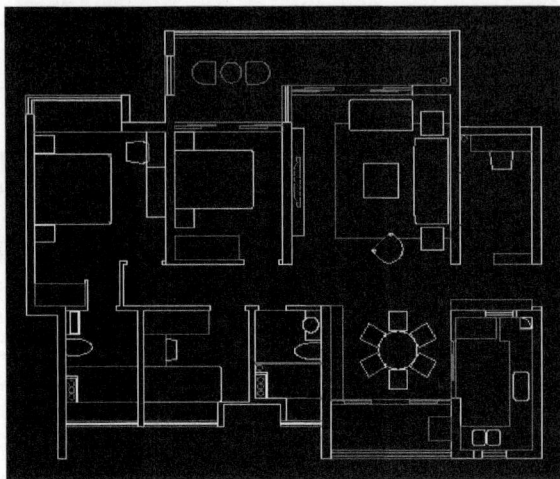

图9-78

9.2.3 创建模型

下面根据CAD图纸进行空间建模。

1. 导入CAD

01 将CAD平面图导入3ds Max，然后确认单位为mm，接着将整个平面图打组，并将其移动到坐标原点，如图9-79所示。

02 将平面图冻结，然后按G键取消显示栅格，如图9-80所示。

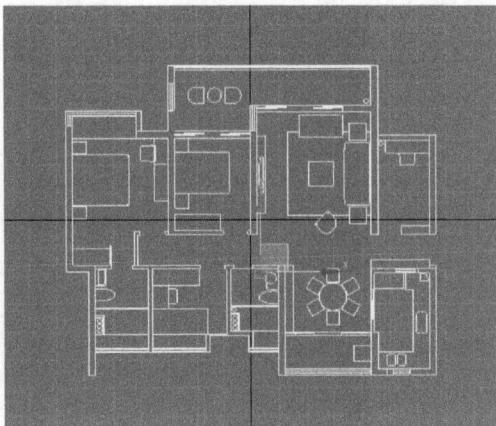

图9-79

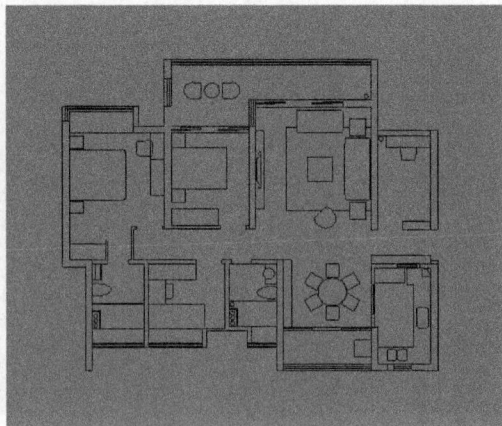

图9-80

2. 建模循序

在表现家装鸟瞰效果时，虽然没有吊顶模型，但空间数量的增加也使建模工作量增加了不少。在本例中，可以先创建客户指定的电视墙和其他造型，然后补充墙体和地板。

3. 电视背景柜建模

01 切换到顶视图，捕捉背景柜的对应顶点绘制一个长方体作为参照物，如图9-81所示，长方体的具体尺寸如图9-82所示。

02 观察参考图背景柜子造型，可以发现图中是墙体柜和电视柜的组合。切换到左视图，然后捕捉顶点绘制一个长方体作为木柜的底板，如图9-83所示。注意，底板的"高度"为50mm。

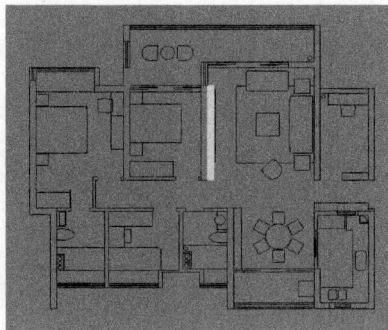

图9-81　　　　　　　　图9-82　　　　　　　　图9-83

03 下面制作背景柜子的下层抽屉模型。捕捉顶点绘制一个长方体，注意控制长方体的"宽度分段"为4，效果如图9-84所示。

04 将抽屉模型转换为可编辑多边形，然后选择抽屉的接缝边，接着使用"挤出"工具 挤出 将其挤出，如图9-85所示。这样抽屉之间的缝就做好了。

05 捕捉顶点绘制一个长方体作为抽屉的顶板，如图9-86所示。注意，顶板的高度为30mm。

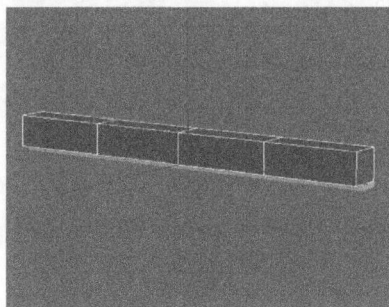

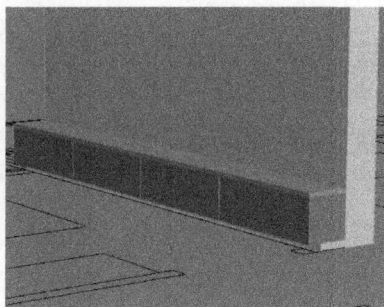

图9-84　　　　　　　　图9-85　　　　　　　　图9-86

06 下面做背景墙上的层板模型。复制一个抽屉模型到背景墙上面，效果如图9-87所示。

07 进入"顶点"层级，将最下面的所有顶点都往下移动200mm，让柜子高度多200mm，如图9-88所示。

08 切换到左视图，然后捕捉顶点绘制一个矩形，如图9-89所示（图中蓝色）。

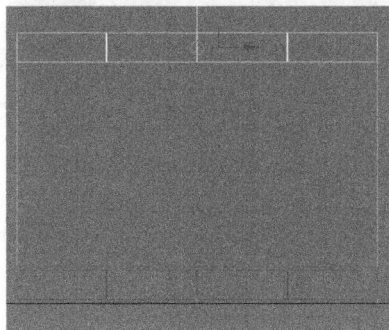

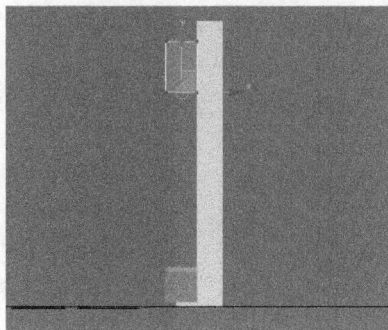

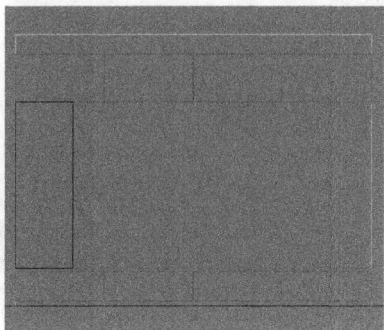

图9-87　　　　　　　　图9-88　　　　　　　　图9-89

☑ 提示 --- ⟩

　　绘制好矩形后，我们需要将其做成壁柜，所以将矩形转换为可编辑样条线，然后设置50mm的"轮廓"，接着使用"挤出"修改器挤出250mm的高度。因为全书这种操作非常多，所以在此不再赘述，有什么疑问可以观看本例教学视频。

09 下面制作柜子的隔板。捕捉框架的顶点绘制"高度"为30mm的长方体，然后复制5个，分别将它们放在如图9-90所示的位置。

10 将作为参照物的长方体的"宽度"修改为20mm，将其作为背景墙的背板，如图9-91所示。

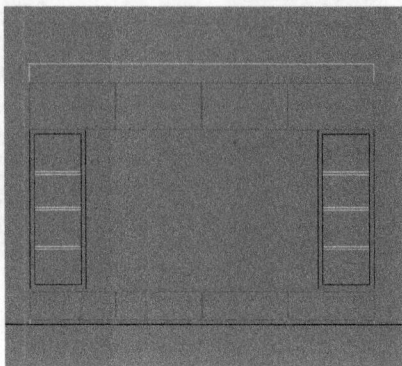

图9-90

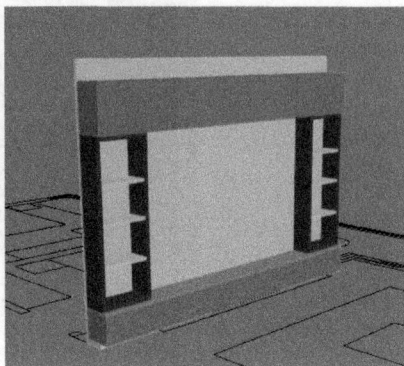

图9-91

4. 墙体建模

本例是做家装鸟瞰效果，所以需要创建出所有墙体。创建顺序为"结构墙体→飘窗→过梁门头→卫生间/厨房/阳台的贴砖墙体"。

01 切换到顶视图，捕捉平面图的顶点绘制样条线，将结构墙体都描绘出来，如图9-92所示，然后为样条线加载"数量"为2800mm的"挤出"修改器，效果如图9-93所示。

02 用同样的方法捕捉飘窗的顶点绘制出飘窗和防护窗的样条线，同理，这里要为其加载"挤出"修改器，其中房间飘窗的高度统一为500mm，防护窗户"高度"为900mm，如图9-94所示。

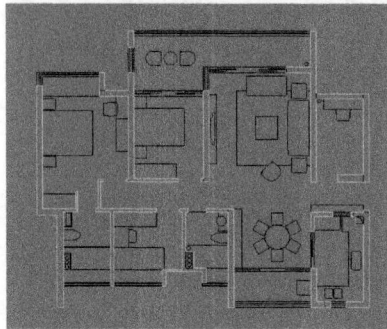

图9-92

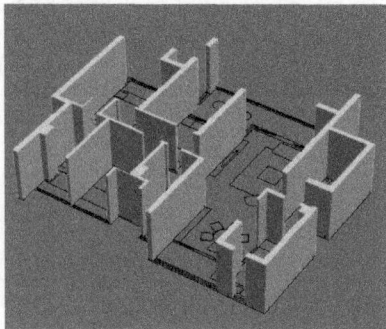

图9-93

图9-94

03 同理，继续捕捉顶点绘制过梁，为它们加载"数量"为500mm的"挤出"修改器，效果如图9-95和图9-96所示。

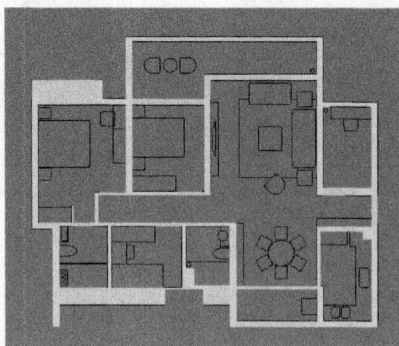

图9-95

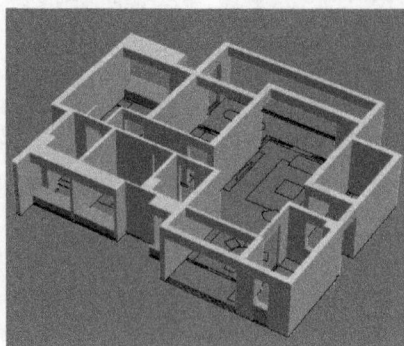

图9-96

04 根据CAD平面图绘制卫生间/厨房/阳台的贴砖墙体，然后为它们设置50mm的"轮廓"，效果如图9-97所

示，接着再为它们加载"高度"为2800mm的"挤出"修改器，并用长方体将空缺位置填补上，效果如图9-98所示。

💡 提示 ----------------------------->

　　这里是根据材质分配来创建墙体结构的。

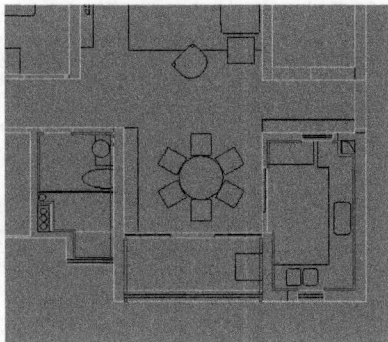
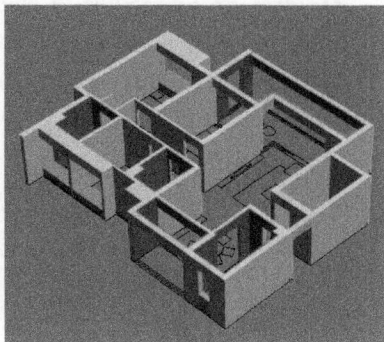

图9-97　　　　　　　　　　图9-98

5. 地面建模

　　本例的地面可分为3个部分：大面积的木地板、阳台/厨房/卫生间的地砖和门槛石等。

01 下面制作大面积的木地板模型。切换到顶视图，捕捉顶点绘制木地板样条线结构，然后为其加载"数量"为－100mm的"挤出"修改器，效果如图9-99所示。

02 下面制作地砖部分。切换到顶视图，捕捉顶点绘制地砖部分，同样为其加载"数量"为－100mm的"挤出"修改器，效果如图9-100所示。

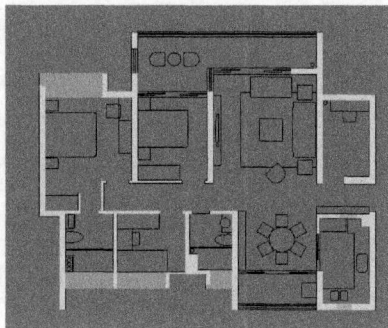
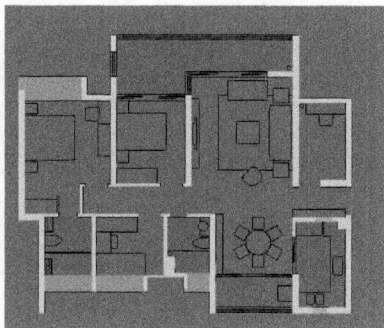

图9-99　　　　　　　　　　图9-100

03 用同样的方法为每个空间的门洞处制作门槛石，这里将"挤出"修改器的"数量"设置为10mm，如图9-101和图9-102所示。

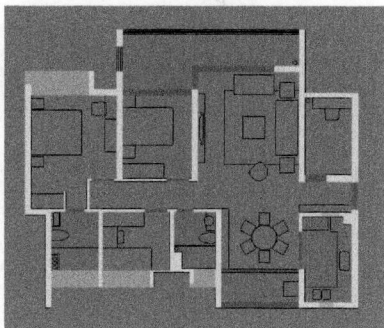

图9-101　　　　　　　　　　图9-102

04 制作踢脚线模型。因为厨房、卫生间和阳台的墙体需要贴砖，所以不需要踢脚线。至于其他地方，用前面案例的方法来进行操作即可，效果如图9-103所示，空间效果如图9-104所示。

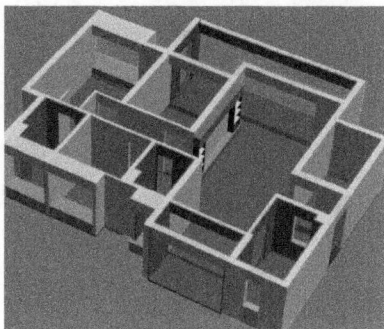

图9-103　　　　　　　　　　图9-104

9.2.4 打摄影机角度

01 切换到顶视图，然后创建一个目标摄影机，使摄影机从外向场景内拍摄。注意，由于鸟瞰图的特殊性，不能将"视野"设置为68~84。因为过大的"视野"会导致近处墙体变形，所以将"视野"设置为50即可。本场景的摄影机位置如图9-105和图9-106所示。

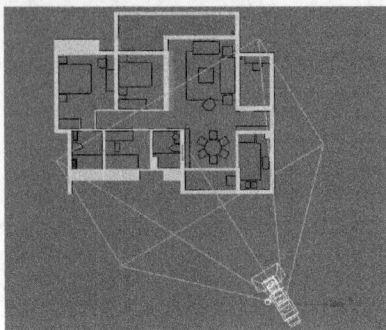

图9-105

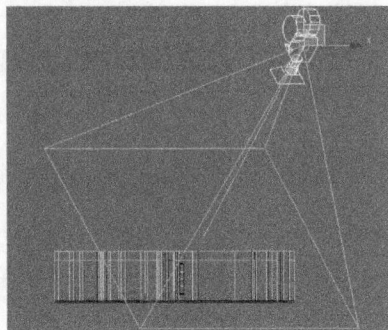

图9-106

02 设置"图像纵横比"为1，如图9-107所示，摄影机视图效果如图9-108所示。

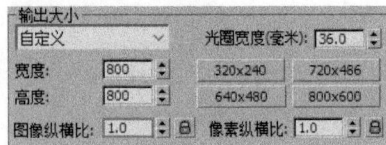

图9-107

📝 提示 -----------------------------⟩

因为本例的空间模型比较接近正方形，所以这里采用了正方形构图，既可以完整展示场景，又不会使空间产生畸变。

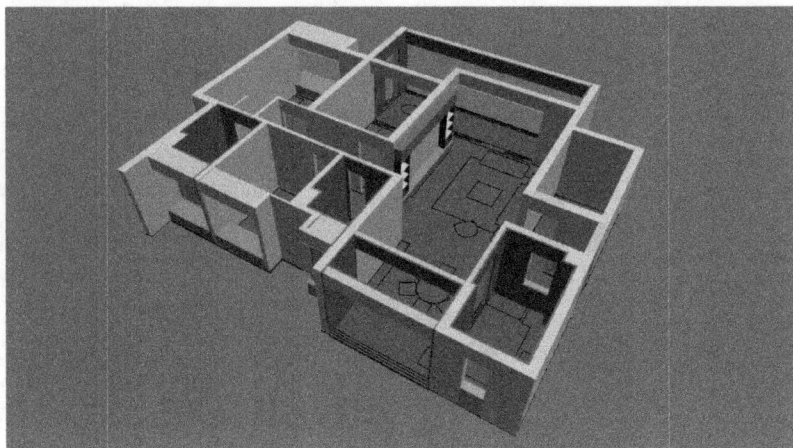

图9-108

9.2.5 制作材质

下面根据场景制作材质，主要包括场景中的各种砖和墙。

1. 墙体/过梁/飘窗材质

这部分对象需要指定壁纸。在"漫反射"贴图通道中加载一张壁纸材质，如图9-109所示。

图9-109

📝 提示 ---⟩

指定好材质后，不要忘记为对象加载"UVW贴图"修改器，建议设置为500mm×500mm×500mm的"长方体"贴图模式。

2. 背景墙材质

本场景的电视背景墙主要有3种材质：白漆、黑漆和木饰面。

01 制作上层柜体和边柜的白漆材质。设置"漫反射"为纯白色，然后设置"反射"颜色为黑灰色，接着设置"高光光泽度"为0.85，"反射光泽度"为0.8，如图9-110和图9-111所示。

📋 提示 - ➤

制作好白漆材质后，复制一个材质球，然后设置"漫反射"颜色为纯黑色，就能制作好黑漆材质，接着只需要将其指定给下层柜体即可。

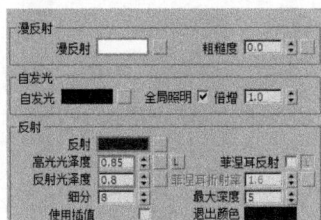

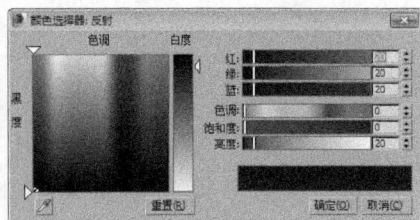

图9-110　　　　　　　　　　　图9-111

02 制作背板木饰面。为"漫反射"贴图通道加载一张木纹贴图，如图9-112所示，然后为"反射"贴图通道加载一张"衰减"贴图，接着设置"高光光泽度"和"反射光泽度"均为0.85，如图9-113所示。

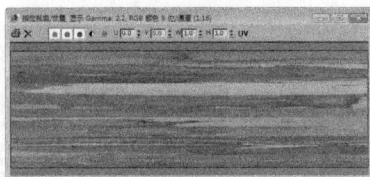

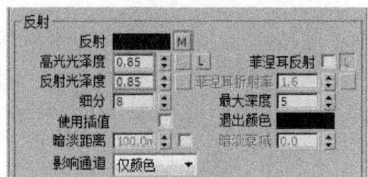

图9-112　　　　　　　　　　　图9-113

03 与室内表现一样，接下来在暖调的材质中做冷调反射。进入"衰减"层级，将Frensel的衰减颜色设置为黑色到冷色的渐变，如图9-114和图9-115所示。

04 将各个材质指定给电视背景墙，整体效果如图9-116所示。

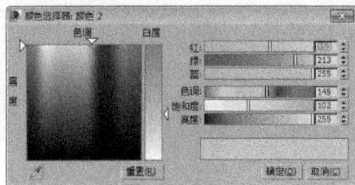

图9-114　　　　　　　　图9-115　　　　　　　　图9-116

3. 地面材质

本空间的地面有4种材质：木地板、砖、门槛石和踢脚线。

01 制作木地板材质。为"漫反射"贴图通道加载一张木地板贴图，如图9-117所示，其他参数保持与前面的木饰面背板材质一样。

02 为木地板模型指定木地板材质，然后调整"UVW贴图"修改器，调整好的效果如图9-118所示。

03 制作地面、卫生间、厨房和阳台墙体的砖材质。为"漫反射"贴图通道加载一张砖贴图，如图9-119所示。为了让砖的反射效果比木材模糊一些，可以考虑将"反射光泽度"设置为0.8，其他参数与木地板保持一致即可。

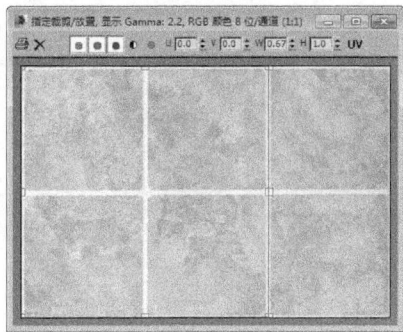

图9-117　　　　　　　　图9-118　　　　　　　　图9-119

04 制作门槛石（大理石）材质。为"漫反射"贴图加载一张大理石贴图，如图9-120所示。至于其他参数，可以设置"反射"颜色"亮度"为30，剩下的参数与砖材质保持一致即可。

05 将材质指定给门槛石模型，然后调整好"UVW贴图"修改器，效果如图9-121所示。

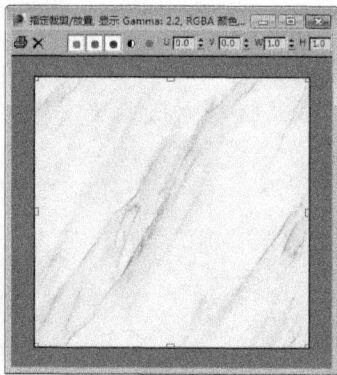

图9-120

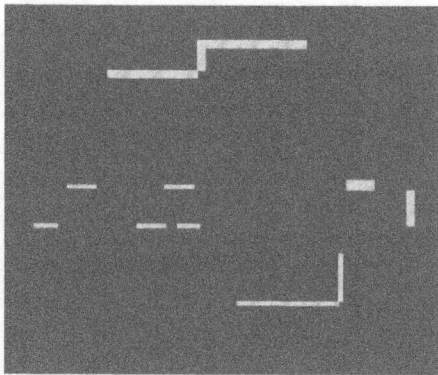

图9-121

06 将电视背景柜的黑漆材质指定给踢脚线模型，如图9-122所示，空间效果如图9-123所示。

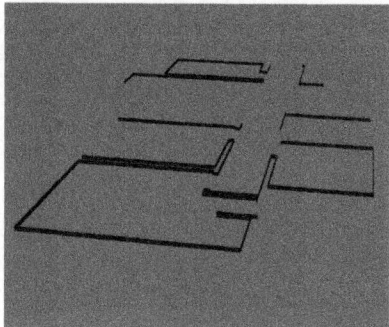

图9-122

图9-123

9.2.6 导入家具模型并检查材质

导入家具的注意事项前面已经介绍过了，这里请大家注意鸟瞰空间的俯视角度可以最大限度地拍摄到室内对象，也就是说很少存在无法观察的家具。因此，对于场景中不是非常重要的模型，可以酌情减少，避免场景模型过多，增加硬件负荷，使工作效率大打折扣。模型导入后的效果如图9-124所示。

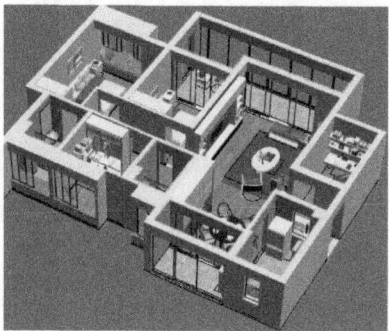

图9-124

9.2.7 打灯光

鸟瞰场景的打光思路与一般的室内空间比较接近，即先打开室内实际灯光，然后根据室内光效进行补光处理。值得注意的是，在鸟瞰空间中，台灯、电视背景柜的灯槽基本是不打灯光的，因为在摄影机的拍摄角度中，是无法拍摄它们的效果的。另外，本场景的内容比较丰富，如果不是必要灯光，可以考虑直接省去，以减少硬件负荷。

1. 光域网

鸟瞰场景内部的明暗全靠光域网提供，请大家注意在鸟瞰空间打光域网的以下要点。

第1点：在摄影机的拍摄视角中，墙体上的光域网效果要表现好。另外，摄影机拍摄不到的墙体是可以不考虑光域网的，如沙发背景墙。

第2点：为模型上面补充光域网，并以此来体现明暗关系，如床模型、沙发模型等。

第3点：在地板上比较空的地方，用光域网制作光圈效果，体现地板的明暗关系。

第4点：为摄影机视角内没有光域网的地方补充光域网。

01 创建一盏目标灯光，参数如图9-125所示，灯光的颜色如图9-126所示。

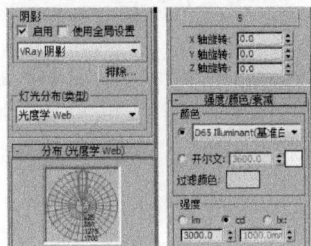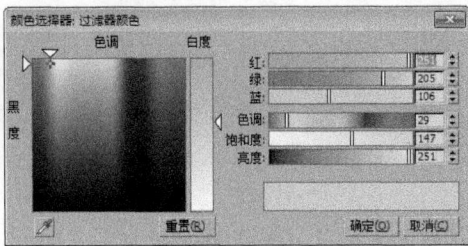

图9-125　　　　　　　　　　　图9-126

02 根据前面的注意事项，将目标灯光复制到适当位置，如图9-127和图9-128所示。注意，墙体上的目标灯光保持正常高度即可，模型上的目标灯光高度可以低一点，使明暗关系和阴影效果能得到更好的体现。

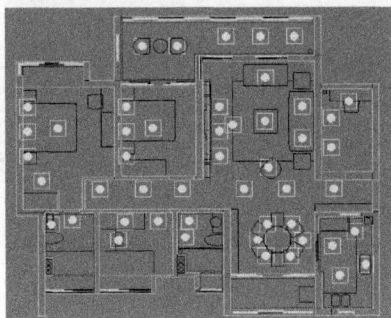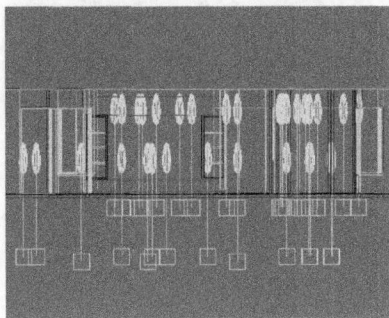

图9-127　　　　　　　　　　　图9-128

2. 面光

在所有窗户处都要创建平面光来模拟窗外的进光效果，注意保持颜色和强度一致，且灯光大小与窗户大小吻合。

01 使用"VRay灯光"创建一盏平面光，具体参数如图9-129所示，颜色如图9-130所示。

02 为窗户复制平面光，如图9-131所示。注意，一些很小的窗户就不需要提供平面光了，如厨房的小窗户，如果为其提供平面光，不仅效果不明显，还会增加硬件负荷。

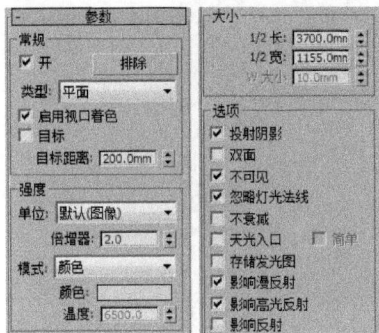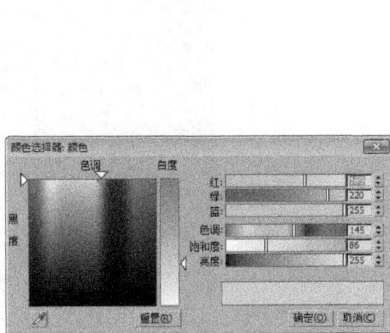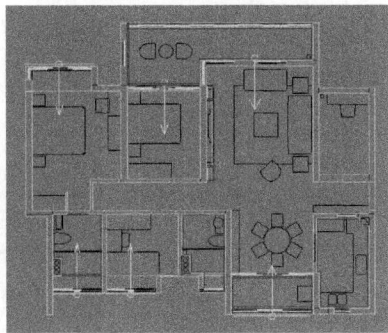

图9-129　　　　　　　　　　图9-130　　　　　　　　　　图9-131

3. 全局光

01 为场景创建一个平面光,使其从正上方照射空间,做出全局虚影和整体大冷调,平面光的参数如图9-132和图9-133所示。注意,此处平面光的颜色比窗外的平面光更蓝,目的是为了突出整体冷调。

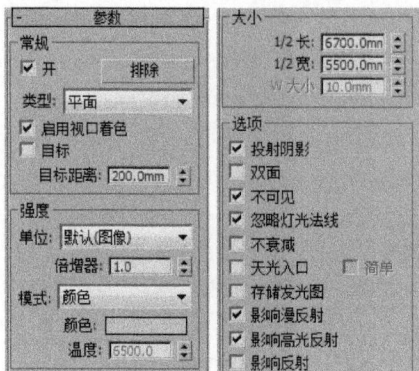

图9-132

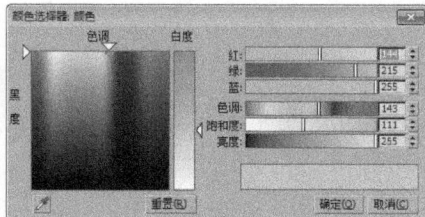

图9-133

02 调整灯光的位置,如图9-134和图9-135所示。

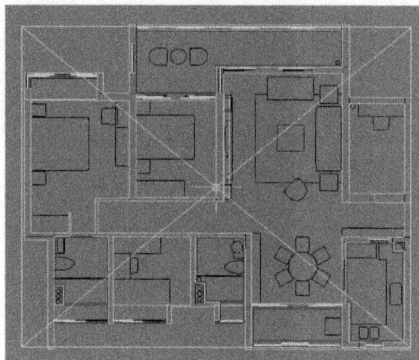

图9-134

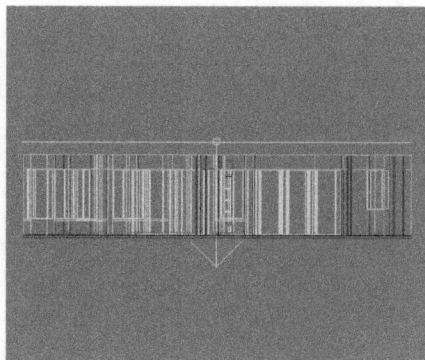

图9-135

9.2.8 渲染测试草图并修改

01 将渲染参数设置为草图参数,因为本场景出现了大量灯光,为了防止曝光,将"颜色贴图"的"类型"设置为"指数",如图9-136所示,渲染效果如图9-137所示。

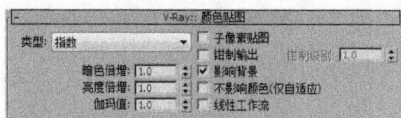

图9-136

图9-137

02 观察渲染效果，发现下方墙体有未被照亮的部分，这是因为下方墙体未受光。打开"渲染设置"面板，然后在"环境"卷展栏中勾选打开"全局照明环境（天光）覆盖"，具体参数如图9-138所示，效果如图9-139所示。

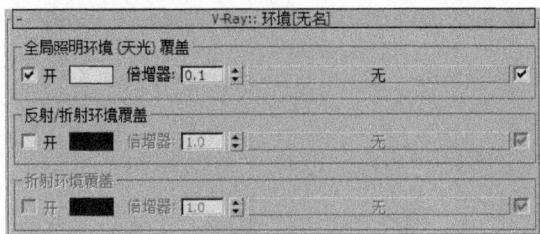

图9-138

📝 提示

　　对于"环境"参数，在做普通室内效果图时都不会考虑它，因为它会让空间的光失去层次感，但由于鸟瞰表现的特殊性，此时是非常需要全局照明的，所以这里可以考虑开启"环境"功能，但要合理控制强度，照亮墙体即可。

图9-139

9.2.9 渲染大图

　　设置渲染参数为最终大图参数，然后将材质的"细分"设置为50，将平面光的"细分"设置为50，大图效果如图9-140所示。

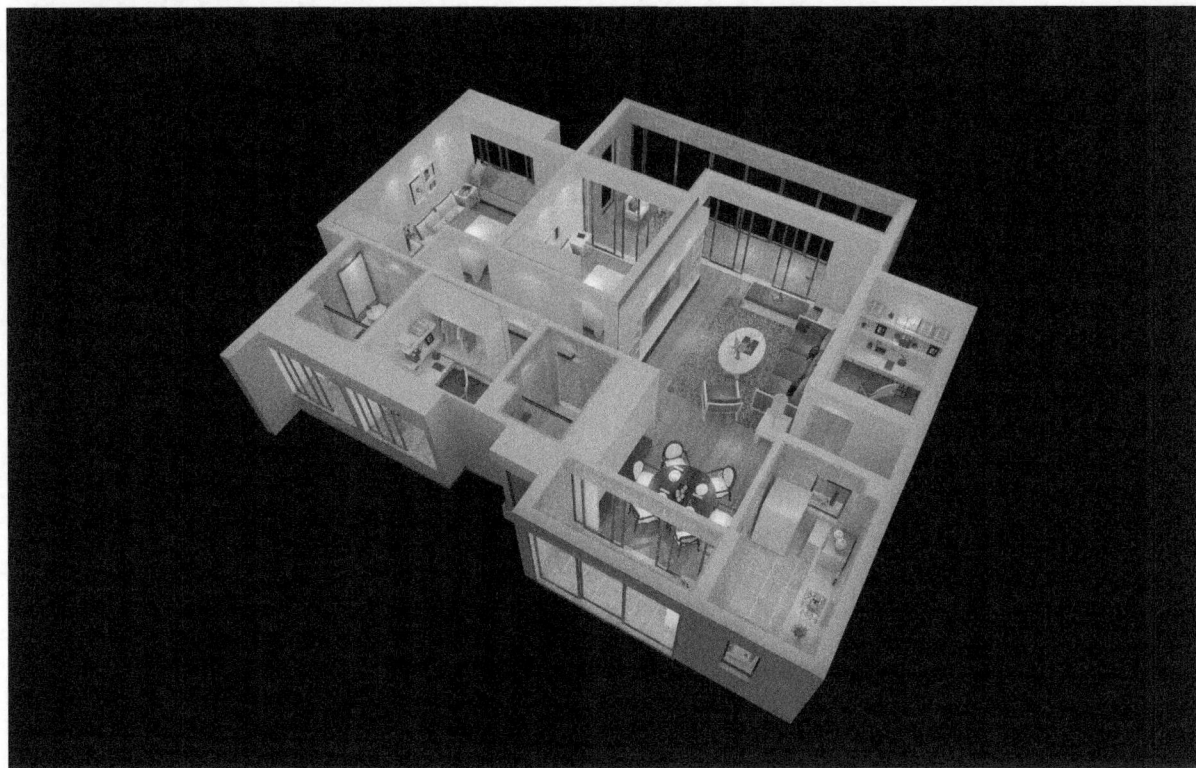

图9-140

与普通室内效果图一样，对于鸟瞰图，Photoshop也是处理色彩方面的问题。

01 在Photoshop中打开大图，然后复制一个图层，并将其命名，如图9-141所示。

02 执行"图像>调整>色阶"命令，打开"色阶"对话框，具体参数调整如图9-142所示，使亮部更亮，暗部更暗，进一步把色彩的层次表现出来。

03 执行"图像>调整>亮度/对比度"命令，调整"亮度/对比度"中的参数，如图9-143所示，使空间的对比关系进一步加强。

04 执行"图像>调整>自然饱和度"命令，调整"自然饱和度"来提高空间色彩饱和度，如图9-144所示。

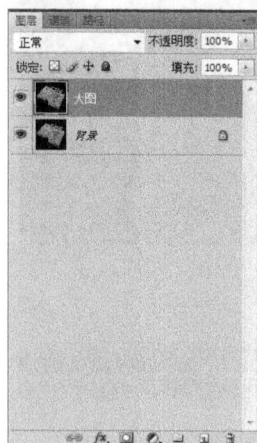

图9-141

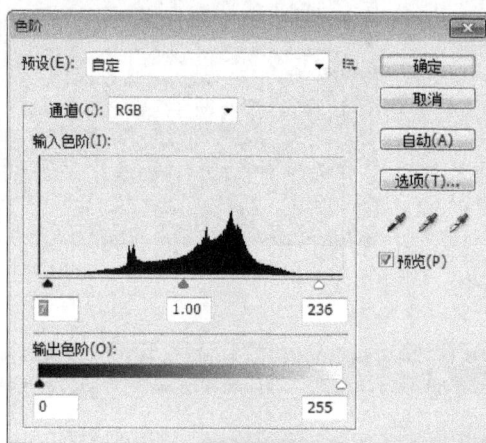

图9-142

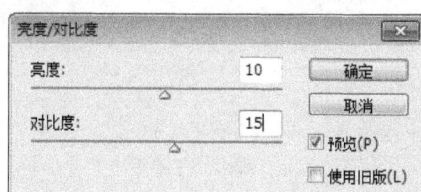

图9-143

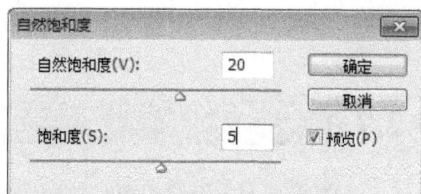

图9-144

05 执行"图像>调整>曲线"命令，在"曲线"对话框中调整曲线形状，提高整体画面亮度，如图9-145所示，最终效果如图9-146所示。

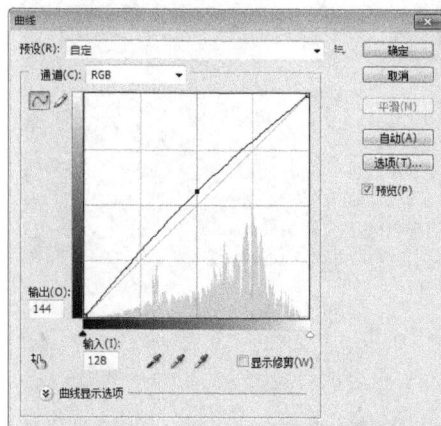

图9-145

图9-146